Dieter Ansorge

Planung und Bauüberwachung

Dieter Ansorge

Pfusch am Bau

Band 6

Planung und Bauüberwachung

Fraunhofer IRB Verlag

Bibliografische Information der Deutschen Bibliothek
Die Deutsche Bibliothek verzeichnet diese Publikation in der Deutschen Nationalbibliografie; detaillierte bibliografische Daten sind im Internet über <http.//www.d-nb.de> abrufbar.
ISBN: 978-3-8167-7404-4

Layout und Satz: Grafikbüro Holzwarth, Ostfildern
Umschlaggestaltung: Markus Bauer, Martin Kjer
Lektorat: Thomas Altmann
Druck: Ungeheuer+Ulmer, Ludwigsburg
Für den Druck des Buches wurde chlor- und säurefreies Papier verwendet.

Fraunhofer-Informationszentrum Raum und Bau IRB
Nobelstr. 12, 70569 Stuttgart
Telefon (0711) 970-2500, Telefax (0711) 970-2508
E-Mail: irb@irb.fraunhofer.de
http://www.baufachinformation.de

Vorwort

Ein Bekannter – ehemaliger Entwicklungsingenieur bei einem weltweit tätigen Autoteilezulieferer – erzählte mir, dass er mit 60 Jahren in den vorzeitigen Ruhestand gegangen sei. Die Firma wurde nach deutscher Gründung und erfolgreicher Führung an verschiedene Großkonzerne aus Deutschland, Amerika und Frankreich verkauft. Nach Verkauf an einen französischen Konzern seien als erstes Kostensenkungsmaßnahmen bekannt gegeben worden. Der französische Kostensenker habe bei seiner Antrittsrede wie folgt agiert:

»Ich wundere mich, dass Sie in dieser Firma einen Stamm von für mich überalterten Mitarbeitern haben. Ihre Mitarbeiter sind überwiegend seit 10, 20, 30, 40 und auch 50 Jahren im Betrieb, für uns Franzosen völlig unvorstellbar. Warum?«

Antwort der deutschen Geschäftsleitung: *»Unsere erfahrenen, bewährten, zuverlässigen Mitarbeiter sind unser Kapital. Dieses Kapital muss unbedingt gepflegt werden.«*

Antwort des Franzosen: *»Sie haben in unmittelbarer Nähe hervorragende Ingenieurschulen, die junge Ingenieure ausbilden. Ich werde bei Ihnen, nun in unserem Konzern, die bisherige Strategie ändern und auf dieses Potenzial zurückgreifen. Wir werden ab sofort überwiegend junge, brennende Ingenieure übernehmen.«*

Dann formte er die Hand zu einer Presse, streckte den Arm aus und sagte: *»Wir werden diese jungen Ingenieure auspressen wie eine Zitrone. Danach sind sie verbrannt und ich werde sie fallen lassen.«*

»Das war für mich der Grund, sofort, nach fast 45 Jahren Betriebszugehörigkeit, von der Lehre bis zum Ingenieur, die Arbeit vorzeitig zu beenden.«

So, wie von diesem Herrn vorgetragen und plastisch dargestellt, haben sich leider in den vergangenen mehr als 10 Jahren auch sehr viele, überwiegend große, renommierte Architektur- und Ingenieurbüros, und besonders auch große Bau- oder Baustoffkonzerne verhalten, die von unerfahrenen jungen Hochschulabgängern Höchstleistungen verlangten, zu denen diese aufgrund ihrer unzureichenden Ausbildung nicht fähig waren. Es ging nach dem Motto ›hire and fire‹. Nach ca. zwei Jahren waren die Jungarchitekten oder -ingenieure entweder völlig ausgebrannt, wurden entlassen, oder hatten den Härtetest bestanden.

Frage: Hat sich daran etwas geändert? Leider nein. Die Ausbildungspolitik für Ingenieure aller Fachrichtungen der letzten Jahre ist zu Recht gescheitert. Während früher, ausgenommen für Universitäten, alle zukünftigen Ingenieure und Architekten vor Studienbeginn eine abgeschlossene Berufsausbildung vorweisen mussten – dafür war das Abitur unnötig – wurde diese Ausgangsbasis unnötig aufgeweicht. Statt einer soliden Grundausbildung war es nun möglich, nur mit Abitur sofort Studien in technischen Berufen anzutreten, ohne die Materialien, mit denen zukünftig zu planen und zu arbeiten war, jeweils in den Händen bzw. verarbeitet zu haben. Dass eine solche Ausbildungspolitik Schiffbruch erleiden musste, zeigt sich an den täglichen Folgeschäden von Planungsfehlern in allen technischen Branchen. Beispielhaft sind nicht nur die überwiegend zitierten Fehler im Bauwesen, sondern z.B. auch in der Flugzeugindustrie beim A 380 oder den Fehlplanungen in der Autoindustrie.

Diese seit über 40 Jahren falsche Bildungspolitik ist überwiegend für den Missstand bei der Ingenieur- und Architektenausbildung verantwortlich. Warum müssen junge Architekten nach Studienabschluss ein Praktikum (AiP) oft ohne Bezahlung oder zu Hungerlöhnen absolvieren, war die Ausbildung ungenügend? Das Rad zurück zudrehen ist leider unmöglich. Also noch mehr Planungs- und Ausführungspfusch – Danke!

In den zwei nachfolgend zitierten Leserbriefen von Architekten im Deutschen Architektenblatt 10/2007 [1] nehmen die Kollegen Stellung zur Ausbildungsqualität und Qualifikation von Berufsanfängern und den sich daraus ergebenden Folgen:

»Architekten haben sich in den letzten Jahrzehnten von wesentlichen Baubereichen verabschieden müssen, da diese z.B. von Bauträgern, Fertighausherstellern, Bauunternehmen, usw., übernommen wurden. Viele werden als Planer toller Entwürfe wahrgenommen, die aber für die Ausführung der Baumaßnahme nicht kompetent sind. Oberste Priorität in der Ausbildung muss haben, dass ein ausgebildeter Architekt in der Lage ist, mindestens ein Einfamilienhaus oder eine einfache Umbaumaßnahme vollständig, d.h. schadensfrei, zeitgerecht, qualitätsgerecht und unter Beachtung des vorgegebenen Kostenbudgets usw. einwandfrei zu realisieren. Leider ist festzustellen, dass Absolventen nicht in der Lage sind, viele der wesentlichen Aufgaben zu leisten. Eher warten sie mit wunderschönen Präsentationszeichnungen aus

ihren CAD-Programmen auf. Die Masse von uns ist aber im Neubau ›normaler‹ Objekte und der Sanierung beschäftigt und nur am Rande in der Lage oder mit der Möglichkeit bedacht, ein herausragendes, tolles und besonderes Objekt zu realisieren. Für diese Standardlösungen müssen die Kompetenzen vorhanden sein und bei den Studenten geschaffen werden. Solange sich dies nicht ändert, wird es nach wie vor für unseren Berufsstand massive Probleme geben und die Aussichten sind meines Erachtens negativ zu beurteilen, denn wir werden bei der momentanen Entwicklung zunehmend Marktanteile verlieren.« (Architekt Karsten Jürgens, Hameln)

»Es wird ständig von hoher Qualifikation und Kreativität der Architekten ausgegangen; dies ist mitnichten so. Im Gegenteil! Die jungen Kollegen, die aus dem Studium kommen, sind in keinster Weise auf die Ansprüche des Marktes vorbereitet, sondern – wenn überhaupt – auf nette Bauzeichnerei getrimmt. Es fehlt an allen Grundlagen: z.B. Kenntnis und Anwendungspraxis jeglicher DIN-Normen, Kenntnisse von Baurecht, Sonderbauvorschriften und deren Verfahren, Kenntnisse über Ausschreibung, Abrechnung und Kosten, Bauabwicklung usw. Daher fällt es einem Inhaber sehr schwer, einen angestellten Architekten zu beschäftigen, da es einen enormen Aufwand (zeitlich und pekuniär) bedeutet, diesen in drei bis sechs Jahren zu einem halbwegs ausgebildeten Mitarbeiter zu machen (wenn es überhaupt möglich ist).« (Architekt Bernhard Zahn, Fürth)

Die Einführung der CAD Technik vor über 20 Jahren hat auch in der Bauplanung alle Planungsabläufe vollständig verändert. Während früher vor jedem Strich überlegt und geprüft wurde, macht das heute der Computer. Technische Details werden nicht mehr für das jeweilige Bauwerk entwickelt, sondern entweder von anderen Objekten verwendet oder von der Baustoffindustrie vorgegeben. Dass sich das negativ auf alle technischen Bereiche auswirken musste, ist kein Wunder. So lange es noch ausreichend ausgebildete, die deutsche Sprache beherrschende Fachhandwerker gab, konnten Planungsmängel von diesen rechtzeitig erkannt, besprochen und ohne großes Aufheben bei der Ausführung beseitigt werden. Doch heute gibt es auf den Baustellen leider nur noch sehr wenige ausgebildete, Deutsch sprechende Fachhandwerker. Für fast alle Gewerke werden aus Kostengründen überwiegend Subunternehmer aus allen Niedrigstlohnländern der ganzen Welt auf den Baustellen beschäftigt. So lange Politiker, Kammern, Fachverbände und Ausbildungsstätten dieses Problem nicht anpacken, werden die Planungssünden nicht ab-, sondern weiter zunehmen, zum großen Schaden aller Beteiligten. Schon durch einfache Hilfestellungen wie z.B. mehrsprachiges Beschriften der Pläne, Herstellerrichtlinien in verschiedenen Sprachen können Sprachbarrieren gemindert und somit Pfusch vermieden werden. Auch die Entsendungsrichtlinie löst die fehlende Ausbildung und das Sprachengewirr leider nicht.

mehrsprachiges Beschriften der Pläne

Bauherren, Planer und Ausführende sind vor ständigen Überraschungen nicht gefeit. Gelder und beauftragte Firmen verschwinden, fertig gestellte Objekte sind nicht nutzbar. Nicht nur die täglichen Überraschungen und Probleme am Objekt, sondern die leider inzwischen üblichen nachträglichen Auseinandersetzungen wegen Qualitätsmängeln, Nichteinhaltung von Baubestimmungen oder Kostenüberschreitungen verursachen weiteren Ärger und Kosten für die Beteiligten. Verlierer sind immer die betroffenen Bauherren, Planer und Firmen, Gewinner sind immer die Juristen.

Auch wenn von vielleicht manchen Lesern als zu ausufernd empfunden, habe ich bewusst manche Vorgeschichten etwas länger und detaillierter beschrieben, um auch dem nicht informierten Leser das erforderliche Verständnis für die Einzelfälle übermitteln zu können. Bücher über eigentlich trockene und unschöne Themen sollen verständlich sein und auch mit Schmunzeln zu Ende gelesen werden können, denn nicht zu Ende lesbare Bücher frustrieren die Leser und sind wirklich zum Fenster hinausgeworfenes Geld.

Bietigheim-Bissingen, im Herbst 2007

Inhaltsverzeichnis

Einleitung

Allgemeines zu Planungsfehlern

Erst vollständig geplant – danach mangelfrei gebaut. Nach diesen Grundsätzen wurden in der Vergangenheit Baumaßnahmen durchgeführt. Die Bauherren beauftragten Architekten, Bauingenieure für die Tragwerksplanung, Fachingenieure für die Gebäudeausrüstung, Bauleiter für die Objektüberwachung und sonstige, für das jeweilige Bauvorhaben erforderliche, Fachplaner. Im Genehmigungsverfahren wurden die eingereichten Pläne und Berechnungen von den Baurechtsbehörden geprüft, während der Baudurchführung überwacht und in zwei Abnahmeschritten abgenommen. Nach vollständiger Werk- und Detail-, Tragwerks- und Ausbauplanung wurden die Bauleistungen ausgeschrieben und an Einzelunternehmen vergeben. Der Bauleiter überwachte die Bauleistungen fast täglich und griff bei Schlechtleistungen sofort ein. So konnte der schon immer vorkommende Pfusch am Bau auch bei falschen oder fehlenden Planungen rechtzeitig bekämpft und überwiegend verhindert werden. Doch in den letzten Jahrzehnten hat sich beim Bauen fast alles geändert. Nur wenige Baumaßnahmen, ob Neubauten oder Sanierungen von alten Gebäuden, werden noch nach den alten Abläufen geplant, genehmigt, überwacht und ausgeführt.

Erst vollständig geplant – danach mangelfrei gebaut.

Die meisten Bauherren (Investoren) wollen mit den eigentlichen Baumaßnahmen nichts mehr zu tun haben. Sie kaufen ihre Bauten am liebsten wie im Kaufhaus von der Stange. Bei größeren Baumaßnahmen werden vereinzelt noch alle erforderlichen Planer von den Investoren oder deren Projektbetreuern beauftragt. Doch immer mehr Investoren beauftragen Generalübernehmer mit der Komplettleistung oder Generalunternehmer mit Werk- und Detailplanung, allen Fachplanungen, sowie mit der schlüsselfertigen Errichtung des Bauvorhabens und Überwachung aller Bauleistungen. Allerdings gibt es eine ganz kleine Tendenzwende, denn einige große Investoren von Sanierungsobjekten sind nach schlimmsten Erfahrungen bei Pauschalvergaben an Generalisten zum alten Planungs-, Vergabe- und Ausführungsablauf mit Einzelvergaben zurückgekehrt.

Öffentliche Bauten werden immer öfter von privaten Investoren gebaut und von Bund, Land oder Kommune für 25 und mehr Jahre

Öffentliche Bauten werden immer öfter von privaten Investoren gebaut angemietet. Dieses Verfahren wird nicht nur bei Hochbauten, sondern immer mehr auch bei Flughäfen, Straßen, Tunnels, Brücken, Wasser- und Abwassernetzen, Kläranlagen usw. angewendet, denn die öffentlichen Auftraggeber sind pleite oder leider oftmals nicht mehr in der Lage dazu, solche Maßnahmen mit eigenen Planungsämtern oder -abteilungen durchzuführen. Ständige Baukostenexplosionen, unzählige Mängel usw. sind für die Leistungsfähigkeit vieler öffentlicher Planungsstäbe ein Beleg.

Niemand lässt sich gerne sagen, dass seine Planungen unvollständig, mangelhaft oder gar völlig untauglich waren oder sind. Doch leider muss in diesen Fällen – statt immer nur diplomatischer Floskeln – Klartext gesprochen werden, auch wenn es den Betroffenen gar nicht passt. Allein durch Fehlplanungen von Auftraggebern oder Planern, ob öffentlichen oder privatwirtschaftlichen, werden jährlich viele Milliarden Euro regelrecht in den Sand gesetzt. Die Schwarzbücher von Rechnungshöfen oder Steuerzahlerverbänden prangern zu Recht das Versagen der öffentlichen Investoren an, jedoch erfolglos. Über den Planungspfusch bei privaten Baumaßnahmen wird leider geschwiegen. Doch ist bekannt, dass der aufgrund von Fehlplanungen entstandene Pfusch allein in Deutschland jährlich mehrere Milliarden Euro kostet. Versicherungen taxieren bei Bauschäden den Planungspfusch als eigentliche Ursache auf 95% bis 100% – für alle an Planungen Beteiligte eine besonders erwähnenswerte Negativauszeichnung. Parallel zu den Auszeichnungen für beispielhaftes Bauen sollten auch solche für falsche Planungen und deren Folgen mit Bekanntgabe der Preisträger und Teilnehmer am Wettbewerb veröffentlicht werden.

Fehlplanungen von Auftraggebern oder Planern

Versagen der öffentlichen Investoren

Auszeichnungen für falsche Planungen

Durch den Pfusch am Bau – Entscheidungs-, Planungs-, Ausführungsfehler – werden weltweit jährlich viele hundert Milliarden Euro vernichtet, davon allein in Deutschland über fünf Milliarden. Ganze Heere von Anwälten, Richtern und Sachverständigen leben immer besser von dem Übel, welches es eigentlich nicht geben dürfte. Worauf ist dieses zurückzuführen?

Ich kann diese Frage auch nur unzureichend beantworten, obgleich die Ursachen klar erkennbar sind. Der Pfusch entsteht vielleicht aus der negativen Einstellung Vieler zur Arbeit, aber auch aus Unvermögen und Fehlentscheidungen. Immer wieder werden nicht auskömmliche Honorare von Planern oder deren Verbänden mit als

Ursache für den Planungspfusch genannt. Diese Einstellung, sei es Gleichgültigkeit, Unlust, fehlendes Qualitätsbewusstsein, kann nicht ohne den eisernen Willen des betreffenden Planenden oder Ausführenden und Genehmigenden geändert werden.

Immer mehr Firmeninhaber, auch immer mehr Planer, begründen die schlechte Qualität mit dem starken Preisdruck und nicht auskömmlichen Preisen. Ich halte diese Argumente für billige Ausreden, denn dass es auch anders und besser geht, kann bei sorgfältig durchgeplanten, akribisch überwachten und von soliden Fachfirmen ausgeführten Baumaßnahmen immer wieder festgestellt werden. Manche Firmenchefs, aber auch bekannte Bauforscher, stellen sich auf den Standpunkt, Pfusch am Bau sei zum Teil als Unregelmäßigkeit hinzunehmen. So wird dem Pfusch Tür und Tor geöffnet. Wenn dann Abnahmen verweigert oder Prozesse verloren werden, liegt die Schuld entweder immer bei Anderen, oder die Kunden wollen sich durch Mängeleinreden vor den Zahlungsverpflichtungen drücken. Anwälte und Gerichte scheuen aus Desinteresse an einer wirklichen Rechtsprechung langwierige Bauprozesse und knüppeln meistens die geschädigten Investoren mit Hinweisen auf teure Sachverständige und die Prozessrisiken zu fragwürdigen Vergleichen. Hauptsache, die Akte wird schnell geschlossen. Für die einen bedeutet der Pfusch ein Horrorszenario aus Ärger und Kosten bis zur Insolvenz, für die anderen Gewinnmaximierung und/oder hohe Einnahmen.

billige Ausreden

hinzunehmende Unregelmäßigkeiten

Desinteresse von Anwälten und Gerichten

fragwürdige Vergleiche

Dieses Buch soll ein kleiner Ratgeber und Leitfaden für die am Bau Beteiligten sein, besonders für die meist unkundigen Bauherren und Käufer von Häusern oder Wohnungen. Aber auch besonders den Planern, Sachverständigen, Versicherungen, Ausführenden und Juristen kann und soll das Buch eine Hilfe für die tägliche Arbeit sein. Schäden und Streitfälle sollen und können vermieden werden, wenn die zitierten Regeln bei Planung, Vergabe, Ausführung und Prüfung beachtet werden. Der Laie kann bereits vor Baubeginn oder vor Ort leicht erkennen, ob die notwendigen Leistungen erbracht wurden. Somit bekommt er rechtzeitig die Möglichkeit, auf Versäumnisse bei der Leistungsbeschreibung, Planung und Ausführung hinzuweisen, seine Bedenken und Forderungen gegen Pfusch anzumelden und Ausführungen nach den Regeln der Technik zu verlangen und gegebenenfalls durchzusetzen.

Gegenübergestellt werden heute leider übliche mangelhafte Planungs- und Ausführungsdetails und solche, die mangelfrei sind und den Regeln der Technik entsprechen. Typische Schadensfälle aus der Sachverständigenpraxis werden einschließlich der Folgen vorgestellt und erläutert. Mit dieser Buchreihe soll nicht, wie von erwischten Pfuschern oder deren Interessenverbänden manchmal ganz verhalten kritisiert, Salz in die Wunden gestreut oder polemisiert werden. Sachverständigenkollegen, planende Architekten, Ingenieure, Mitarbeiter von Baubehörden und auch Generalunter- oder -übernehmer, Bauträger, geschädigte oder vorausschauende Bauherren, Versicherungen, Anwälte und auch Kammern haben in Telefonaten und bei Seminaren die in den bereits erschienenen Büchern beschriebenen Ursachen und Probleme und besonders die Verantwortlichkeiten des Pfuschs am Bau bestätigt oder befürchtet. Einige, sich in den Kapiteln Erkannte sind beleidigt, weil erwischt.

Pfusch am Bau

Diese Reihe behandelt den Pfusch im Hoch- und besonders im Wohnungsbau, nicht im Ingenieur-, Wasser-, Brücken- oder Verkehrsbau.

In der Reihe sind bereits erschienen:

Band 1: *Bauwerksabdichtung gegen von außen und innen angreifende Feuchte (3. Aufl.)*

Band 2: *Dachdeckungs-, Dachabdichtungs- und Klempnerarbeiten (2. Aufl.)*

Band 3: *Bäder – Planung, Ausführung, Nutzung*

Band 4: *Wärmeschutz-, Feuchteschutz-, Salzschäden*

Band 5: *Gebäudeinstandsetzung und -modernisierung*

Sonderband: *Mängel ohne Ende – Doppelhaushälfte B*

Als weitere Bände in der Reihe sind vorgesehen:

Band 7: *Schallschutz*

Band 8: *Bekleidungen, Beschichtungen*

Band 9: *Grundstücksentwässerungen, Dränagen*

Band 10: *Rohbau*

1 Planungen

Wer plant was? Alle an Baumaßnahmen Beteiligte, vom Bauherrn über den Planer bis zum ausführenden Unternehmer. Für die am Bau Beteiligten bestehen unterschiedliche Interessen. Der klassische Bauherr erwartet eine vollständige, mangelfreie Leistung mit einer ewigen Lebensdauer für möglichst wenig Geld.

Oft werden bei Gesprächen mit Bauherren technische Notwendigkeiten aus angeblichen Kostengründen zurückgewiesen oder abgelehnt mit dem üblichen Argument, es würde schon gut gehen, die Nachbarn hätten auch nicht anders gebaut und seit Menschengedenken wäre hier nichts passiert. Dass es auch anders kommen kann und auch kommt, haben z.B. die Hochwässer der letzten Zeit bewiesen. Der Bauherr geht oft zu gutgläubig von völlig falschen Vorstellungen aus, um einfach zu sparen.

Der gewerbliche Bauträger als Bauherr ist immer bestrebt, möglichst billig einzukaufen, möglichst teuer zu verkaufen, besonders viel zu verdienen. Bei manchen Bauträgern entsteht aufgrund des abgelieferten Pfuschs und der schlampigen Ausführung der Eindruck, dass Leistungen verkauft wurden, die die Gewährleistungsfrist gerade noch oder auch nicht überdauern. Was danach passiert, interessiert nicht. Dem Käufer wird immer eine besonders gute Ausführung vorgegaukelt, allerdings in der Baubeschreibung nicht vollständig und allgemein verständlich beschrieben.

Deshalb wird besonders bei den nicht sichtbaren Bauleistungen immer öfter mangelhaft oder gar nicht geplant, unzureichend überwacht und nicht fachgerecht ausgeführt. In vielen Fällen, besonders bei von Laien nicht überblickten und später unzugänglichen Bauleistungen, wird immer öfter bewusst betrogen. Im Schadensfall stellt sich der Bauträger dumm und ist lediglich der bautechnische Laie, der sich ja auf die Fachleute verlassen musste. Mängeleinreden werden zurückgewiesen oder mit nicht auskömmlichen Minderungen abgegolten. Käufer möchten nach Bauabnahmen und Übernahmen sofort Eigentümer werden. Lange Prozesse kosten Geld, führen zu Verzögerungen und enden meist mit Vergleichen. Vielleicht geht auch der Bauträger zwischendurch Pleite. Also ist der Bauträger meist der Gewinner, der unwissende geschädigte Käufer bleibt leider in der Regel auf der Strecke.

Der Planer möchte die beste, bewährte Lösung ohne besonders hohen Kostenaufwand verwirklichen, denn Bauen darf heute nichts mehr kosten. Wegen seines eingeschränkten, oft nicht auskömmlichen Honorars und auch manchmal wegen unzureichender Ausbildung werden zu oft notwendige Untersuchungen, Detailplanungen und auch Überwachungen unterlassen, besonders wenn Generalunternehmer (GU) oder Generalübernehmer (GÜ) eingeschaltet wurden.

Viele Planer besitzen nicht die nötigen Kenntnisse, um dauerhafte, dem Stand der Technik entsprechende bauwerkvertägliche Maßnahmen in bestehenden Gebäuden zu planen und zu überwachen. Notwendige Grundlagenermittlungen unterbleiben. Aus angeblichen Kostengründen und auch aus Selbstüberschätzung werden viele zwingend erforderliche Voruntersuchungen, besonders unter Einschaltung von Sonderfachleuten, vom Auftraggeber nicht verlangt. Die sich daraus ergebenden Folgen sind meistens nicht, oder nur mit zusätzlichen Kosten umkehrbar. Bei Arbeiten im Bestand werden überwiegend kleinere Firmen beauftragt. Während bei großen Baufirmen oder Baukonzernen die Arbeitsvorbereitung bis zum letzten Handgriff erfolgt, machen sich die Inhaber oder Leiter sowie Bauleiter kleiner Firmen selten solche Gedanken. So ist es nicht verwunderlich, wenn die Baustellenlogistik versagt, Termine nicht eingehalten werden und keine Gewinne erwirtschaftet werden.

Ausführende Unternehmer sind grundsätzlich dazu verpflichtet, bei mangelhafter Planung und/oder falschen Anweisungen konkrete und allgemein verständliche, für den Auftraggeber nachvollziehbare Bedenken beim Auftraggeber – nicht bei den beauftragten Planern – anzumelden. Bei flauer Auftragslage oder gewissen Abhängigkeiten von Planer und/oder Auftraggeber wagen viele Unternehmer nicht, berechtigte Bedenken anzumelden oder sogar eine vorhersehbar fehlerhafte Ausführung nach den Planungen oder Weisungen des Auftraggebers oder seines Bevollmächtigten abzulehnen. Sie laufen ungebremst in die Falle, denn für alle Schäden und Folgen haben sie aufzukommen. Bei Bauträgerobjekten werden bei der Abnahme und Übergabe des Gemeinschaftseigentums die Planungs- und Ausführungsmängel verschwiegen, der Käufer hat im Schadensfall das Nachsehen, besonders nach Ablauf der Gewährleistungsfristen.

Unternehmer laufen ungebremst in die Falle

1.1 Elemente der Bauplanung

1.1.1 Architektenplanung

Grundlage für die Architektenplanungen ist grundsätzlich der Inhalt des dem Architekten erteilten Planungsauftrages. Die HOAI [2] ist kein Leistungskatalog, sondern die Honorarordnung für vereinbarte und zu vergütende Architekten- und Ingenieurhonorare. Deshalb ist es zur Vermeidung von Unklarheiten und späteren Vertragsauseinandersetzungen erforderlich, im Planungsvertrag alle Planungsaufgaben aufzulisten und vollständig zu beschreiben.

Die HOAI ist kein Leistungskatalog

Zwingend erforderlich sind die in § 15 HOAI aufgelisteten Grundleistungen, welche mit den in der HOAI festgesetzten Honoraren abgegolten werden. Besondere Leistungen müssen vor Aufnahme der Planungen schriftlich vereinbart und von allen Vertragspartnern unterschrieben werden.

Tab. 1.1: Grundleistungen und besondere Leistungen nach HOAI [2]

	Grundleistungen	Besondere Leistungen
1. Grundlagenermittlung	Klären der Aufgabenstellung Beraten zum gesamten Leistungsbedarf Formulieren von Entscheidungshilfen für die Auswahl anderer an der Planung fachlich Beteiligter Zusammenfassen der Ergebnisse	Bestandsaufnahme Standortanalyse Betriebsplanung Aufstellung eines Raumprogramms Aufstellen eines Funktionsprogramms Prüfen der Umwelterheblichkeit Prüfen der Umweltverträglichkeit
2. Vorplanung (Projekt- und Planungsvorbereitung)	Analyse der Grundlagen Abstimmen der Zielvorstellungen (Randbedingungen, Zielkonflikte) Aufstellen eines planungsbezogenen Zielkatalogs (Programmziele) Erarbeiten eines Planungskonzepts einschließlich Untersuchung der alternativen Lösungsmöglichkeiten nach gleichen Anforderungen mit zeichnerischer Darstellung und Bewertung, zum Beispiel versuchsweise zeichnerische Darstellungen, Strichskizzen, gegebenenfalls mit erläuternden Angaben Integrieren der Leistungen anderer an der Planung fachlich Beteiligter	Untersuchen von Lösungsmöglichkeiten nach grundsätzlich verschiedenen Anforderungen Ergänzen der Vorplanungsunterlagen auf Grund besonderer Anforderungen Aufstellen eines Finanzierungsplanes Aufstellen einer Bauwerks- und Betriebs-Kosten-Nutzen-Analyse Mitwirken bei der Kreditbeschaffung Durchführen der Voranfrage (Bauanfrage) Anfertigen von Darstellungen durch besondere Techniken, wie zum Beispiel Perspektiven, Muster, Modelle

Fortsetzung Tab. 1.1: Grundleistungen und besondere Leistungen nach HOAI [2]

	Grundleistungen	Besondere Leistungen
2. Vorplanung (Projekt- und Planungsvorbereitung	Klären und Erläutern der wesentlichen städtebaulichen, gestalterischen, funktionalen, technischen, bauphysikalischen, wirtschaftlichen, energiewirtschaftlichen (z.B. hinsichtlich rationeller Energieverwendung und der Verwendung erneuerbarer Energien) und landschaftsökologischen Zusammenhänge, Vorgänge und Bedingungen sowie der Belastung und Empfindlichkeit der betroffenen Ökosysteme Vorverhandlungen mit Behörden und anderen an der Planung fachlich Beteiligten über die Genehmigungsfähigkeit Bei Freianlagen: Erfassen, Bewerten und Erläutern der ökosystemaren Strukturen und Zusammenhänge, zum Beispiel Boden, Wasser, Klima, Luft, Pflanzen- und Tierwelt sowie Darstellen der räumlichen und gestalterischen Konzeption mit erläuternden Angaben, insbesondere zur Geländegestaltung, Biotopverbesserung und -vernetzung, vorhandenen Vegetation, Neupflanzung, Flächenverteilung der Grün-, Verkehrs-, Wasser-, Spiel- und Sportflächen; ferner Klären der Randgestaltung und der Anbindung an die Umgebung Kostenschätzung nach DIN 276 oder nach dem wohnungsrechtlichen Berechnungsrecht Zusammenstellen aller Vorplanungsergebnisse	Aufstellen eines Zeit- und Organisationsplanes Ergänzen der Vorplanungsunterlagen hinsichtlich besonderer Maßnahmen zur Gebäude- und Bauteiloptimierung, die über das übliche Maß der Planungsleistungen hinausgehen, zur Verringerung des Energieverbrauchs sowie der Schadstoff- und CO_2-Emissionen und zur Nutzung erneuerbarer Energien in Abstimmung mit anderen an der Planung fachlich Beteiligten. Das übliche Maß ist für Maßnahmen zur Energieeinsparung durch die Erfüllung der Anforderungen gegeben, die sich aus Rechtsvorschriften und den allgemein anerkannten Regeln der Technik ergeben
3. Entwurfsplanung (System- und Integrationsplanung)	Durcharbeiten des Planungskonzepts (stufenweise Erarbeitung einer zeichnerischen Lösung) unter Berücksichtigung städtebaulicher, gestalterischer, funktionaler, technischer, bauphysikalischer, wirtschaftlicher, energiewirtschaftlicher (z.B. hinsichtlich rationeller Energieverwendung und der Verwendung erneuerbarer Energien) und landschaftsökologischer Anforderungen unter Verwendung der Beiträge anderer an der Planung fachlich Beteiligter bis zum vollständigen Entwurf Integrieren der Leistungen anderer an der Planung fachlich Beteiligter	Analyse der Alternativen/Varianten und deren Wertung mit Kostenuntersuchung (Optimierung) Wirtschaftlichkeitsberechnung Kostenberechnung durch Aufstellen von Mengengerüsten oder Bauelementkatalog

Fortsetzung Tab. 1.1: Grundleistungen und besondere Leistungen nach HOAI [2]

	Grundleistungen	Besondere Leistungen
3. Entwurfsplanung (System- und Integrationsplanung)	Objektbeschreibung mit Erläuterung von Ausgleichs- und Ersatzmaßnahmen nach Maßgabe der naturschutzrechtlichen Eingriffsregelung Zeichnerische Darstellung des Gesamtentwurfs, z.B. durchgearbeitete, vollständige Vorentwurfs- und/oder Entwurfszeichnungen (Maßstab nach Art und Größe des Bauvorhabens; bei Freianlagen im Maßstab 1:500 bis 1:100, insbesondere mit Angaben zur Verbesserung der Biotopfunktion, zu Vermeidungs-, Schutz-, Pflege- und Entwicklungsmaßnahmen sowie zur differenzierten Bepflanzung; bei raumbildenden Ausbauten: im Maßstab 1:50 bis 1:20, insbesondere mit Einzelheiten der Wandabwicklungen, Farb-, Licht- und Materialgestaltung), gegebenenfalls auch Detailpläne mehrfach wiederkehrender Raumgruppen; Verhandlungen mit Behörden und anderen an der Planung fachlich Beteiligten über die Genehmigungsfähigkeit Kostenberechnung nach DIN 276 oder nach dem wohnungsrechtlichen Berechnungsrecht Zusammenfassen aller Entwurfsunterlagen Kostenkontrolle durch Vergleich der Kostenberechnung mit der Kostenschätzung	Ausarbeitung besonderer Maßnahmen zur Gebäude- und Bauteiloptimierungen, die über das übliche Maß der Planungsleistungen hinausgehen, zur Verringerung des Energieverbrauchs sowie der Schadstoff- und CO_2-Emissionen und zur Nutzung erneuerbarer Energien in Abstimmung mit anderen an der Planung fachlich Beteiligter. Das übliche Maß ist für Maßnahmen zur Energieeinsparung durch die Erfüllung der Anforderungen gegeben, die sich aus Rechtsvorschriften und den allgemein anerkannten Regeln der Technik ergeben
4. Genehmigungsplanung	Erarbeiten der Vorlagen für die nach öffentlich-rechtlichen Vorschriften erforderlichen Genehmigungen oder Zustimmungen einschließlich der Anträge auf Ausnahmen und Befreiungen unter Verwendung der Beiträge anderer an der Planung fachlich Beteiligter sowie noch notwendiger Verhandlungen mit Behörden Einreichen dieser Unterlagen Vervollständigen und Anpassen der Planungsunterlagen, Beschreibungen und Berechnungen unter Verwendung der Beiträge anderer an der Planung fachlich Beteiligter Bei Freianlagen und raumbildenden Ausbauten: Prüfen auf notwendige Genehmigungen, Einholen von Zustimmungen und Genehmigungen	Mitwirken bei der Beschaffung der nachbarlichen Zustimmung Erarbeiten von Unterlagen für besondere Prüfverfahren Fachliche und organisatorische Unterstützung des Bauherrn im Widerspruchsverfahren, Klageverfahren oder ähnliches Ändern der Genehmigungsunterlagen infolge von Umständen, die der Auftragnehmer nicht zu vertreten hat

Fortsetzung Tab. 1.1: Grundleistungen und besondere Leistungen nach HOAI [2]

	Grundleistungen	Besondere Leistungen
5. Ausführungsplanung	Durcharbeiten der Ergebnisse der Leistungsphasen 3 und 4 (stufenweise Erarbeitung und Darstellung der Lösung) unter Berücksichtigung städtebaulicher, gestalterischer, funktionaler, technischer, bauphysikalischer, wirtschaftlicher, energiewirtschaftlicher (z.B. hinsichtlich rationeller Energieverwendung und der Verwendung erneuerbarer Energien) und landschaftsökologischer Anforderungen unter Verwendung der Beiträge anderer an der Planung fachlich Beteiligter bis zur ausführungsreifen Lösung Zeichnerische Darstellung des Objekts mit allen für die Ausführung notwendigen Einzelangaben, z.B. endgültige, vollständige Ausführungs-, Detail- und Konstruktionszeichnungen im Maßstab 1:50 bis 1:1, bei Freianlagen je nach Art des Bauvorhabens im Maßstab 1:200 bis 1:50, insbesondere Bepflanzungspläne mit den erforderlichen textlichen Ausführungen Bei raumbildenden Ausbauten: Detaillierte Darstellung der Räume und Raumfolgen im Maßstab 1:25 bis 1:1, mit den erforderlichen textlichen Ausführungen; Materialbestimmung Erarbeiten der Grundlagen für die anderen an der Planung fachlich Beteiligten und Integrierung ihrer Beiträge bis zur ausführungsreifen Lösung Fortschreiben der Ausführungsplanung während der Objektausführung	Aufstellen einer detaillierten Objektbeschreibung als Baubuch zur Grundlage der Leistungsbeschreibung mit Leistungsprogramm* Aufstellen einer detaillierten Objektbeschreibung als Raumbuch zur Grundlage der Leistungsbeschreibung mit Leistungsprogramm* Prüfen der vom bauausführenden Unternehmen auf Grund der Leistungsbeschreibung mit Leistungsprogramm ausgearbeiteten Ausführungspläne auf Übereinstimmung mit der Entwurfsplanung* Erarbeiten von Detailmodellen Prüfen und Anerkennen von Plänen Dritter, nicht an der Planung fachlich Beteiligter auf Übereinstimmung mit den Ausführungsplänen (zum Beispiel Werkstattzeichnungen von Unternehmen, Aufstellungs- und Fundamentpläne von Maschinenlieferanten), soweit die Leistungen Anlagen betreffen, die in den anrechenbaren Kosten nicht erfasst sind **Diese Besondere Leistung wird bei Leistungsbeschreibung mit Leistungsprogramm ganz oder teilweise Grundleistung. In diesem Falle entfallen die entsprechenden Grundleistungen dieser Leistungsphase, soweit die Leistungsbeschreibung mit Leistungsprogramm angewandt wird.*
6. Vorbereitung der Vergabe	Ermitteln und Zusammenstellen von Mengen als Grundlage für das Aufstellen von Leistungsbeschreibungen unter Verwendung der Beiträge anderer an der Planung fachlich Beteiligter Aufstellen von Leistungsbeschreibungen mit Leistungsverzeichnissen nach Leistungsbereichen Abstimmen und Koordinieren der Leistungsbeschreibungen der an der Planung fachlich Beteiligten	Aufstellen der Leistungsbeschreibungen mit Leistungsprogramm unter Bezug auf Baubuch/Raumbuch* Aufstellen von alternativen Leistungsbeschreibungen für geschlossene Leistungsbereiche Aufstellen von vergleichenden Kostenübersichten unter Auswertung der Beiträge anderer an der Planung fachlich Beteiligter

Fortsetzung Tab. 1.1: Grundleistungen und besondere Leistungen nach HOAI [2]

	Grundleistungen	Besondere Leistungen
6. Vorbereitung der Vergabe		**Diese Besondere Leistung wird bei Leistungsbeschreibung mit Leistungsprogramm ganz oder teilweise Grundleistung. In diesem Falle entfallen die entsprechenden Grundleistungen dieser Leistungsphase, soweit die Leistungsbeschreibung mit Leistungsprogramm angewandt wird*
7. Mitwirken bei der Vergabe	Zusammenstellen der Verdingungsunterlagen für alle Leistungsbereiche Einholen von Angeboten Prüfen und Werten der Angebote einschließlich Aufstellen eines Preisspiegels nach Teilleistungen unter Mitwirkung aller während der Leistungsphasen 6 und 7 fachlich Beteiligten Abstimmen und Zusammenstellen der Leistungen der fachlich Beteiligten, die an der Vergabe mitwirken Verhandlung mit Bietern Kostenanschlag nach DIN 276 aus Einheits- oder Pauschalpreisen der Angebote Kostenkontrolle durch Vergleich des Kostenanschlags mit der Kostenberechnung Mitwirken bei der Auftragserteilung	Prüfen und Werten der Angebote aus Leistungsbeschreibung mit Leistungsprogramm einschließlich Preisspiegel* Aufstellen, Prüfen und Werten von Preisspiegeln nach besonderen Anforderungen **Diese Besondere Leistung wird bei Leistungsbeschreibung mit Leistungsprogramm ganz oder teilweise Grundleistung. In diesem Falle entfallen die entsprechenden Grundleistungen dieser Leistungsphase, soweit die Leistungsbeschreibung mit Leistungsprogramm angewandt wird*
8. Objektüberwachung (Bauüberwachung)	Überwachen der Ausführung des Objekts auf Übereinstimmung mit der Baugenehmigung oder Zustimmung, den Ausführungsplänen und den Leistungsbeschreibungen sowie mit den anerkannten Regeln der Technik und den einschlägigen Vorschriften Überwachen der Ausführung von Tragwerken nach § 63 Abs. 1 Nr. 1 und 2 auf Übereinstimmung mit dem Standsicherheitsnachweis Koordinieren der an der Objektüberwachung fachlich Beteiligten Überwachung und Detailkorrektur von Fertigteilen Aufstellen und Überwachen eines Zeitplanes (Balkendiagramm) Führen eines Bautagebuches	Aufstellen, Überwachen und Fortschreiben eines Zahlungsplanes Aufstellen, Überwachen und Fortschreiben von differenzierten Zeit-, Kosten- oder Kapazitätsplänen Tätigkeit als verantwortlicher Bauleiter, soweit diese Tätigkeit nach jeweiligem Landesrecht über die Grundleistungen der Leistungsphase 8 hinausgeht

Fortsetzung Tab. 1.1: Grundleistungen und besondere Leistungen nach HOAI [2]

	Grundleistungen	Besondere Leistungen
8. Objektüberwachung (Bauüberwachung)	Gemeinsames Aufmaß mit den bauausführenden Unternehmen Abnahme der Bauleistungen unter Mitwirkung anderer an der Planung und Objektüberwachung fachlich Beteiligter unter Feststellung von Mängeln Rechnungsprüfung Kostenfeststellung nach DIN 276 oder dem wohnungsrechtlichen Berechnungsrecht Antrag auf behördliche Abnahme und Teilnahme daran Übergabe des Objekts einschließlich Zusammenstellung und Übergabe der erforderlichen Unterlagen, zum Beispiel Bedienungsanleitungen, Prüfprotokolle Auflisten der Gewährungsfristen Überwachen der Beseitigung der bei der Abnahme der Bauleistungen festgestellten Mängel Kostenkontrolle durch Überprüfen der Leistungsabrechnung der bauausführenden Unternehmen im Vergleich zu den Vertragspreisen und dem Kostenanschlag	
9. Objektbetreuung und Dokumentation	Objektbegehung zur Mängelfeststellung vor Ablauf der Verjährungsfristen der Gewährleistungsansprüche gegenüber den bauausführenden Unternehmen Überwachen der Beseitigung von Mängeln, die innerhalb der Verjährungsfristen der Gewährleistungsansprüche, längstens jedoch bis zum Ablauf von fünf Jahren seit Abnahme der Bauleistungen auftreten Mitwirken bei der Freigabe von Sicherheitsleistungen Systematische Zusammenstellung der zeichnerischen Darstellungen und rechnerischen Ergebnisse des Objekts	Erstellen von Bestandsplänen Aufstellen von Ausrüstungs- und Inventarverzeichnissen Erstellen von Wartungs- und Pflegeanweisungen Objektbeobachtung Objektverwaltung Baubegehungen nach Übergabe Überwachen der Wartungs- und Pflegeleistungen Aufbereiten des Zahlungsmaterials für eine Objektdatei Ermittlung und Kostenfeststellung zu Kostenrichtwerten Überprüfen der Bauwerks- und Betriebs-Kosten-Nutzen-Analyse

Fortsetzung Tab. 1.1: Grundleistungen und besondere Leistungen nach HOAI [2]

(4) Bei Umbauten und Modernisierungen im Sinne des § 3 Nr. 5 und 6 können neben den in Absatz 2 erwähnten Besonderen Leistungen insbesondere die nachstehenden Besonderen Leistungen vereinbart werden:
- maßliches, technisches und verformungsgerechtes Aufmaß
- Schadenskartierung
- Ermitteln von Schadensursachen
- Planen und Überwachen von Maßnahmen zum Schutz von vorhandener Substanz
- Organisation von Betreuungsmaßnahmen für Nutzer und andere Planungsbetroffene
- Mitwirken an Betreuungsmaßnahmen für Nutzer und andere Planungsbetroffene
- Wirkungskontrolle von Planungsansatz und Maßnahmen im Hinblick auf die Nutzer, zum Beispiel durch Befragungen.

Speziell bei Bestandsbaumaßnahmen sind die in der HOAI [2] aufgelisteten Grundleistungen nicht ausreichend.

Die für solche Baumaßnahmen zusätzlich erforderlichen Einzelleistungen sind in Band 5 »*Gebäudeinstandsetzung und -modernisierung*« [9] ausführlich beschrieben.

1.1.2 Tragwerksplanung

Standsicherheit von Bauten

Die Standsicherheit von Bauten muss durch statische Berechnung der Tragwerke nachgewiesen werden. Für die Bauausführung sind die Konstruktionspläne maßgeblich. Deshalb ist es zwingend erforderlich, alle für die Tragwerksplanung erforderlichen Planungen vollständig in Auftrag zu geben. Das Leistungsbild ist in der HOAI, § 64 festgelegt. Auch hier gilt, dass alle zu erbringenden Planungsleistungen detailliert im Planungsvertrag aufzuführen und zu vereinbaren sind. Dieses betrifft besonders Besondere Leistungen und Bestandsbauvorhaben. Zum Beispiel bei historischen Stahlbauten oder Stahlbauteilen können oft die noch zulässigen Belastungen durch Probebelastungen oder Materialanalysen ermittelt werden. Für diese Besonderen Leistungen gibt es keine vertraglichen Honorarsätze in der HOAI.

Ermittlung von zul. Belastungen durch Probebelastungen

Tab. 1.2: § 64 Leistungsbild Tragwerksplanung nach HOAI [2]

	Grundleistungen	Besondere Leistungen
1. Grundlagenermittlung	Klären der Aufgabenstellung auf dem Fachgebiet Tragwerksplanung im Benehmen mit dem Objektplaner	
2. Vorplanung (Projekt- und Planungsvorbereitung	Bei Ingenieurbauwerken nach § 51 Abs. 1 Nr. 6 und 7: Übernahme der Ergebnisse aus Leistungsphase 1 von § 55 Abs. 2 Beraten in statisch-konstruktiver Hinsicht unter Berücksichtigung der Belange der Standsicherheit, der Gebrauchsfähigkeit und der Wirtschaftlichkeit Mitwirken bei dem Erarbeiten eines Planungskonzepts einschließlich Untersuchung der Lösungsmöglichkeiten des Tragwerks unter gleichen Objektbedingungen mit skizzenhafter Darstellung, Klärung und Angabe der für das Tragwerk wesentlichen konstruktiven Festlegungen für zum Beispiel Baustoffe, Bauarten und Herstellungsverfahren, Konstruktionsraster und Gründungsart Mitwirken bei Vorverhandlungen mit Behörden und anderer an der Planung fachlich Beteiligten über die Genehmigungsfähigkeit Mitwirken einschließlich der Kostenschätzung nach DIN 276	Aufstellen von Vergleichsberechnungen für mehrere Lösungsmöglichkeiten unter verschiedenen Objektbedingungen Aufstellen eines Lastenplanes, zum Beispiel als Grundlage für die Baugrundbeurteilung und Gründungsberatung Vorläufige nachprüfbare Berechnung wesentlicher tragender Teile Vorläufig nachprüfbare Berechnung der Gründung
3. Entwurfsplanung (System- und Integrationsplanung)	Erarbeiten der Tragwerkslösung unter Beachtung der durch die Objektplanung integrierten Fachplanungen bis zum konstruktiven Entwurf mit zeichnerischer Darstellung Überschlägige statische Berechnung und Bemessung Grundlegende Festlegungen der konstruktiven Details und Hauptabmessungen des Tragwerks für zum Beispiel Gestaltung der tragenden Querschnitte, Aussparungen und Fugen; Ausbildung der Auflager- und Knotenpunkte sowie der Verbindungsmittel Mitwirken bei der Objektbeschreibung Mitwirken bei Verhandlungen mit Behörden und anderen an der Planung fachlich Beteiligten über die Genehmigungsfähigkeit	Vorgezogene, prüfbare und für die Ausführung geeignete Berechnung wesentlich tragender Teile Vorgezogene, prüfbare und für die Ausführung geeignete Berechnung der Gründung Mehraufwand bei Sonderbauweisen oder Sonderkonstruktionen, zum Beispiel Klären von Konstruktionsdetails Vorgezogene Stahl- oder Holzmengenermittlung des Tragwerks und der kraftübertragenden Verbindungsteile für eine Ausschreibung, die ohne Vorliegen von Ausführungsunterlagen durchgeführt wird Nachweise der Erdbebensicherung

Fortsetzung Tab. 1.2: § 64 Leistungsbild Tragwerksplanung nach HOAI [2]

	Grundleistungen	Besondere Leistungen
3. Entwurfsplanung (System- und Integrationsplanung)	Mitwirken bei der Kostenberechnung, bei Gebäuden und zugehörigen baulichen Anlagen: nach DIN 276 Mitwirken bei der Kostenkontrolle durch Vergleich der Kostenberechnung mit der Kostenschätzung	
4. Genehmigungsplanung	Aufstellen der prüffähigen statischen Berechnungen für das Tragwerk unter Berücksichtigung der vorgegebenen bauphysikalischen Anforderungen Bei Ingenieurbauwerken: Erfassen von normalen Bauzuständen Anfertigen der Positionspläne für das Tragwerk oder Eintragen der statischen Positionen, der Tragwerksabmessungen, der Verkehrslasten, der Art und Güte der Baustoffe und der Besonderheiten der Konstruktionen in die Entwurfszeichnungen des Objektplaners (zum Beispiel in Transparentpausen) Zusammenstellen der Unterlagen der Tragwerksplanung zur bauaufsichtlichen Genehmigung Verhandlungen mit Prüfämtern und Prüfingenieuren Vervollständigen und Berichtigen der Berechnungen und Pläne Bauphysikalische Nachweise zum Brandschutz Statische Berechnung und zeichnerische Darstellung für Bergschadenssicherungen und Bauzustände, soweit diese Leistungen über das Erfassen von normalen Bauzuständen hinausgehen Zeichnungen mit statischen Positionen und den Tragwerksabmessungen, den Bewehrungs-Querschnitten, den Verkehrslasten und der Art und Güte der Baustoffe sowie Besonderheiten der Konstruktionen zur Vorlage bei der bauaufsichtlichen Prüfung anstelle von Positionsplänen Aufstellen der Berechnungen nach militärischen Lastenklassen (MLC)	

Fortsetzung Tab. 1.2: § 64 Leistungsbild Tragwerksplanung nach HOAI [2]

	Grundleistungen	Besondere Leistungen
4. Genehmigungs-planung	Erfassen von Bauzuständen bei Ingenieurbauwerken, in denen das statische System von dem des Endzustands abweicht	
5. Ausführungsplanung	Durcharbeiten der Ergebnisse der Leistungsphasen 3 und 4 unter Beachtung der durch die Objektplanung integrierten Fachplanungen Anfertigen der Schalpläne in Ergänzung der fertiggestellten Ausführungspläne des Objektplaners Zeichnerische Darstellung der Konstruktionen mit Einbau- und Verlegeanweisungen, zum Beispiel Bewehrungspläne, Stahlbaupläne, Holzkonstruktionspläne (keine Werkstattzeichnungen) Aufstellen detaillierter Stahl- oder Stücklisten als Ergänzung zur zeichnerischen Darstellung der Konstruktionen mit Stahlmengenermittlung	Werkstattzeichnungen im Stahl- und Holzbau einschließlich Stücklisten, Elementpläne für Stahlbetonfertigteile einschließlich Stahl- und Stücklisten Berechnen der Dehnwege, Festlegen des Spannvorganges und Erstellen der Spannprotokolle im Spannbetonbau Wesentliche Leistungen, die infolge Änderungen der Planung, die vom Auftragnehmer nicht zu vertreten sind, erforderlich werden Rohbauzeichnungen im Stahlbetonbau, die auf der Baustelle nicht der Ergänzung durch die Pläne des Objektplaners bedürfen
6. Vorbereitung der Vergabe	Ermitteln der Betonstahlmengen im Stahlbetonbau, der Stahlmengen im Stahlbau und der Holzmengen im Ingenieurholzbau als Beitrag zur Mengenermittlung des Objektplaners Überschlägiges Ermitteln der Mengen der konstruktiven Stahlteile und statisch erforderlichen Verbindungs- und Befestigungsmittel im Ingenieurholzbau Aufstellen von Leistungsbeschreibungen als Ergänzung zu den Mengenermittlungen als Grundlage für das Leistungsverzeichnis des Tragwerks	Beitrag zur Leistungsbeschreibung mit Leistungsprogramm des Objektplaners*) Beitrag zum Aufstellen von vergleichenden Kostenübersichten des Objektplaners Aufstellen des Leistungsverzeichnisses des Tragwerks
7. Mitwirken bei der Vergabe	Mitwirken bei der Prüfung und Wertung der Angebote Leistungsbeschreibung mit Leistungsprogramm Mitwirken bei der Prüfung und Wertung von Nebenangeboten Beitrag zum Kostenanschlag nach DIN 276 aus Einheitspreisen oder Pauschalangeboten	
8. Objektüberwachung (Bauüberwachung)	Ingenieurtechnische Kontrolle der Ausführung des Tragwerks auf Übereinstimmung mit den geprüften statischen Unterlagen	

Fortsetzung Tab. 1.2: § 64 Leistungsbild Tragwerksplanung nach HOAI [2]

	Grundleistungen	Besondere Leistungen
8. Objektüberwachung (Bauüberwachung)	Ingenieurtechnische Kontrolle der Baubehelfe, zum Beispiel Arbeits- und Lehrgerüste, Kranbahnen, Baugrubensicherungen Kontrolle der Betonherstellung und -verarbeitung auf der Baustelle in besonderen Fällen sowie statische Auswertung der Güteprüfungen Betontechnologische Beratung	
9. Objektbetreuung und Dokumentation	Baubegehung zur Feststellung und Überwachung von die Standsicherheit betreffenden Einflüssen	

*) Diese Besondere Leistung wird bei Leistungsbeschreibung mit Leistungsprogramm Grundleistung. In diesem Fall entfallen die Grundleistungen dieser Leistungsphase.

1.1.3 Bauphysik

Bis vor ca. 30 Jahren fristete die Bauphysik eher ein stiefkindliches Dasein im Rahmen der Bauplanung. Dies hat sich inzwischen, angetrieben von der Diskussion um Energieeinsparung, der Verbesserung des Wärme- und Schallschutzes und besonders des Feuchteschutzes im Hinblick auf veränderte Bautechnologien, aber auch durch Verschärfung der Gesetzgebung wie z.B. der Arbeitsstättenverordnung [27], grundlegend geändert. Alle Investoren und Planer befinden sich im Wettkampf um die energieeffizientesten Gebäude und den Einsatz neuer Energien.

Einsatz neuer Energien

Gebäude mit Aufenthalts- oder Arbeitsräumen, Krankenhäuser und Fabriken müssen trocken, wohl temperiert, schalltechnisch und akustisch angenehm und energetisch wirtschaftlich sein. So fordern es Nutzer und die Baubestimmungen.

Feuchte in Bauteilen führt zu Schäden bis zur vollständigen Zerstörung, wie durch Fäulnis bei Fachwerkwänden. Feuchte Baustoffe sind besonders gute Wärmeleiter mit der Folge erhöhten Heizenergieverbrauchs. Schimmelpilze siedeln sich auf feuchten Wänden an. Durch Feuchte werden Innen- und Außenbekleidungen und Beschichtungen zerstört. Nicht ausreichend wärmegeschützte Wände verursachen nicht nur hohe Heizkosten im Winter oder Hitzekammertemperaturen im Sommer, sondern feuchten im Winter besonders an wenig

nicht ausreichend gedämmte Wände

oder nicht besonnten Seiten, an Gebäudeaußenecken und über nicht beheizten Geschossen auf. Nicht ausreichend gedämmte Dachflächen machen Dachgeschosswohnungen durch Hitze im Sommer und Kälte im Winter unbewohnbar.

Von Außen eindringender Verkehrslärm oder durch Innenwände oder Geschossdecken dringende Nachbargeräusche sind störend und oft unerträglich, ebenso durch Dächer dringender Lärm von überfliegenden Flugzeugen.

Fluglärm dringt durchs Dach

Man sollte meinen, dass bei den heutigen Bauten keine bauphysikalischen Probleme auftreten, wenn sie richtig geplant und gebaut sind, doch weit gefehlt. Bei fast allen vom Autor im Rahmen seiner Gutachtertätigkeit untersuchten Neubauten gab es immer unterschiedlich schwere Mängel bei Schall-, Wärme- und Feuchteschutz. Ursächlich für diese Mängel waren überwiegend Planungsfehler der Architekten, falsche Sparmaßnahmen von – gegen Bauphysik resistenten – Bauträgern und natürlich auch der übliche Pfusch am Bau. Doch der hätte bei konsequenter Bauüberwachung vermieden werden können.

schwere Mängel bei Schall-, Wärme- und Feuchteschutz

Bei Bestandsbauten treten meistens bauphysikalische Probleme auf, denn alte Gebäude erfüllen die heutigen Anforderungen an Wärme-, Feuchte- und Schallschutz nicht. Für diese Bauten besteht zudem oft Bestandsschutz, wenn keine größeren Veränderungen durch Umnutzung oder Sanierung vorgenommen werden. Architekten und Tragwerksplaner können wegen fehlender Detailkenntnisse häufig die erforderlichen bauphysikalischen Planungen und Berechnungen nicht erbringen. Hierfür sind Bauphysiker zwingend erforderlich. Es genügt nicht, wie besonders gern von kleineren Bauträgern oder Generalunternehmen in Anspruch genommen, bauphysikalische Konzepte und Berechnungen von Baustofflieferanten entwickeln zu lassen. Diese wollen ihre Erzeugnisse verkaufen, weshalb Vorsicht geboten ist. Bauphysikalische Planungen und Beratungen müssen unabhängig sein und sollen verschiedene Alternativen ausweisen.

alte Bauten erfüllen die heutigen Ansprüche nicht

fehlende Detailkenntnisse

Bauphysiker werden beauftragt bei der Planung von:

- Feuchteschutzmaßnahmen für Gebäudehüllen und feuchtebelastete Räume
- Wärmeschutzmaßnahmen und -verbesserungen von Wänden, Böden, Decken und Dächern

- Gebäudeklimatisierung
- Sommerlicher Wärmeschutz, Kühlung von Glaspalästen
- Klimatisierungen von Museen, Kirchen, Schlössern, Theatern
- Schallschutzverbesserungsmaßnahmen in bestehenden Gebäuden
- Schallschutzmaßnahmen bei Neubauten
- Bauakustik.

Kühlung von Glaspalästen

In der HOAI sind die erforderlichen Planungsleistungen der Bauphysiker nur unzureichend geregelt. Deshalb müsse in den Planungsverträgen alle zu leistenden Planungen detailliert und vollständig erfasst werden.

»§ 78 Wärmeschutz

(1) Leistungen für den Wärmeschutz nach §78 Abs.2 Nr. 1 umfassen folgende Leistungen:

1. *Erarbeiten des Planungskonzepts für den Wärmeschutz*
2. *Erarbeiten des Entwurfs einschließlich der überschlägigen Bemessung für den Wärmeschutz und Durcharbeiten konstruktiver Details der Wärmeschutzmaßnahmen*
3. *Aufstellen des prüffähigen Nachweises des Wärmeschutzes*
4. *Abstimmen des geplanten Wärmeschutzes mit der Ausführungsplanung und der Vergabe*
5. *Mitwirken bei der Ausführungsüberwachung.*

§ 79 Sonstige Leistungen für Thermische Bauphysik

Für Leistungen nach § 79 Abs. 2 Nr. 2 bis 7 und Abs. 3 kann ein Honorar frei vereinbart werden; dabei kann bei den Leistungen nach § 77 Abs. 2 Nr. 2 bis 7 der § 78 Abs. 1 sinngemäß angewandt werden. Wird ein Honorar nicht bei Auftragserteilung schriftlich vereinbart, so ist das Honorar als Zeithonorar nach § 6 zu berechnen.

§ 80 Schallschutz

(1) Leistungen für Schallschutz werden erbracht, um

1. *in Gebäuden und Innenräumen einen angemessenen Luft- und Trittschallschutz, Schutz gegen von außen eindringende Geräusche und gegen Geräusche von Anlagen der Technischen Ausrüstung nach § 68 und anderen technischen Anlagen und Einrichtungen zu erreichen (baulicher Schallschutz)*

2. *die Umgebung Geräusch erzeugender Anlagen gegen schädliche Umwelteinwirkungen durch Lärm zu schützen (Schallimmissionsschutz)*

(2) Zu den Leistungen für baulichen Schallschutz rechnen insbesondere:

1. *Leistungen zur Planung und zum Nachweis der Erfüllung von Schallschutzanforderungen, soweit objektbezogene schalltechnische Berechnungen oder Untersuchungen erforderlich werden (Bauakustik)*
2. *schalltechnische Messungen, zum Beispiel zur Bestimmung von Luft- und Trittschalldämmung, der Geräusche von Anlagen der Technischen Ausrüstung und von Außengeräuschen.*

(3) Zu den Leistungen für den Schallimmissionsschutz rechnen insbesondere:

1. *schalltechnische Bestandsaufnahme*
2. *Festlegen der schalltechnischen Anforderungen*
3. *Entwerfen der Schallschutzmaßnahmen*
4. *Mitwirken bei der Ausführungsplanung*
5. *Abschlussmessungen.*

§ 81 Bauakustik

(1) Leistungen für Bauakustik nach § 81 Abs. 2 Nr. 1 umfassen folgende Leistungen:

1. *Erarbeiten des Planungskonzepts, Festlegen der Schallschutzanforderungen*
2. *Erarbeiten des Entwurfs einschließlich Aufstellen der Nachweise des Schallschutzes*
3. *Mitwirken bei der Ausführungsplanung*
4. *Mitwirken bei der Vorbereitung der Vergabe und bei der Vergabe*
5. *Mitwirken bei der Überwachung schalltechnisch wichtiger Ausführungsarbeiten.*

§ 85 Raumakustik

(1) Leistungen für Raumakustik werden erbracht, um Räume mit besonderen Anforderungen an die Raumakustik durch Mitwirkung bei Formgebung, Materialauswahl und Ausstattung ihrem Verwendungszweck akustisch anzupassen.

(2) Zu den Leistungen für Raumakustik rechnen insbesondere:

1. *raumakustische Planung und Überwachung*
2. *akustische Messungen*
3. *Modelluntersuchungen*
4. *Beraten bei der Planung elektroakustischer Anlagen.*

§ 86 Raumakustische Planung und Überwachung

(1) Die raumakustische Planung und Überwachung nach §86 Abs.2 Nr.1 umfasst folgende Leistungen:

1. *Erarbeiten des raumakustischen Planungskonzepts, Festlegen der raumakustischen Anforderungen*
2. *Erarbeiten des raumakustischen Entwurfs*
3. *Mitwirken bei der Ausführungsplanung*
4. *Mitwirken bei der Vorbereitung der Vergabe und bei der Vergabe*
5. *Mitwirken bei der Überwachung raumakustisch wichtiger Ausführungsarbeiten.«*

1.1.4 Bodenmechanik, Erd- und Grundbau

Im Rahmen der Leistungsphase *§ 15.2 HOAI Vorplanung* muss der Auftraggeber dem planenden Architekten oder Ingenieur die erforderlichen geologischen Werte des Baugrunds verbindlich zur Verfügung stellen, es sei denn, dass der beauftragte Planer über vollständige Kenntnisse von Baugrund und Grundwasserverhältnissen verfügt. Diese Werte sind Grundlagen für die Planung von Bauwerksgründung und Gebäudeabdichtung. Deshalb ist es erforderlich, Geologen mit den Erkundungen von Baugrund, ehemaligen und zukünftigen Grundwasserverhältnissen – besonders in Bergbau- oder ehemaligen Feuchtgebieten – zu beauftragen. Warum? Grundwasserhorizonte werden nicht nur durch Wasserhaltungen abgesenkt, sondern bei Renaturierungsmaßnahmen wieder angehoben, besonders in ehemaligen Bergbaugebieten, Mooren oder sonstigen Feuchtgebieten. Es genügt nicht, Fundament- und Belastungsgrößen über den Daumen zu schätzen. Schwerste Setzungsschäden, Gebäudeverformungen oder -neigungen sind die Folge. Bei den heute immer filigraner ausgeführten Traggliedern müssen genaueste Baugrundkenntnisse vorliegen. In der HOAI sind die Leistungen und Vergütungen festgelegt:

geologische Werte des Baugrunds

»§ 91 Anwendungsbereich

(1) Leistungen für Bodenmechanik, Erd- und Grundbau werden erbracht, um die Wechselwirkung zwischen Baugrund und Bauwerk sowie seiner Umgebung zu erfassen und die für die Berechnung erforderlichen Bodenkennwerte festzulegen.

(2) Zu den Leistungen für Bodenmechanik, Erd- und Grundbau rechnen insbesondere:

1. *Baugrundbeurteilung und Gründungsberatung für Flächen- und Pfahlgründungen als Grundlage für die Bemessung der Gründung durch den Tragwerksplaner, soweit diese Leistungen nicht durch Anwendung von Tabellen oder anderen Angaben, zum Beispiel in den bauordnungsrechtlichen Vorschriften, erbracht werden können*
2. *Ausschreiben und Überwachen der Aufschlussarbeiten*
3. *Durchführen von Labor- und Feldversuchen*
4. *Beraten bei der Sicherung von Nachbarbauwerken*
5. *Aufstellung von Setzungs-, Grundbruch- und andere erdstatischen Berechnungen, soweit diese Leistungen nicht in den Leistungen nach Nummer 1 oder in den Grundleistungen nach §§ 55 oder 64 erfasst sind*
6. *Untersuchungen zur Berücksichtigung dynamischer Beanspruchung bei der Bemessung des Bauwerks oder seiner Gründung*
7. *Beraten bei Baumaßnahmen im Fels*
8. *Abnahme von Gründungssohlen und Aushubsohlen*
9. *Allgemeine Beurteilung der Tragfähigkeit des Baugrundes und der Gründungsmöglichkeiten, die sich nicht auf ein bestimmtes Gebäude oder Ingenieurbauwerk bezieht.*

§ 92 Baugrundbeurteilung und Gründungsberatung

(1) Die Baugrundbeurteilung und Gründungsberatung nach § 92 Absatz 2 Nummer 1 umfasst folgende Leistungen für Gebäude und Ingenieurbauwerke:

1. *Klären der Aufgabenstellung, Ermittlung der Baugrundverhältnisse auf Grund der vorhandenen Unterlagen, Festlegen und Darstellen der erforderlichen Baugrunderkundungen*
2. *Auswerten und Darstellen der Baugrunderkundungen sowie der Labor- und Feldversuche*
3. *Abschätzen des Schwankungsbereiches von Wasserständen im Boden; Baugrundbeurteilung; Festlegen der Bodenkennwerte*
4. *Vorschlag für die Gründung mit Angabe der zulässigen Bodenpressungen in Abhängigkeit von den Fundamentabmessungen, gegebenenfalls mit Angaben zur Bemessung der Pfahlgründung; Angabe der zu erwartenden Setzungen für die vom Tragwerksplaner im Rahmen der Entwurfsplanung nach §64 zu erbringenden Grundleistungen; Hinweise zur Her-*

stellung und Trockenhaltung der Baugrube und des Bauwerks sowie zur Auswirkung der Baumaßnahme auf Nachbarbauwerke.«

1.1.5 Vermessungstechnische Leistungen

Bei allen Baumaßnahmen fallen vermessungstechnische Leistungen an, seien es Kataster, Lage- oder Höhenpläne, Fotogrammetrische Bestandsaufnahmen, Absteckungen oder auch Massenermittlungen durch Luftbildauswertungen. Diese Aufgaben werden von Vermessungsingenieuren erbracht. Die Leistungsbilder sind in der HOAI festgelegt:

vermessungstechnische Leistungen

»§ 97b Leistungsbild Entwurfsvermessung

(1) Das Leistungsbild Entwurfsvermessung umfasst die terrestrischen und photogrammetrischen Vermessungsleistungen für die Planung und den Entwurf von Gebäuden, Ingenieurbauwerken und Verkehrslagen.

1. *Grundlagenermittlung*
2. *Geodätisches Festpunktfeld*
3. *Vermessungstechnische Lage- und Höhenpläne*
4. *Absteckungsunterlagen*
5. *Absteckung für Entwurf*
6. *Geländeschnitte.*

(2) Das Leistungsbild setzt sich wie folgt zusammen:

	Grundleistungen	Besondere Leistungen
1. Grundlagenermittlung	Einholen von Informationen und Beschaffen von Unterlagen über die Örtlichkeit und das geplante Objekt Beschaffen vermessungstechnischer Unterlagen Ortsbesichtigung Ermitteln des Leistungsumfangs in Abhängigkeit von den Genauigkeitsanforderungen und dem Schwierigkeitsgrad	Schriftliches Einholen von Genehmigungen zum Betreten von Grundstücken, zum Befahren von Gewässern und für anordnungsbedürftige Verkehrssicherungsmaßnahmen
2. Geodätisches Festpunktfeld	Erkunden und Vermarken von Lage- und Höhenfestpunkten Erstellen von Punktbeschreibungen und Einmessungsskizzen Messungen zum Bestimmen der Fest- und Passpunkte	Netzanalyse und Messprogramm für Grundnetze hoher Genauigkeit Vermarken bei besonderen Anforderungen Bau von Festpunkten und Signalen

	Grundleistungen	Besondere Leistungen
2. Geodätisches Festpunktfeld	Auswerten der Messungen und Erstellen des Koordinaten- und Höhenverzeichnisses	
3. Vermessungstechnische Lage- und Höhenpläne	Topographische/morphologische Geländeaufnahme (terrestrisch/photogrammetrisch) einschließlich Erfassen von Zwangspunkten Auswerten der Messungen/Luftbilder Erstellen von Plänen mit Darstellen der Situation im Planungsbereich einschließlich der Einarbeitung der Katasterinformation Darstellen der Höhen in Punkt-, Raster- oder Schichtlinienform Erstellen eines digitalen Geländemodells Graphisches Übernehmen von Kanälen, Leitungen, Kabeln und unterirdischen Bauwerken aus vorhandenen Unterlagen Eintragen der bestehenden öffentlich-rechtlichen Festsetzungen Liefern aller Messdaten in digitaler Form	Orten und Aufmessen des unterirdischen Bestandes Vermessungsarbeiten unter Tage, unter Wasser oder bei Nacht Maßnahmen für umfangreiche anordnungsbedürftige Verkehrssicherung Detailliertes Aufnehmen bestehender Objekte und Anlagen außerhalb normaler topographischer Aufnahmen wie z.B. Fassaden und Innenräume von Gebäuden Eintragen von Eigentümerangaben Darstellen in verschiedenen Maßstäben Aufnahmen über den Planungsbereich hinaus Ausarbeiten der Lagepläne entsprechend der rechtlichen Bedingungen für behördliche Genehmigungsverfahren Erfassen von Baumkronen
4. Absteckungsunterlagen	Berechnen der Detailgeometrie anhand des Entwurfs und Erstellen von Absteckungsunterlagen	Durchführen von Optimierungsberechnungen im Rahmen der Baugeometrie (Flächennutzung, Abstandsflächen, Fahrbahndecken)
5. Absteckung für den Entwurf	Übertragen der Leitlinie linienhafter Objekte in die Örtlichkeit Übertragen der Projektgeometrie in die Örtlichkeit für Erörterungsverfahren	
6. Geländeschnitte	Ermitteln und Darstellen von Längs- und Querprofilen aus terrestrischen/photogrammetrischen Aufnahmen	

§ 98b Leistungsbild Bauvermessung

(1) Das Leistungsbild Bauvermessung umfasst die terrestrischen und photogrammetrischen Vermessungsleistungen für den Bau und die abschließende Bestandsdokumentation von Gebäuden, Ingenieurbauwerken und Verkehrsanlagen. Die Grundleistungen sind in den in Absatz 2 aufgeführten Leistungsphasen 1 bis 4 zusammengefasst. Sie sind in der nachfolgenden Tabelle in Vomhundertsätzen der Honorare des § 99 bewertet.

1. Baugeometrische Beratung
2. Absteckung für die Bauausführung
3. Bauausführungsvermessung
4. Vermessungstechnische Überwachung der Bauausführung
(2) Das Leistungsbild setzt sich wie folgt zusammen:

	Grundleistungen	Besondere Leistungen
1. Baugeometrische Beratung	Beraten bei der Planung, insbesondere im Hinblick auf die erforderlichen Genauigkeiten Erstellen eines konzeptionellen Messprogramms Festlegen eines für alle Beteiligten verbindlichen Maß-, Bezugs- und Benennungssystems Erstellen von Messprogrammen für Bewegungs- und Deformationsmessungen, einschließlich Vorgaben für die Baustelleneinrichtung	Erstellen von vermessungstechnischen Leistungsbeschreibungen Erarbeiten von Organisationsvorschlägen über Zuständigkeiten, Verantwortlichkeit und Schnittstellen der Objektvermessung
2. Abstecken für Bauausführung	Übertragen der Projektgeometrie (Hauptpunkte) in die Örtlichkeit Übergabe der Lage- und Höhenfestpunkte, der Hauptpunkte und der Absteckungsunterlagen an das bauausführende Unternehmen	
3. Bauausführungsvermessung	Messungen zur Verdichtung des Lage- und Höhenfestpunktfeldes Messungen zur Überprüfung und Sicherung von Fest- und Achspunkten Baubegleitende Absteckungen der geometriebestimmenden Bauwerkspunkte nach Lage und Höhe Messungen zur Erfassung von Bewegungen und Deformationen des zu erstellenden Objekts an konstruktiv bedeutsamen Punkten (bei Wasserstraßen keine Grundleistung) Stichprobenartige Eigenüberwachungsmessungen Fortlaufende Bestandserfassung während der Bauausführung als Grundlage für den Bestandplan	Absteckungen unter Berücksichtigung von belastungs- und fertigungstechnischen Verformungen Prüfen der Maßgenauigkeit von Fertigteilen Aufmaß von Bauleistungen, soweit besondere vermessungstechnische Leistungen gegeben sind Herstellen von Bestandsplänen Ausgabe von Baustellenbestandsplänen während der Bauausführung Fortführen der vermessungstechnischen Bestandspläne nach Abschluss der Grundleistungen

	Grundleistungen	Besondere Leistungen
4. Vermessungstechnische Überwachung der Bauausführung	Kontrollieren der Bauausführung durch stichprobenartige Messungen an Schalungen und entstehenden Bauteilen Fertigen von Messprotokollen Stichprobenartige Bewegungs- und Deformationsmessungen an konstruktiv bedeutsamen Punkten des zu erstellenden Objekts	Mengenermittlungen Einrichten eines geometrischen Objektinformationssystems Planen und Durchführen von langfristigen vermessungstechnischen Objektüberwachungen im Rahmen der Ausführungskontrolle baulicher Maßnahmen Vermessungen für die Abnahme von Bauleistungen, soweit besondere vermessungstechnische Anforderungen gegeben sind

§ 100 Sonstige vermessungstechnische Leistungen

(1) Zu den sonstigen vermessungstechnischen Leistungen rechnen

1. Vermessungen an Objekten außerhalb der Entwurfs- oder Bauphase
2. nicht objektgebundene Flächenvermessungen, die die Herstellung von Lage- und Höhenplänen zum Ziel haben und nicht unmittelbar mit der Realisierung eines Objekts in Verbindung stehen, sowie Vermessungsleistungen für Freianlagen und im Zusammenhang mit städtebaulichen oder landschaftsplanerischen Leistungen
3. Fernerkundungen, die das Aufnehmen, Auswerten und Interpretieren von Luftbildern und anderer raumbezogener Daten umfassen, die durch Aufzeichnung über eine große Distanz erfasst sind, als Grundlage insbesondere für Zwecke der Raumordnung und des Umweltschutzes,
4. vermessungstechnische Leistungen zum Aufbau von geographisch-geometrischen Datenbasen für raumbezogene Informationssysteme
5. Leistungen nach § 96, soweit sie nicht in den §§ 97b und 98b erfasst sind.«

1.1.6 Brandschutz

An den vorbeugenden Brandschutz von Gebäuden, auch von Neubauten, werden seit wenigen Jahren verstärkte Anforderungen gestellt. Bei fast allen Planungen, teilweise kleine Wohnbauten ausgenommen, müssen vorbeugende Maßnahmen für die Rettung von Menschen vorgesehen werden. Besonders in Ortskernen mit engen, meist zugeparkten Straßen, können die Feuerwehren im Brandfall

Rettung von Menschen

oft nicht rechtzeitig eingreifen. Besonders prekär wird die Rettungssituation, wenn Drehleitern zu kurz oder die Leiterfahrzeuge für Ortskerne zu lang sind, und die engen Kurven nicht passieren können. In Treppenhäusern abgestellte Kinderwagen oder sonstige Kunststoffgegenstände haben – bei durch Zündeln entstandenen Bränden – wiederholt zu Toten wegen versperrter Fluchtwege oder fehlender zweiter Rettungswege geführt.

Während bei nach ca. 1920 errichteten Gebäuden Wände und Decken überwiegend massiv hergestellt wurden, und die Mindestanforderungen an Feuerwiderstandklassen meistens erfüllen können, gilt dieses jedoch nicht für Fachwerkgebäude oder solche mit Holzbalkendecken. Besonders bei denkmalgeschützten Gebäuden traten und treten immer wieder große Probleme beim Brandschutz auf, welche oft völlig unnötig auf Widerstände gegen erforderliche Brandschutzertüchtigungen durch die Denkmalpflege zurückzuführen sind. Für alle Gebäude muss der Grundsatz ›*Sicherheit am Bau geht vor*‹ gelten. Befreiungen oder Bestandsschutz für solche Gebäude darf es nicht mehr geben, denn mit jedem Brand stehen Menschenleben auf dem Spiel.

mit jedem Brand stehen Menschenleben auf dem Spiel

Brandschutz- und Rettungskonzepte müssen schon im Vorplanungsstadium mit allen Beteiligten – Baurechtsbehörde, Feuerwehr, Denkmalschutzbehörde, Ordnungssamt – verbindlich vereinbart werden. Gerade bei alten Gebäuden in alten Ortszentren sind durch bauliche Gegebenheiten oder stark eingeschränkte Zufahrtsmöglichkeiten, besonders durch den ruhenden Verkehr, präventive Sonderlösungen erforderlich. Was nutzt z.B. der zweite Rettungsweg über die Drehleiter, wenn mit dieser Gebäude oder Notausstiege nicht erreicht werden können, weil durch parkende Autos die Aufstellflächen für die Feuerwehr versperrt oder die Leitern zu kurz sind. Großspurige Behauptungen von Feuerwehren oder Leitern von Ordnungsämtern, Rettungs- und Löscheinsätze seien auch in ihren Altstädten mit verstopften Straßen unproblematisch, werden immer wieder durch fehlgeschlagene Einsätze, Tote und völlig abgebrannte Gebäude gegenteilig bestätigt. Auch Äußerungen von Verwaltungsjuristen, man könne durch entsprechende Ordnungsmaßnahmen und Anordnungen die Erreichbarkeit von innerörtlichen Gebäuden sicherstellen, sind reine Wunschvorstellungen im Sinne der jeweiligen Verwaltung, die mit

Erreichbarkeit von innerörtlichen Gebäuden

den Realitäten in keinster Weise in Einklang gebracht werden können. Innerörtliche Baustellen, Lieferfahrzeuge in schmalen Fußgängerbereichen, Müllfahrzeuge und parkierende Autos können nicht innerhalb von wenigen Sekunden oder Minuten entfernt werden.

Deshalb sind, wie bereits in einigen Bundesländern obligatorisch, grundsätzlich unabhängige Brandschutzsachverständige mit der Ausarbeitung der Brandschutzkonzepte und Überwachung sowie Abnahme der erforderlichen Brandschutzmaßnahmen zu beauftragen.

1.2 Pfusch durch typische Planungsfehler

Allgemeines

Nicht nur bei der Ausführung, sondern besonders bei den Planungen aller am Bau Beteiligten wird meistens unbewusst, aber auch – besonders bei von politischen Entscheidungen abhängigen Bauvorhaben – ganz bewusst gepfuscht. Zum eigenen Schutz werden dabei leider meist unberechtigt die Planer als Sündenböcke für Fehlentscheidungen von Politikern oder öffentlichen Investoren durch die Presse gezerrt.

bewusster Pfusch bei nicht erkennbaren Details

Private Bauherren können sich ihre zukünftigen Häuser meistens nicht vorstellen – besonders vielen Frauen fehlt das räumliche Vorstellungsvermögen. Das führt oft zu unter- oder überdimensionierten Gebäuden oder Räumen. Sehr viele gewerbliche Bauträger im Wohnungsbau pfuschen ganz bewusst bei allen, für Baulaien nicht erkennbaren, Baudetails. Selbst erarbeitete Ausführungsdetails, meistens mit gravierenden Mängeln behaftet, müssen von den Planern und Ausführenden übernommen werden. Baugrunderkundungen sind bei kleinen Baumaßnahmen nicht erforderlich, der Kunde kennt sich nicht aus. Generalüber- oder Unternehmer denken grundsätzlich immer an den Gewinn, also wird oft schon bei der Planung und Bauüberwachung ganz bewusst gepfuscht, in dem keine vollständigen Planungen durchgeführt werden. Bauüberwachung? Für viele, besonders große Bauträger, ein Fremdwort. Viele Planer, leider besonders Architekten, glauben, natürlich wegen nicht auskömmlicher Honorare, nur abgespeckte Planungen in Form von vergrößerten Entwurfsplänen ohne Details usw. liefern zu müssen. Auf solche Fehlleistungen sind dann die überwiegenden Bauschäden zurück zu führen.

1.2.1 Planungsfehler der Investoren

Öffentliche Investoren

Während früher geprotzt und weit über den tatsächlichen Bedarf hinaus geplant und gebaut wurde, wird heute an allem Notwendigen gespart. Zum Beispiel plant die baden-württembergische Landesregierung neue Regierungsgebäude im Stuttgarter Stadtzentrum. Laut Veröffentlichung in der Stuttgarter Zeitung vom 04.04.2007 werden die Bürogrößen mit ca. 9 m^2 vorgesehen. Eine Einzelzelle in Strafanstalten soll eine Mindestgröße von 12 m^2 aufweisen. Öffentlich Bedienstete sollen zukünftig viele Jahrzehnte mit jährlich 1600 Stunden in solchen Käfigbatterien verbringen müssen!

weit über den tatsächlichen Bedarf hinaus geplant

Die meisten öffentlichen Auftraggeber, besonders Kommunen, haben ihre Planungsämter entweder ausgedünnt oder auch abgeschafft. Nur bei größeren Baumaßnahmen werden freie Planer, natürlich die Billigsten, beauftragt. Die HOAI wird nicht mehr als Honorargrundlage vereinbart. Kleinere Baumaßnahmen, besonders bei Instandhaltungen werden, wenn überhaupt, von oft überforderten Mitarbeitern geplant. Wenn möglich, müssen alle erforderlichen Planungen von den ausführenden Firmen geliefert werden. Warum? Sehr viele Mitarbeiter sind nicht in der Lage dazu, diese Planungen durchzuführen, da sie es nicht gelernt oder bereits vergessen haben.

ausgedünnte Planungsämter

Besonders gepfuscht wird bei öffentlichen Bauten bei den Baukostenberechnungen. Warum sind alle öffentlichen Bauten erheblich teurer als gleiche, privatwirtschaftlich errichtete Gebäude? Wegen der allgemeinen Sicherheits- und Zinszuschläge der Firmen, denn die Gelder sind sicher, auch wenn meist mit mehrmonatiger Verzögerung gezahlt wird. Sehr oft werden aber auch aus politischen Gründen die wahren Baukosten bewusst verschwiegen und zu niedrig angesetzt, besonders wenn bei spektakulären Prestigebauten, wie z.B. Bundesbauten in Berlin, ICE-Strecken, Bädern, Kultureinrichtungen und wahrscheinlich auch dem Stuttgarter Hauptbahnhof Stuttgart 21, bei Planungsbeginn keine ausreichenden Mittel vorhanden sind. Baukostenmehrungen werden dann oft auf Planungsfehler der beauftragten freien Planer oder Generalisten geschoben, zumindest in der Presse.

Pfusch bei Baukostenrechnungen öffentlicher Bauten

bei Planungsbeginn keine ausreichenden Mittel vorhanden

Gewerbliche Investoren

Unterschieden werden muss zwischen baugewerblich tätigen Investoren, Bauträgern von Verkaufsobjekten, und gewerblichen Investoren aus Industrie oder Mittelstand.

bei Verkaufsobjekten wird am meisten gepfuscht

Bei Verkaufsobjekten, besonders im Wohnungsbau, wird bei den Planungen am meisten gepfuscht. Notwendige Planungen werden nicht durchgeführt, oder besonders Kosten sparende Ausführungsvorgaben (meistens falsch) müssen von den beauftragten Architekten, Ingenieuren und auch ausführenden Firmen übernommen werden. Planungsfehler können von den Käufern ohne Unterstützung durch erfahrene Sachverständige nicht erkannt werden. Testate von durch die Investoren beauftragten und bezahlten (gut meinenden, da Dauerkunden), aber immer öffentlich bestellten und vereidigten Sachverständigen (diese Bezeichnung soll Baulaien das Gefühl geben, ein neutraler Sachverständiger prüfe unvoreingenommen), halten meist kritischen Überprüfungen nicht Stand. Es geht nur noch über den Preis. Ob eine Bauweise die erforderlichen Lebensdauern mangelfrei erfüllt, oder schonende Umbau- oder Erweiterungsmaßnahmen möglich sind, wird im Vorfeld nicht beachtet. So lassen immer mehr Generalübernehmer ihre Leistungen – gut oder untauglich – selbst überwachen und als mangelfrei testieren. Wenn später allerschwerste Mängel und Schäden, Baukostensteigerungen durch angebliche Zusatzleistungen oder Änderungen entstanden sind, ist es meistens zu spät. Im Notfall verabschiedet sich der GÜ durch Insolvenz. Investoren aus Industrie und Mittelstand planen da ganz anders, nämlich nicht auf schnellen Profit ausgerichtet, sondern stets nach den betrieblichen Erfordernissen und auf Dauer wirtschaftlichsten Bauweisen.

Testate halten Überprüfungen nicht Stand

Im Notfall verabschiedet sich der GÜ durch Insolvenz

1.2.2 Planungsfehler der Architekten

Schon im zweiten und dritten Bauschadensbericht der Bundesregierung [3, 4] wurde darauf hingewiesen, dass die Mehrzahl von Baumängeln und Bauschäden auf Planungsmängel und eine nicht ausreichende Ausbildung von Architekten und Bauingenieuren zurückzuführen ist. Geändert hat sich jedoch nahezu nichts.

Nach Feststellungen des Autors, die mit solchen von Haftpflichtversicherungen, Sachverständigenverbänden und Baujuristen übereinstimmen, sind mehr als 95% aller Baumängel und -schäden auf

Planungsfehler **aller** beteiligten Planer zurückzuführen. Wenn eine Planungsvorgabe falsch ist, müssen zwangsläufig auch Folgeplanungen und die Ausführung falsch werden, es sei denn, die ausführende Firma verweigert die vorgegebene Ausführung. Warum sind gerade so viele Architektenleistungen fehlerhaft, unvollständig oder nicht vorhanden? Dafür einige Gründe:

- keine Beauftragung vollständiger Planungen
- nicht auskömmliche Honorare
- unzureichende Berufsausbildung
- fehlende Berufserfahrung
- fehlende Weiterbildung
- Delegieren von Planungsleistungen handwerksüblicher Ausführungen an die Ausführenden
- Selbstüberschätzung
- Desinteresse
- Stress
- mangelnde Motivation
- oberflächliche Bauaufsicht.

Selbstüberschätzung

mangelnde Motivation

Die Folgen verwirklichen sich meistens in den Bauwerken und sind sowohl für die Investoren als auch für die fehlerhaft arbeitenden Architekten verheerend.

Für den Autor besonders erschreckend sind die Unkenntnisse vieler planenden und überwachenden Kollegen über Bautechniken, Materialien, Baubestimmungen und Pflichten. Solange keine Schäden auftreten oder die Auftraggeber solche nicht erkennen, kein Problem, doch wehe, wenn es anders kommt. Die häufigsten Planungsfehler der Architekten entstehen bei folgenden Teilleistungen:

Planungsfehler der Architekten

- Grundlagenermittlung: Es wird viel zu wenig gefragt und ermittelt. Die Beratung findet sehr oft nicht statt.
- Vorplanung: Planungsalternativen werden weder vorgelegt noch diskutiert. Viele Planungen kommen aus der Schublade. Ausführliche Bauherrenberatungen, besonders im Eigenheimbau, finden nicht statt. Kostenangaben sind falsch, da weder Fachplanungen noch vollständige Kostenschätzungen vorliegen.
- Entwurfsplanung: Wegen unvollständiger Vorplanung kann die Entwurfsplanung nicht besser sein. Besonders bauphysikalische oder energetische Probleme fließen in die Planung nicht ein, Fach-

planungen können nicht mit einbezogen werden, da nicht vorhanden. Fast alle Kostenberechnungen sind falsch.

- Genehmigungsplanung: Warum werden so viele Bauanträge zurück verwiesen oder abgelehnt? Weil die Unterlagen unvollständig oder falsch sind.
- Ausführungsplanung: Gebäudespezifische Ausführungs- und vor allem Detailplanungen sind eine Seltenheit geworden. Die meisten Werkpläne sind reine Vergrößerungen der Entwurfspläne, jedoch ohne vollständige Vermaßungen, Durchbrüche oder Aussparungen, Materialangaben, Einflüsse von Fachplanungen, da diese fehlen. Für das jeweilige Gebäude entwickelte Detailpläne sind Seltenheit, der Computer ist nicht ausreichend gefüttert.
- Vorbereitung der Vergabe: Bauleistungen werden möglichst als funktionale Beschreibung der Gesamtobjekt- oder Gewerkeleistung ohne konkrete Einzelbeschreibung und Massen als Bieterwettbewerb nach den Entwurfsplänen M. 1:100 ausgeschrieben. Der Unternehmer soll dem Planer die eigentliche Arbeit abnehmen. Wenn Einzelgewerke mit Einzelpositionen ausgeschrieben werden, stimmen sehr oft weder die Leistungsbeschreibungen noch Massen mit den endgültigen Plänen überein.
- Objektüberwachung: Viele Planer, besonders bei kleinen und mittleren Bauvorhaben, führen die Objektüberwachung scheinbar nach dem Drei-Affen-Prinzip durch. Bei ordnungsgemäßer Überwachung und Prüfung der Bauleistungen kann der heute übliche Pfusch am Bau nicht entstehen.

1.2.3 Planungsfehler der Tragwerksplaner

unvollständige Tragwerksplanungen

Alle unvollständigen Tragwerksplanungen den Planern anzulasten wäre unfair, denn überwiegend sind die Auftraggeber, aber leider auch viele Architekten, für viele Missstände verantwortlich. Nur bei Erteilung vollständiger Planungsaufträge einschließlich aller erforderlichen Teilleistungen, Übergeben aller aktuellen Informationen und fehlerfreien Plänen, sowie ständiger Einbeziehung in den Bauablauf bis zur Fertigstellung, kann der Tragwerksplaner vollständige, fehlerfreie Leistungen erbringen. Wenn allerdings Tragwerksplaner nur unvollständige Planungsaufträge übernehmen, oder wegen unauskömmlicher Honorare auf vereinbarte Teilleistungen verzichten,

vollständige Planungsaufträge einschließlich aller Teilleistungen sind m.E. die Planungsfehler auf Verschulden oder Mitverschulden der Planer zurückzuführen. Welche Planungsfehler treten ständig auf?

Bei kleinen Bauvorhaben:

- Lastannahmen sind unvollständig oder falsch.
- Tragwerksberechnungen sind unvollständig.
- Bodenwerte sind nur angenommen, da keine Baugrundgutachten vorliegen.
- Unterschiedliche Schwind- und Setzungsprozesse bei Mauerwerkunterschieden von Tragwänden werden nicht beachtet.
- Tragwerksangaben werden in Ausführungspläne der Architekten eingetragen.
- Fundamentpläne sind unvollständig, besonders bei Schnitten und Bewehrungen.
- Schalpläne fehlen oder sind unvollständig, Baustoffangaben stimmen mit den Sinnbildern nicht überein.
- Angaben über Durchbrüche, Schlitze, Gefälle und Versprünge fehlen, da wegen fehlender Fachplanungen keine diesbezüglichen Angaben vorliegen.
- Wärmedämmungen in Schalplänen werden nur bildlich ohne Materialfestlegungen und -dicken dargestellt.
- Erforderliche Fugendetails fehlen.
- Bewehrungspläne sind unvollständig, Biegeformen fehlen.
- Unterschiedliches Verformen von ungleich alten und feuchten Bauhölzern wird nicht beachtet.
- Holzbaupläne sind nicht ausreichend detailliert, historische Holzverbindungen bei alten Holzbauten sind vielen Tragwerksplanern unbekannt.
- uvm.

Lastannahmen sind unvollständig oder falsch

Fundamentpläne sind unvollständig

Bewehrungspläne sind unvollständig

1.2.4 Planungsfehler der Technischen Gebäudeausrüstung

Nach Meinung vieler Architekten und Bauträger sind Fachplanungen der Technischen Gebäudeausrüstung im Wohnungs- oder Wohnhausbau unnötig, ebenso bei vielen Gewerbebauten. Stattdessen werden Installationsfirmen aufgefordert, auf Grundlage von Entwurfsplänen M 1:100 und schwammigen Baubeschreibungen Pauschalangebote für die Heizungs-, Elektro-, Sanitär- und Klimaanlagen einschließlich

Nicht der Architekt, sondern der Sonderfachmann plant im Vorplanungsstadium die Grundstücksentwässerung!

aller Planungen abzugeben. Nicht der Architekt, sondern der Sonderfachmann plant im Vorplanungsstadium die Grundstücksentwässerung! Bereits im Vorplanungsstadium müssen erste verbindliche Angaben zu den notwendigen Installationen und Kosten vorliegen. Da zu diesem Zeitpunkt keine Fachfirmen beauftragt sind, gibt es auch keine verbindlichen Planungen und Kostenaussagen. Folgende Planungen bei technischen Gebäudeausrüstungen sind sehr oft unvollständig oder fehlen:

- Planung von Grundstücksentwässerungen
- Planung von Flachdachentwässerungen
- Rohrnetzberechnungen
- hydraulische Berechnungen und Berechnungen für Wasserversorgungs- und Heizungsanlagen
- gebäudespezifische Wärmebedarfsberechnungen
- Strangschemen für Abwasser-, Wasser-, Heizungsanlagen
- Verlegepläne für Fußboden-, Decken- oder Wandheizungen
- Geräteaufstellpläne
- Be- und Entlüftungsentwürfe
- Lüftungsberechnungen
- Installationspläne für elektrische Anlagen
- Verteilerbelegungspläne
- Angaben für Durchbrüche und Schlitze.

Das Instandsetzen oder Umbauen von Bestandsbauten setzt besonders detaillierte Fachplanungen der technischen Gebäudeausrüstungen voraus

Das Instandsetzen oder Umbauen von Bestandsbauten setzt besonders detaillierte Fachplanungen der technischen Gebäudeausrüstungen voraus, denn neue Installationen können nicht ohne Planung mit alten verbunden werden.

1.3 Gewährleistung und Haftung

Viele Planer und Bauträger kennen die geltende Rechtsprechung nicht. Sie gehen davon aus, dass die öffentlich-rechtlichen Baubestimmungen für Baubeschreibungen in Teilungserklärungen und Kaufverträgen maßgeblich sind. Diese Auffassung ist eindeutig falsch. Geschuldet wird zwar die vereinbarte Leistung, doch hat diese mindestens den allgemein anerkannten Regeln und dem zur Übergabe gültigen Stand der Technik unter Berücksichtigung von Neuentwicklungen zu entsprechen.

Strafrechtliche Haftung – SIGEKO

Ein seit einigen Jahren neues Aufgabengebiet für Architekten und Ingenieure ist die Sicherheits- und Gesundheitskoordination (SIGEKO) gemäß Baustellenverordnung vom 1.7.1998. Mit der Tätigkeit als Sicherheits- und Gesundheitskoordinator ist dieser dafür verantwortlich für die Sicherheit auf der Baustelle und Einhaltung von Unfallverhütungsvorschriften, Arbeitssicherheits- und Arbeitsschutzgesetz. Zu den wesentlichen Aufgaben des Koordinators gehören die Ausarbeitung des Sicherheits- und Gesundheitsplans (SiGe-Plan) sowie der so genannten Unterlage. Bei Verletzung seiner Pflicht zur Erstellung eines SiGe-Plans haftet der Koordinator öffentlich- u. strafrechtlich nach § 7 BaustellV.

Haftung des Bauleiters oder bauleitenden Architekten wegen Verletzung von Verkehrssicherungspflichten

(BGH, Urteil vom 13.03.2007 – VI ZR 178/05 [10])

Der Bundesgerichtshof (BGH) hat in diesem Urteil deutlich gemacht, dass der mit der Bauleitung beauftragte Architekt wegen einer Verletzung von Verkehrssicherungspflichten haften kann. Dies bedeutet grundsätzlich, dass im Rahmen der Bauleitung aus dem ausführenden Unternehmen oder aus der Bauüberwachung im Rahmen des Architekten- und Ingenieurvertrages dringend dafür zu sorgen ist, dass auch die wesentlichen Sicherungsmöglichkeiten eingehalten werden. [Mandantenbrief 2/2007; Valerius u. Partner, Halle]

Strafrechtliche Aspekte können sich für bauleitende Architekten und Ingenieure bei Verstößen gegen die öffentlich-rechtlichen Bauauflagen ergeben.

Die Beteiligten haften bei Bestandsbauten auch für die mit verwendete Altbausubstanz, denn alle neuen Bauleistungen werden auf die vorhandene Substanz aufgebaut. Grundsätzlich ist jeder Unternehmer sowohl nach BGB [3] als auch nach VOB [4] dazu verpflichtet, alle sein Gewerk betreffenden Vorleistungen auf Mängel zu überprüfen und gegebenenfalls Bedenken anzumelden VOB/B § 3 [4]. Bei unterlassener Beanstandung von mangelhaften Vorleistungen haftet der Nachunternehmer auch für diese. (OLG Stuttgart, Urteil vom 21.07.2004, Az:3 U 19/04, rechtskräftig durch Beschluss des BGH vom 31.03.2005, Az. VII ZR 210/04) Wenn der Auftraggeber berechtigte Bedenken zu-

Unternehmer muss Vorleistungen auf Mangelfreiheit überprüfen

Arbeiten verweigern und vom Vertrag zurücktreten

rückweist, ist es besonders bei Bestandsbauten ratsam, die Durchführung der Arbeiten zu verweigern und vom Vertrag zurückzutreten. Es reicht nicht aus, auf die angemeldeten Bedenken zu verweisen, oder sich von jeglicher Haftung für die alte Bausubstanz freistellen zu lassen.

Gewährleistung und Haftung richten sich nach der Grundlage des abgeschlossenen Vertrages. Kaufverträge werden grundsätzlich auf Grundlage des Bürgerlichen Gesetzbuches (BGB) [3] abgeschlossen, Werkverträge für die alleinige Bauwerkserrichtung ohne Grundstückskauf zumeist auf Grundlage der VOB. [4]

Nach der am 01.01.2002 in Kraft getretenen Schuldrechtsreform betragen die Verjährungsfristen nach § 199 BGB:

»§ 199 BGB Beginn der regelmäßigen Verjährungsfrist und Höchstfristen

(1) Die regelmäßige Verjährungsfrist beginnt mit dem Schluss des Jahres, in dem

1. *der Anspruch entstanden ist und*
2. *der Gläubiger von den den Anspruch begründenden Umständen und der Person des Schuldners Kenntnis erlangt oder ohne grobe Fahrlässigkeit erlangen müsste.*

(2) Schadensersatzansprüche, die auf der Verletzung des Lebens, des Körpers, der Gesundheit oder der Freiheit beruhen, verjähren ohne Rücksicht auf ihre Entstehung und die Kenntnis oder grob fahrlässige Unkenntnis in 30 Jahren von der Begehung der Handlung, der Pflichtverletzung oder dem sonstigen, den Schaden auslösenden Ereignis an.

(3) Sonstige Schadensersatzansprüche verjähren

1. *ohne Rücksicht auf die Kenntnis oder grob fahrlässige Unkenntnis in zehn Jahren von ihrer Entstehung an und*
2. *ohne Rücksicht auf ihre Entstehung und die Kenntnis oder grob fahrlässige Unkenntnis in 30 Jahren von der Begehung der Handlung, der Pflichtverletzung oder dem sonstigen, den Schaden auslösenden Ereignis an.*

Maßgeblich ist die früher endende Frist.

(4) Andere Ansprüche als Schadensersatzansprüche verjähren ohne Rücksicht auf die Kenntnis oder grob fahrlässige Unkenntnis in zehn Jahren von ihrer Entstehung an.

(5) Geht der Anspruch auf ein Unterlassen, so tritt an die Stelle der Entstehung die Zuwiderhandlung...«

Seit dem 01.01.2002 beträgt nach §§ 634a BGB ff bei Bauleistungen die Regelverjährungsfrist fünf Jahre. Neu ist die kenntnisunabhängige Verjährung nach Ziffer (3) 1. Für auf Grundlage der VOB abgeschlossene Verträge beträgt die Regelgewährleistungsfrist vier Jahre.

kenntnisunabhängige Verjährung

Für Architekten gilt eine völlig vom Normalfall abweichende Regelung. Sofern die Leistungsphase 9 *Dokumentation* nach § 15 HOAI vereinbart wurde, beginnt die Gewährleistung für den bauleitenden Architekten erst nach vollständigem Ablauf aller Gewährleistungsverpflichtungen aller am Bau beteiligten Firmen. Wenn z.B. bei einem Unternehmer die Gewährleistung wegen Baumängeln kurz vor Ablauf der fünfjährigen Gewährleistung unterbrochen wurde, beginnt für den Bauleiter die Gewährleistung erst nach Ablauf der neuen Gewährleistung dieser Firma. Den meisten Architekten und Ingenieuren ist scheinbar nicht bekannt, dass deren Gewährleistung erst nach Abnahme der erbrachten Architekten- oder Ingenieurleistung beginnt. So kann es vorkommen, dass auch noch nach 25 oder 35 Jahren Haftungsansprüche gegen die bauleitenden Architekten oder Ingenieure geltend gemacht und erfolgreich durchgesetzt werden. Warum? Sie haben es unterlassen, für ihre erbrachten Planungs- und Überwachungsleistungen die Abnahme zu verlangen.

völlig vom Normalfall abweichende Regelung

Wenig, wenn überhaupt, wird die öffentlich-rechtliche Verantwortung von Planern und Bauleitern im öffentlich-rechtlichen Genehmigungsverfahren beachtet. Verantwortliche Planer und/oder Bauleiter haften für die Einhaltung des öffentlichen Baurechts. Ebenso haftet der Sicherheits- und Gesundheitschutzkoordinator (SiGe-Koordinator) für die Einhaltung der Unfallverhütungsvorschriften. Deshalb müssen Planer die Vorgaben von Baugenehmigungen gewissenhaft einhalten, wenn sie sich keinen Ordnungswidrigkeits- oder Strafrechtsverfahren aussetzen möchten. Dieses betrifft auch rechtzeitige Nachtragsanträge zur Baugenehmigung bei abweichenden Errichtungen. Besonders gefährdet sind Abweichungen von Tragwerksplanungen oder die Verwendung von nicht für das jeweilige Bauvorhaben gefertigten Tragwerksplanungen. Bei Einstürzen mit und ohne Personenschäden wird mit Sicherheit die Strafverfolgungsbehörde aktiv. Gleiches gilt für den SiGeKo bei Unfällen mit Personenschäden wegen fahrlässiger Körperverletzung. [10]

öffentlich-rechtliche Verantwortung von Planern und Bauleitern

Planer müssen die Vorgaben von Baugenehmigungen gewissenhaft einhalten

Schadensfälle durch Pfusch bei Planung, Überwachung und Ausführung von Bauvorhaben haben leider so stark zugenommen, dass die Haftpflichtversicherer von Architekten und Ingenieuren die Versicherungsprämien um ein Vielfaches angehoben haben, Versicherungsnehmern schon nach zwei Schadensanmeldungen innerhalb von 12 Monaten – unabhängig vom Eintritt eines tatsächlichen Schadens – die Verträge kündigen oder Architekten und Bauingenieure gar nicht mehr versichern. Dies ist sicherlich auf die sprunghaft angestiegene Zahl von Planungs- und Aufsichtsfehlern zurückzuführen, aber auch auf das Wahlrecht des geschädigten Auftraggebers, seine Ansprüche aus nicht vertragsgerechten Bauausführungen entweder gegen den Unternehmer oder den Bauleitenden geltend zu machen, denn Bauleiter sind in der Regel versichert.

Neu sind durchgesetzte Schadenersatzansprüche aus vor weit über 20 Jahren fertiggestellten und bau- sowie zivilrechtlich abgenommenen Bauvorhaben gegen die ehemaligen Bauleiter [BGH, NJW 97, 2517; MDR 97, 827].

Auch Baufirmen und Bauträger haben erhebliche Probleme mit ihren Haftpflichtversicherungen wegen des ›*Pfuschs am Bau*‹. Haben Planer und Verarbeiter, aber auch Bauträger und öffentliche Bauabteilungen aus diesen Fehlern nichts gelernt? Bei der Häufigkeit der bei bestimmten Bauträgern, Planern und ausführenden Firmen immer wieder vorkommenden gleichen Mängel schleicht sich das Gefühl ein, dass bewusst gepfuscht wird in der Annahme, der Laie kenne sich nicht aus. Welcher Bauherr oder Käufer beauftragt schon bei der Bauausführung einen Sachverständigen zur baubegleitenden Qualitätsüberwachung von Planung und Ausführung?

gesetzliches Zurückbehaltungsrecht bei Mängeln

Wird zum Beispiel vom Bauherrn oder Erwerber die Abnahme verweigert, lassen viele Baufirmen oder Bauträger ihre Kunden gern aushungern. Das Gebäude wird nicht übergeben, das Eigentum wird nicht übertragen, obwohl für den Bauherrn oder Käufer ein gesetzliches Zurückbehaltungsrecht bei Mängeln in dreifacher Höhe der geschätzten Mängelbeseitigungskosten besteht (§ 641 Abs. 3 BGB). Bis zur Abnahme haben Bauträger oder Unternehmer zu beweisen, dass sie mangelfrei und nach den allgemein anerkannten Regeln der Technik gebaut haben. Nach der Abnahme muss der Eigentümer den Beweis einer mangelhaften Ausführung führen.

Bei Einleitung eines selbstständigen gerichtlichen Beweisverfahrens ist der Antragsteller beweis- und vorschusspflichtig. Immer mehr Baufirmen und Bauträger gehen während der Durchführung eines selbstständigen Beweisverfahrens oder kurz danach Pleite, sodass der geschädigte Besteller auf den zusätzlichen Anwalts- und Gerichtskosten sitzen bleibt. Der Dumme ist dann wieder der Kunde, denn Insolvenzverwalter oder Banken geben die fertig gestellten oder nicht fertig gestellten Bauten freiwillig ohne zusätzliche langwierige Verhandlungen oder Prozesse heraus, selbst wenn auch vom Bauherrn oder Erwerber schon viel zu viel bezahlt wurde.

Ansprüche aus ›Pfusch am Bau‹ gegen die Verantwortlichen durchzusetzen ist für betroffene Baulaien oder sogar für erfahrene Baufirmen oder Bauträger ohne erfahrene Bauanwälte nicht möglich, besonders dann, wenn die Verfahren an unteren Gerichten von nicht auf das Baurecht spezialisierten Richtern geführt werden. Zusätzlich benötigen die Kläger einen besonders langen Atem und starke Nerven.

1.4 Tendenzen

Die früher klassische Trennung von Planung und Ausführung hat sich seit schon fast 50 Jahren immer mehr in Richtung Schlüsselfertigbau, Planung plus Ausführung und leider auch Ausführung ohne Planung verschoben. Die besonders von den Architekten- und Ingenieurverbänden geforderte strikte Trennung von Planung und Ausführung ist in vielen Bereichen, besonders bei Großbauvorhaben wie z.B. Flughäfen, Großbahnhöfen und Bauvorhaben mit festgelegten Bausystemen überholt. In den meist baubezogenen Institutionen stellt man sich langsam auf die geänderten Bedingungen um. So werden in der Handwerkerausbildung die theoretischen Inhalte um Befähigungen zur Planung verstärkt. Dagegen entfernen sich die Hochschulen immer mehr von der Praxis. Bauindustrie und Baugewerbe bieten die Bauplanung als verbundene Dienstleistung des Bauauftrages an. Bauherren bevorzugen immer mehr das schlüsselfertige Haus oder die Wohnung nach Katalog oder eigenen Vorstellungen.

Hochschulausbildung oft praxisfern

Bauträger setzen immer mehr Generalüber- oder Unternehmer ein. Architektenkammern empfehlen ihren Mitgliedern, im Ausland als Generalübernehmer Planung mit Ausführung zu übernehmen.

Kehrseite der Medaille sind jedoch immer stärker zunehmender Planungs-, Überwachungs- und Ausführungspfusch.

2 Fallbeispiele

Die meisten Planer wissen nicht, welche Einzelmaßnahmen bei der nachträglichen Beseitigung von in Bauwerken eingeflossenen Planungsmängeln erforderlich, wenn überhaupt noch möglich, sind. Deshalb werden diese möglichst vollständig aufgelistet.

2.1 Beispiele typischer Planungssünden

Alle typischen Planungssünden zu beschreiben bedeutet für jeden Autor, ein Gesamtwerk analog dem 24-bändigen Brockhaus zu schreiben. Da sich allerdings die typischen Planungsmängel mit jeder neuen Bauweise oder Verordnung ändern, wird kein Autor jemals fertig, eine Lebensaufgabe für einen fleißigen Schreiber und dessen Nachkommengenerationen.

Planungssünden aller Beteiligten

Nicht alle Baumängel und -schäden können den ausführenden Firmen allein angelastet werden. Vielmehr ist der meiste Pfusch auf Planungssünden aller Beteiligten, Bauherren, Planer, Behörden, Gesetzgeber, Bauüberwachung, Firmen, und an letzter Stelle Firmen zurückzuführen. Schon immer gab und gibt es bei Abnahmen keine mängelfreien Bauten, ob im Hoch- oder Tiefbau. Bei fast allen Gewerken muss nachgebessert werden. Besonders spektakuläre Beispiele sind u.a. die Eishalle in Rosenheim, die neue Millenium-Bridge in London oder der neue Hauptbahnhof in Berlin. Der Planungspfusch bei diesen Bauten hat nicht nur von sehr schweren Mängeln bis zum Totalverlust mit Toten und Verletzten, sondern auch zu nicht wieder gut zu machenden Imageverlusten der Planer und Auftraggeber geführt, von den Kosten ganz zu schweigen. Nachstehend werden Schadensfälle gezeigt, die entgegen der Bauherrenmeinung ›*die Handwerker haben wie üblich gepfuscht*‹ ausschließlich auf Planungssünden zurückzuführen waren. Berechtigte Einwände, die Firmen hätten Bedenken anmelden und die Arbeit verweigern müssen, sind sicherlich richtig. Doch gerade bei öffentlichen oder großen Auftraggebern werden Bedenkenanmeldungen mit Auftragentzug oder Nichtberücksichtigung bei weiteren Vergaben bestraft. Aber auch private Bauherren oder gewerbliche Bauträger nehmen oft die meist berechtigten Bedenken der Handwerker nicht ernst. Später kommt dann die Quittung in Form von Mängeln und Bauschäden, wie bei diesen Beispielen.

Bei fast allen Gewerken muss nachgebessert werden

Planungsfehler der Architekten (HOAI § 15 Lph 2 – Vorplanung)

Die meisten Planungsfehler beginnen in der Vorplanung

Die meisten Planungsfehler der Architekten beginnen bereits bei der Leistungsphase 2 – Vorplanung. Besonders vernachlässigt werden vor allem bei Wohnungsbauvorhaben, aus welchem Grund auch immer, die zwingend erforderlichen Beratungen des Auftraggebers hinsichtlich der erforderlichen Fachplanungen von Tragwerksplanern oder Sonderfachplanern wie z.B. für technische Gebäudeausrüstung, Baugrundgutachtern, Bauphysikern, Akustikern, usw. Die Architekten wollen sich, wie von den Standesvertretern immer wieder laut vorgetragen, als Generalisten im Hochbau verstanden wissen. Sehr viele Kollegen glauben, aus Kostengründen ihren Auftraggebern keine zusätzlichen Planungsleistungen aufbürden zu können. Sie erklären ihnen, die notwendigen Sonderplanungen könnten von ihnen meist unentgeltlich mit übernommen werden oder seien von den ausführenden Firmen zu leisten. Doch Generalisten müssen das gesamte Spektrum beherrschen, um Bauvorhaben erfolgreich durchführen zu können. Leider sehen die Fähigkeiten vieler Architekten ganz anders aus, sie kennen noch nicht einmal ihre vertraglichen Verpflichtungen, die aktuellen Baubestimmungen, den Stand und die Regeln der Technik, und nur einen Teil der eingeführten Baunormen. Deshalb wird den Auftraggebern oft die Beauftragung von Generalunternehmern empfohlen, die dann dem betreffenden Architekten aus der Patsche helfen sollen. So aber geht es nicht, meine lieben Kolleginnen und Kollegen!

Architekten als Generalisten

Doch bereits bei der Vorplanung müssen erste Planungsvorschläge, verbindliche Angaben zu geologischen und bauphysikalischen Grundlagen, Haustechnik, Grundstücksentwässerung, Verkehrsanbindung, Immissionsschutz, Klimata, Feuchtebelastungen, zukünftigen Veränderungen im Baugrund, Verkehrswesen, Ausweisungen benachbarter Baugebiete usw. vorgelegt werden. Dass bei dieser Lage immer mehr Planungsfehler auftreten ist kein Wunder. Einige Beispiele für unterlassene oder falsche Beratung und Planungen und deren Folgen:

Tab. 2.1: Planungsfehler und ihre Folgen

Fehlende/falsche Planungen	Folgen
Unterlassene Baugrunduntersuchung	Gründungsschäden, Wasserschäden, Abdichtungsfehler
Unvollständige Tragwerksplanung	Fehlende und unvollständige Berechnungen und Planungen
Tragwerksplanung durch Baustoff- oder Bauteillieferanten	Unvollständige Tragwerksdetailplanung, an das Fertigungsprogramm der Lieferanten gebundene Tragwerksplanung, Fehlplanungen
Fehlende Planung der Technischen Ausrüstung	Falsche Grundstücksentwässerung, nicht durchführbare Gebäudeentwässerungen, Abdichtungsfehler, untaugliche Heizungstechnik, untaugliche Elektroinstallation, mangelhafter Schall- und Feuchteschutz durch auf Decken verlegte Leitungen, unvollständige Tragwerksplanung bei Schalplänen
Unterlassene bauphysikalische Planungen	Schallschutz-, Wärmeschutz-, Feuchteschutzmängel, erhöhte Energiekosten
Untersuchung der zukünftigen Bauleit- und Verkehrsplanung	Spätere Lärmbelästigungen aus Gewerbe und Verkehr, Einschränkungen
Prüfung der Regionalplanung	Falsche Zukunftsdiagnose
Prüfung der zukünftigen Infrastruktur	Benachteiligungen durch z.B. Verkehrseinschränkungen, Aufgabe öffentlicher Angebote bei Kultur, Bildung, Sozialleistungen, Kinderbetreuung, etc.
Immissionsschutz	Spätere Belastungen aus Lärm, Abgasen, Gerüchen

Die sich ständig wiederholenden Planungsfehler bei Werk- und Detailplanung aufzuzeigen sprengt jedes Buch, doch einige, sich hoffentlich bald nicht mehr bei allen Bauvorhaben wiederholende Planungsfehler sollen den Lesern beispielhaft gezeigt werden.

Dachabdichtung

Bei fast allen Neubauten wiederholen sich die immer gleichen Dauerwasserstände auf den Abdichtungen genutzter Dachflächen. Ursächlich sind oft Planungsfehler der Architekten bei den Abdichtungskonzepten von Flachdächern.

Abb. 2.1 ■ Dachloggia mit Dauerwasserstand

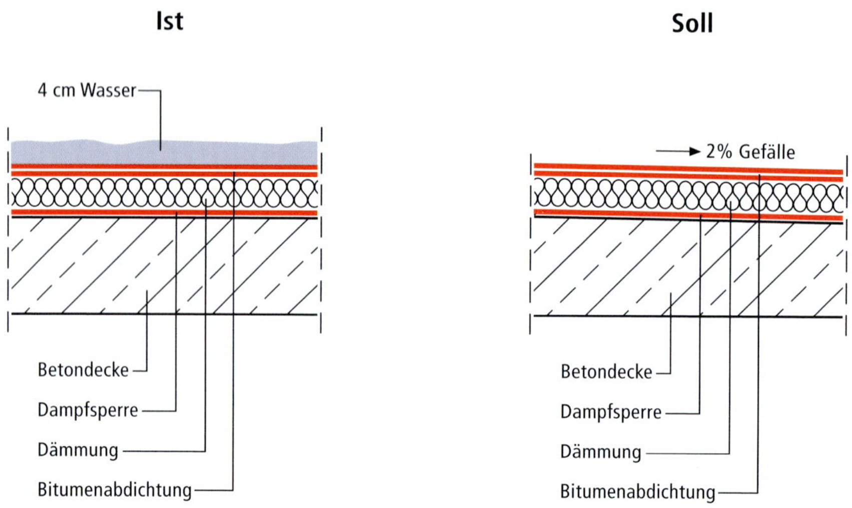

Abb. 2.2 ■ Ist-Zustand – Soll-Zustand Loggia

Architekten und Generalunternehmer in Personalunion

Ursächlich für diesen Schaden sind Planungsfehler des Architekten und Generalübernehmers in Personalunion. Er hatte bewusst keine notwendigen Gefälle und einen dauernd funktionstüchtigen Wasserablauf geplant. Im Werkvertrag hatte er sich für diesen Planungspfusch von jeder Haftung für Folgeschäden freigestellt. Dieser Pfusch wurde vor Bauab- und Übernahme von einem Bausachverständigen festgestellt. Mängelbeseitigungskosten ca. 2.000 Euro. Der Pfusch wurde unmittelbar vor der Insolvenz des GÜ beseitigt.

Bauwerksabdichtung 1

Planungsfehler der Bauwerksabdichtung sind immer vom Planer, bei Hochbauten vom Architekten zu verantworten, denn die Abdichtungsplanung gehört zum Leistungsbild des Architekten, ausgenommen bei Ingenieurbauten. Was sind die Gründe für den leider an vielen Gebäuden feststellbaren Planungspfusch?

- Falsche Sparsamkeit und Unkenntnis der zu erbringenden Leistungen in Leistungsphase 2 – Vorplanung
- Fehlende und falsche Beratung der Auftraggeber
- Selbstüberschätzung bei Beurteilung des Baugrundes
- Nichteinholen von Grundwasserständen
- Unkenntnis der Niederschlagsmengen
- Unkenntnis der einschlägigen Baubestimmungen
- Falsche Entwurfs- und Ausführungsplanung von Bauwerksabdichtungen
- Fehlende Detailplanungen von Abdichtungen
- Falsche Informationen der Konstruktionsplaner
- Unzureichende Ausbildung von Planer und Bauleitung
- Unterlassene Fortbildung des Architekten und der Bauleitung

Abb. 2.3 ▪
Wassereinbruch in Untergeschoss

- Planungsdelegierung an ausführende Firmen und Baustoffhersteller
- Mangelnde Plankontrolle und Koordinierung durch den Architekten.

Ständige Wassereinbrüche

Unterdimensionierung der Bauwerkssohlen

Verzicht auf wirksame Flächendränagen

Ständige Wassereinbrüche in das Untergeschoss dieses Gebäudes und weitere Mängel haben zur Insolvenz des Bauträgers geführt. Ursächlich für diese Wassereinbrüche waren eine fehlende Baugrunduntersuchung und Grundwassererkundung, die Unterdimensionierung der Bauwerkssohlen, der Verzicht auf wirksame Flächendränagen und die Planung der Bauwerksabdichtung gegen Bodenfeuchte statt gegen drückendes Wasser. Der Architekt hatte seine Kenntnisse des Baugrundes überschätzt und seinem Auftraggeber zum Verzicht einer Baugrunduntersuchung geraten. Der Generalunternehmer hatte nach den Architekten- und Konstruktionsplänen des Tragwerkplaners unter Teilverzicht auf erforderliche Abdichtungen gebaut. Die vom Generalunternehmer bezahlten *Objektüberwacher nach HOAI und Ver-*

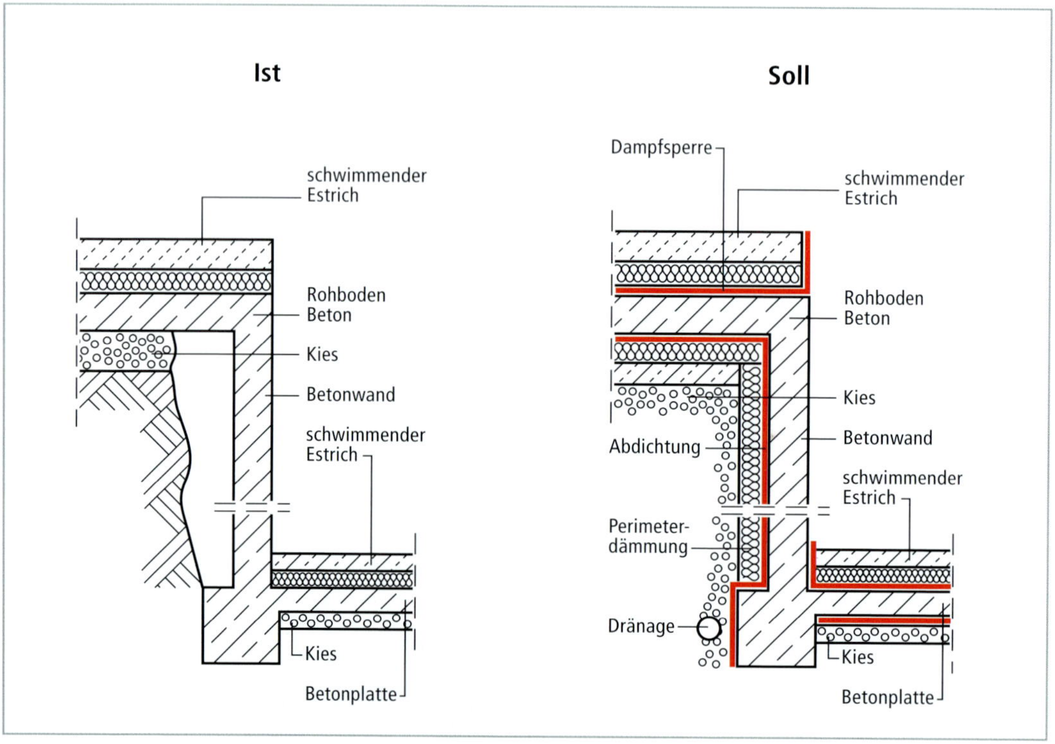

Abb. 2.4 ■ Ist-Zustand – Soll-Zustand Dränage

antwortlichen Bauleiter nach LBO [14] hatten die Baustelle nur nach Feierabend vom Auto aus besichtigt, die Teilleistungen jedoch nicht überprüft. Dieser Pfusch und dessen Urheber wurden nach Teilfertigstellung des Objektes durch einen Sachverständigen aufgeklärt. Kosten: nicht schätzbar, da das nicht fertig gestellte Objekt als Ruine verschleudert wurde. Schaden: ca. 1.500.000 Euro.

Bauwerksabdichtung 2

Wasser sickert gemächlich in den Fußbodenaufbau eines Blumenladens. Warum? Der planende Architekt hatte den unteren Fensteranschluss und die erforderliche Abdichtung nicht geplant. Ausführende Firmen und Bauleitung schwiegen zu dieser Planungssünde und pfuschten weiter. An Balkone, Terrassen, Außenbeläge anschließende Türen oder bis zum Boden geführte Fenster müssen grundsätzlich gegen Feuchte, (*mindestens nach DIN 18195-5 Abdichtung* [11]) gegen nichtdrückendes Wasser abgedichtet werden. Die Abdichtungsanschlusshöhe muss entweder ca. 15 cm über Oberkante Außenbelag, oder bei geschützter Lage mindestens 5 cm betragen, und zwar bei dauernd funktionstüchtiger Wasserableitung und Schlagregenschutz. Besonders geländegleiche Anschlüsse müssen zusätzlich gegen eindringendes Ungeziefer abgedichtet werden. Leider kennen sehr viele Architekten noch immer nicht diese Ausführungsregeln. Erst durch Schaden wird man klug.

dauernd funktionstüchtige Wasserableitung und Schlagregenschutz

eindringendes Ungeziefer

Abb. 2.5 ■ Fensterabschluss

Abb. 2.6 ■ Fensterabschluss vor Aufbringen des Außenbelages

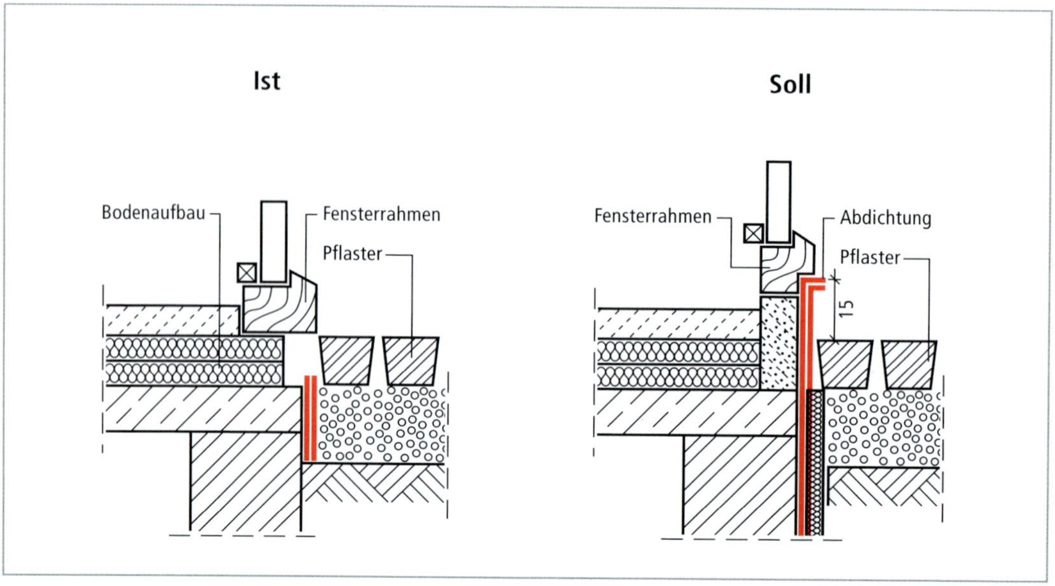

Abb. 2.7 ■ Ist-Zustand – Soll-Zustand Fensterabschluss

Wie kann dieser Pfusch beseitigt werden? Durch Aufnahme der Pflasterungen, Abdichten der Fehlstellen und Erneuerung der Pflasterbeläge unter Berücksichtigung der erforderlichen Anschlusshöhen.

Innenabdichtung

Über das Erfordernis von Abdichtungen in Nassräumen wird seit Jahrzehnten zwischen Planern, Ausführenden, Baustoffherstellern und Auftraggebenden gestritten. Planer, Ausführende und Baustoff-

Abb. 2.8 ■ Fehlende Abdichtung unter Brause- und Badewanne

hersteller verlangen Abdichtungen von Nassräumen und Wohnungsbädern in allen dem Wasser ausgesetzten Bereichen. Besonders im Wohnungsbau tätige gewerbliche Auftraggeber dagegen wollen Kosten sparen, denn Feuchteschäden treten erfahrungsgemäß meistens erst nach Ablauf der Gewährleistung auf. Darauf sind die für Planer und Sachverständige nicht nachvollziehbaren Einstufungen in DIN 18 195 zurückzuführen. Aber die gegen notwendige Abdichtungen in Wohnungsbädern von der Lobby vorgetragenen Argumente wurden wegen der ständig zunehmenden, verheerenden Schäden ganz leise eingestellt. Doch hilft dieses den wirklich Betroffenen? Die für die Abdichtung von Bauvorhaben verantwortlichen Planer haben und hatten für schadensfreie Bauten zu sorgen, unabhängig von DIN und Argumenten der Lobby.

Feuchteschäden treten erfahrungsgemäß meistens erst nach Ablauf der Gewährleistung auf

Der hier gezeigte Pfusch wurde in Verbindung mit einer technischen Abnahmeberatung bei der Überprüfung von Fotodokumentationen der Käufer aufgeklärt. Der Architekt hatte auf Drängen seines Auftraggebers, einem gewerblichen Bauträger, auf die erforderlichen Abdichtungen unter und hinter den Wannen verzichtet. Trotz eines massiven Wasserschadens in dieser Wohnung von ca. 80.000 Euro unmittelbar vor Wohnungsübergabe, entstanden durch undichte Sanitärfugen an der Badewanne, hatten Architekt, Objektüberwacher und Bauträger bewusst wieder auf Beseitigung der Planungsfolgemängel und die Abdichtungen verzichtet. Die Wohnungsabnahme wurde verweigert. Neue Mängelbeseitigungskosten in dieser Wohnung: ca.

Die Wohnungsabnahme wurde verweigert

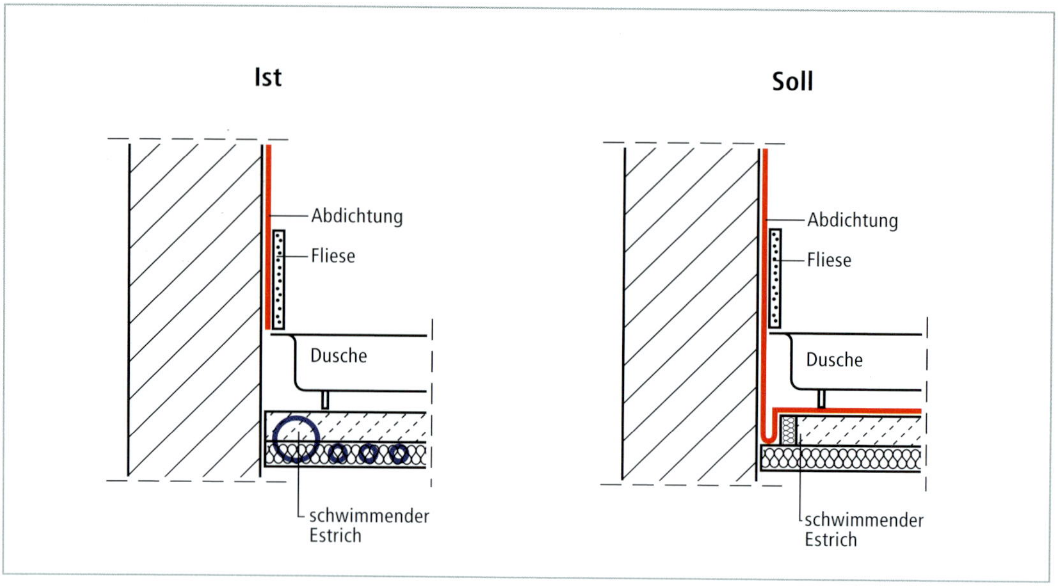

Abb. 2.9 ■ Ist-Zustand – Soll-Zustand Brausetasse

20.000 Euro. Die Käufer haben die Wohnungsab- und Übernahme verweigert, und die Wohnung nicht bezogen.

Balkonabdichtung

Viele Balkone weisen gravierende Schäden auf, an Abdichtungen (wenn überhaupt vorhanden), Entwässerung und Belägen. Ursache dieser Bauschäden sind fast ausschließlich Planungsschäden. In dem hier gezeigten Beispiel hatte der planende Architekt bewusst auf

- ausreichendes Gefälle in der Rohplatte
- thermische Trennung der Balkonplatte vom Gebäude
- Abdichtung
- Dehnfugen für den Oberbelag und eine
- geregelte Entwässerung

verzichtet. Neben äußeren Feuchteschäden traten innen Kondensatschäden an Wänden und Decken auf. Auf Kosten des Architekten mussten 18 Balkone vollständig erneuert werden. Kosten: ca. 25.000 Euro. Wie außen liegende Fliesen- und Plattenbeläge zu planen und auszuführen sind, wird in allen Hersteller- und Fachverbandsmerkblättern detailliert dargestellt. Warum wiederholen sich solche Fehler immer wieder?

Auf Kosten des Architekten mussten 18 Balkone vollständig erneuert werden

Abb. 2.10 ▪ Balkonabdichtungsanschluss an Außenwand

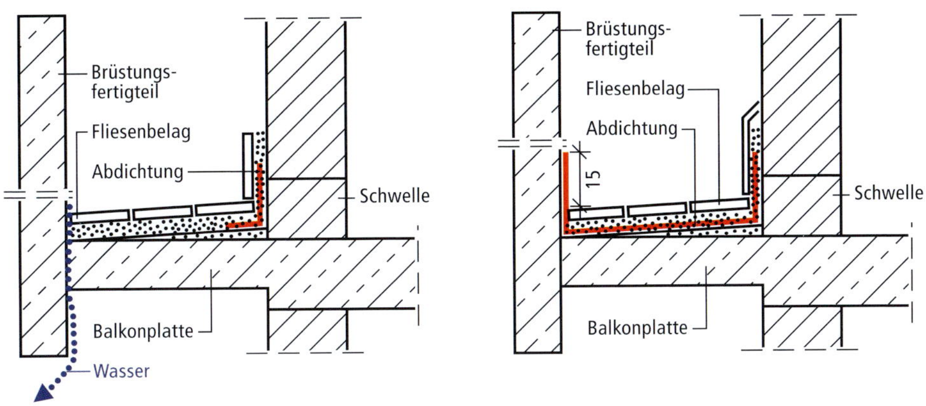

Abb. 2.11 ▪ Ist-Zustand – Soll-Zustand Balkon

Grundstücksentwässerung 1

Früher war es allgemein bekannt und üblich, in allen Regenfallleitungen über dem Grundleitungsanschluss Reinigungsöffnungen einzubauen. Heute dagegen nicht mehr, sowohl aus Unkenntnis der Vorschriften als auch aus falscher Sparsamkeit der Fachplaner.

Dieses Bild zeigt einen seit Jahren bei sehr vielen Bauvorhaben auftretenden Mangel, der nachweislich fast immer auf Planungsfehler zurückzuführen ist. Was ist hier falsch? Über dem Grundleitungs-

Abb. 2.12 ▪ Regenstandrohr

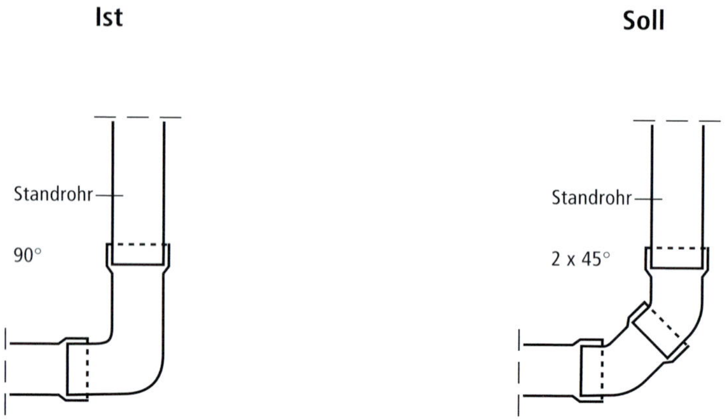

Abb. 2.13 ▪ Ist-Zustand – Soll-Zustand Regenstandrohr

anschluss fehlt eine Revisionsöffnung. In *DIN 1986-100 Entwässerungsanlagen, Ziffer 7.5.1* [12] sind die Reinigungsöffnungen festgelegt. Viele Planer und Handwerker vertreten – besonders bei schlüsselfertigen Baumaßnahmen – die Meinung, dieses kleine Formstück sei nicht erforderlich, denn im Fall einer Leitungsverstopfung könne das über dem Standrohr befindliche Fallrohr entfernt werden. Dieses trifft zwar zu, doch der Kunde muss dann ein Vielfaches der sonst anfallenden Kosten bezahlen.

der Kunde muss ein Vielfaches der anfallenden Kosten bezahlen

Abb. 2.14 ■ Beispiele von Reinigungsstücken aus Regensburg

Abb. 2.15 ■ Beispiel aus Schottland

Grundstücksentwässerung 2

Geruchsbelästigungen aus Dachrinnen

Welcher Architekt denkt bei seinen Planungen an Geruchsbelästigungen aus Dachrinnen? Wer kennt die Mindestabstände zwischen Dachrinnenabläufen und Fenstern? Während Sanitärfachplaner dieses Problem meistens durch den Einbau von Geruchverschlüssen in Regenleitungen verhindern, treten bei Entwässerungen ohne Fachplaner immer wieder berechtigte Beanstandungen durch Gestank aus den Dachrinnen auf. Bei ungünstigen Windverhältnissen, besonders bei Windstille, stinkt es regelrecht zum Himmel, denn aus dem Dachrinnenablauf treten Fäkalgerüche aus, wie hier gezeigt.

bei Windstille stinkt es regelrecht zum Himmel

Abb. 2.16 ▪ Dachrinnenablauf mit Dachgaube

Warum? Der Planer hatte bei der Festlegung des Dachrinnenablaufes das erforderliche Mindestabstandsmaß von 2,0 m zwischen Fenster und Dachrinnenablauf gem. *DIN 1986-100, Ziffer 7.2 Geruchverschlüsse* nicht beachtet. Wie konnte dieser Planungspfusch beseitigt werden? Durch den nachträglichen Einbau eines Geruchsverschlusses in die Regenfallleitung.

Klempnerarbeiten

Außenfensterbänke müssen an allen Überständen eine Überstandsmindestbreite mit Tropfkante oder -nase von 3 cm besitzen. [8]

Abb. 2.17 ▪ Fensterbank

Das Bild zeigt eine untaugliche Außenfensterbank. Der Architekt hat diese Metallblechabdeckungen ohne seitliche Auf- bzw. Tropfkanten geplant. Wegen der fehlenden seitlichen Tropfkanten kann ablaufendes Wasser die Fensterbank unterlaufen und direkt in die Fachwerkwand gelangen. Folge: Feuchte- und Fäulnisschäden sind in ca. vier Jahren zu erwarten, wie **Abb. 2.19** zeigt.

Wie kann dieser Pfusch beseitigt werden, durch seitliche Aufkantungen an den Fensterbankverblechungen.

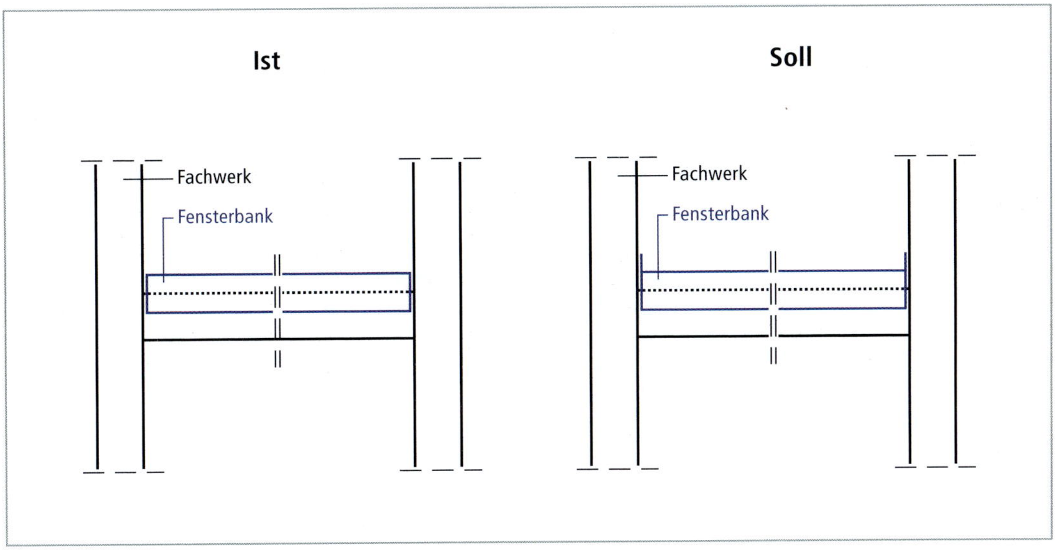

Abb. 2.18 ▪ Ist-Zustand – Soll-Zustand Fensterbank

Abb. 2.19 ▪ Fachwerkschaden wegen fehlender Fensterbanktropfkante

Abb. 2.20 ■ Fassadenlamellen

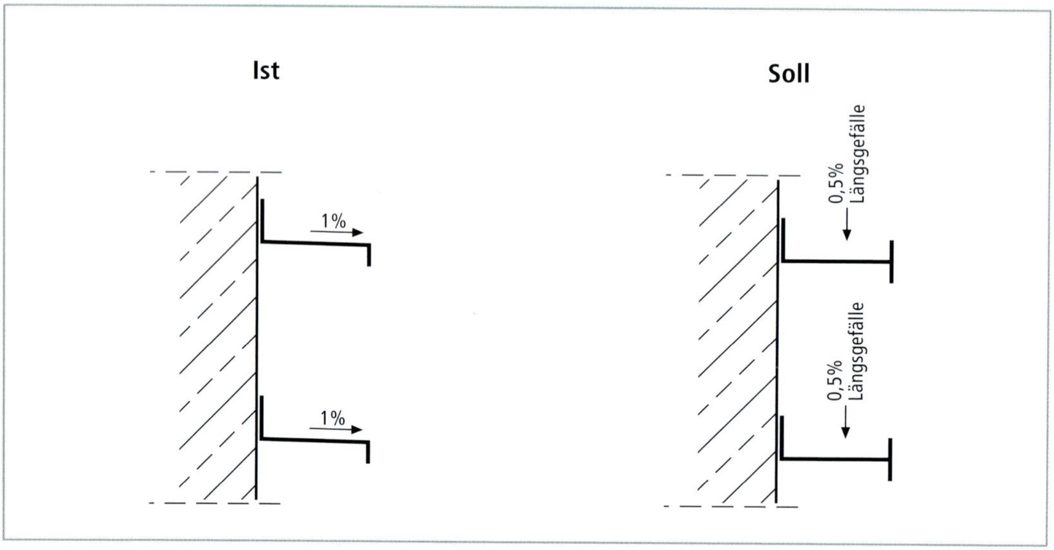

Abb. 2.21 ■ Ist-Zustand – Soll-Zustand Fensterlamelle

Verkehrssicherheit

In § 3 der Landesbauordnung [14] ist festgelegt, dass bauliche Anlagen so anzuordnen und zu errichten sind, dass die öffentliche Sicherheit oder Ordnung, insbesondere Leben und Gesundheit nicht bedroht werden. Dieses gilt auch besonders für an den öffentlichen Verkehrsbereich anschließende und in diesen Bereich ragende Bauteile wie Vordächer, Fassaden- oder Dachvorsprünge. Von den hier dargestellten Fassadenlamellen tropft bei Regen Wasser ab, im Winter bildet sich bei Minus-Temperaturen eine große Eisfläche, nach länger anhaltendem Frost lösen sich lange Eiszapfen von den Lamellen ab und gefährden Passanten und Fahrzeuge. Warum? Der Architekt hat bei diesen aus rein optischen Gründen angebrachten Aluminiumblechen bewusst auf eine geregelte Abwasserableitung verzichtet. An die strafrechtlichen Folgen hat er nicht gedacht.

Leben und Gesundheit dürfen nicht bedroht werden

bewusst auf eine geregelte Abwasserableitung verzichtet

Entwässerungsanlagen

Allgemein ist es unüblich, Abwasserinstallationen in Aufenthaltsräumen auf Putz zu verlegen. Es gibt auch entgegen der Meinung vieler Architekten keine Vorschrift, dass Abwasserleitungen nicht in Außenwänden unter Putz verlegt werden dürfen.

Die Abbildung **(2.22)** zeigt ein Abluftrohr der Abwasserinstallation in einem Wohnraum eines Reihenhauses. Wie kam es zu dieser Installation? Der Bauträger hatte aus Kostengründen auf die Fachplanung verzichtet, der Installateur das Rohr vor der Wand montiert,

Abb. 2.22 ▪ Abluftrohr auf Putz

Abb. 2.23 ▪ Vor der Wand angeordneter Anschlussbogen

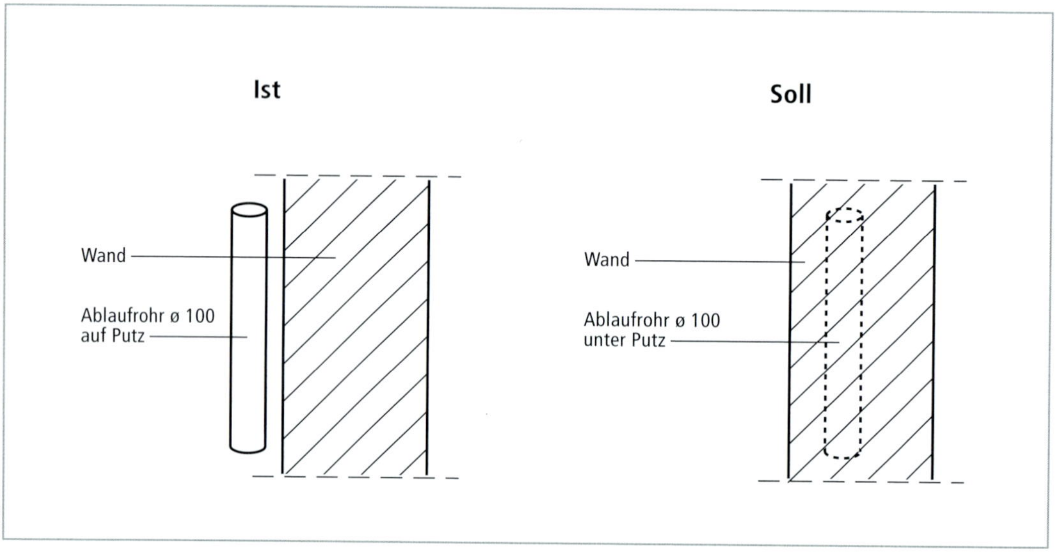

Abb. 2.24 ▪ Ist-Zustand – Soll-Zustand Abluftrohr

der bauleitende Architekt hat es belassen und wollte es mit Gipskartonplatten bekleiden. Die Käufer lehnten diese Ausführung ab. Das Rohr wurde bis auf einen Bogen über dem Fertigfußboden entfernt und unter Putz verlegt. Änderungskosten für das Unter-Putz-Legen des Bogens: ca. 1. 500 Euro, Mangelfolgekosten: 3.000 Euro.

Natursteinarbeiten/Fliesenarbeiten

Bauträger und Bauleitende ignorieren bei Termindruck gern folgendes Problem:

Abb. 2.25 ▪ Entfernte Granitplatte

Bodenoberbeläge dürfen auf Estrichen erst nach Erreichen der Belegreife aufgebracht werden. Besonders bei Anhydritestrichen (Calciumsulfatestrichen) beträgt die Belegreife für dichte Oberbeläge wie Naturstein, Keramik, Linoleum oder auch Holzböden < 0,5 CM %.

»CM-Messung ist die Bezeichnung für Feuchtemessungen von mineralischen Baustoffen mit der Calciumcarbit-Methode (CM). Mit dieser Methode können unkompliziert vor Ort die Feuchtigkeitsmengen in aus mineralischen Baustoffen hergestellten Bauteilen bestimmt werden. Für jede Messung muss aus dem zu prüfenden Bauteil eine Probe entnommen werden. Die entnommene Menge des Baustoffs wird stark zerkleinert, fein gemahlen und gewogen. Das zerkleinerte Messgut wird in einen geschlossenen Druckbehälter aus Metall zusammen mit Calciumcarbid in einer Glasampulle gefüllt. Durch Schütteln wird die Glasampulle durch vier Kugeln im Behälter zerbrochen. Das im Messgut enthaltene Wasser setzt mit dem Calciumcarbid Acetylengas frei. Die im Behälter entstehende Druckerhöhung wird gemessen. Nach ca. 15 Minuten hat der Druck einen konstanten Wert erreicht. Je mehr Feuchte im Baustoff ist, desto stärker ist die Druckerhöhung. Die CM-Methode wird überwiegend zur Belegreife von Estrichen angewendet Die Belegreife von Estrichen liegt bei folgenden Feuchtegehalten vor: Zementestrich: 2 M-%, Zementheizestrich: 1,8 M-%, Anhydritestrich: 0,5 M-%, Anhydritheizestrich: 0,3 M-%. Zu beachten ist, dass das Messergebnis nur für die entnommene Probe gilt und nicht als Referenzwert für die gesamte Bodenfläche des überprüften Raumes gelten kann.« (aus: Lexikon Bautechnik und Baurecht [15]) Die Feuchte ist vor Verlegen der Oberbeläge im unteren Estrichbereich zu messen.

Bedenken der Handwerker und Bauherren

nicht belegreife Anhydritestriche

150 m² Bodenplatten mussten entfernt und erneuert werden

Warum wurde die hier gezeigte Granitplatte vom Estrich gelöst? Weil trotz der massiven Bedenken der Handwerker und Bauherren der bauleitende Architekt und Generalübernehmer in Personalunion Natur- und Keramikbodenbeläge auf nicht belegreife Anhydritestriche verlegen ließ. Obwohl ihm bekannt war, dass eine Plattenverlegung auf die noch feuchten Estriche unzulässig ist, wies er wegen der Mehrwertsteuererhöhung die ausführende Firma an, die Beläge einzubauen. Folge? Über 150 m^2 Bodenplatten mussten entfernt und erneuert werden. Der Bezug des Hauses verschob sich um weit über drei Monate. Kosten: Einschließlich Verzugskosten durch verspäteten Einzug usw. ca. 20.000 Euro.

Dränage

Dränagen sind ein Bestandteil der Bauwerksabdichtung

Den meisten Architekten ist noch immer nicht bekannt, dass im Hochbau Dränagen nicht zur Grundstücksentwässerung gehören, sondern ein Bestandteil der Bauwerksabdichtung sind. Deshalb müssen Dränagen von den Architekten geplant werden. Zur Beurteilung des jeweiligen Wasserbelastungsfalles müssen schon in Leistungsphase 2 – Vorplanung Baugrunderkundungen mit Erhebung des Grundwasserbemessungsstandes erfolgen. Das Bild **(Abb. 2.26)** zeigt eine leider oft vorkommende, völlig untaugliche Dränageleitung eines Einfamilienhauses. Der planende Bauherr (Bauingenieur) hatte diese Leitung selbst geplant und verlegt. Nach der Zwangsversteigerung des Hauses wurde es teilweise neu gestrichen und weiter

Abb. 2.26 ■ Dränage

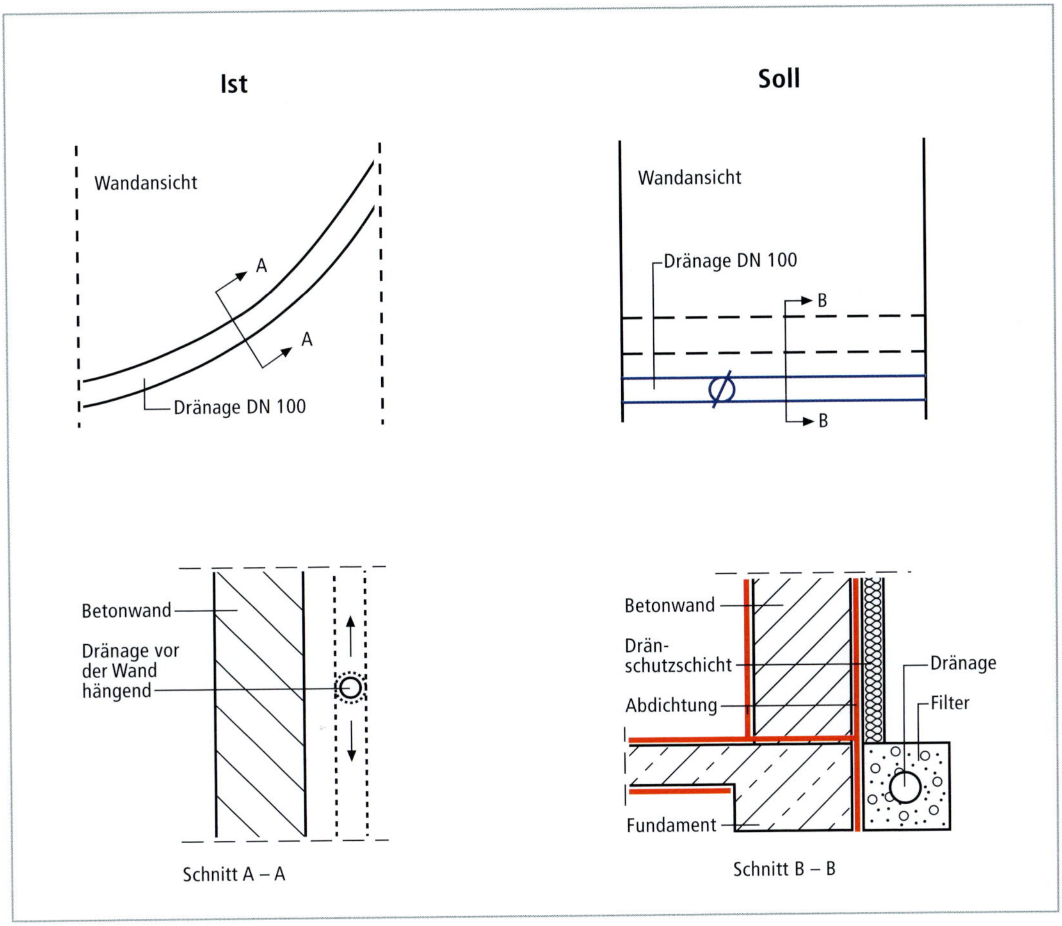

Abb. 2.24 ■ Ist-Zustand – Soll-Zustand Dränage

verkauft. Mehrfache Wassereinbrüche in das ausgebaute Untergeschoss führten zu Schäden in Höhe von weit über 200.000 Euro und zum Ruin der Käufer. Das gesamte Untergeschoss musste vollständig erneuert werden, ebenso alle Außenanlagen, da alle Arbeitsräume zur Schadensfeststellung und Erneuerung von Dränage und Abdichtung freigelegt werden mussten.

Tiefgaragenboden

Viele Bauträger führen aus Kostengründen die Böden von Tiefgaragen, wie hier dargestellt, auf einem auf Schottertragschicht verlegtem Betonverbundpflaster aus. Diese Ausführung spart erhebliche

Abb. 2.28 ▪ Tiefgaragenbodenbelag aus Betonverbundpflaster

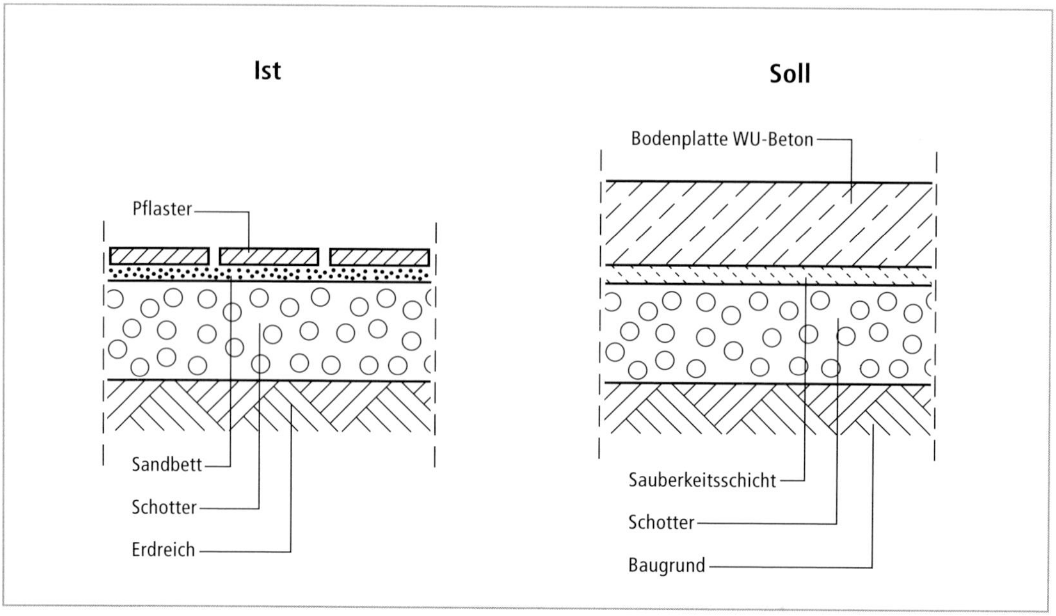

Abb. 2.29 ▪ Ist-Zustand – Soll-Zustand Verbundpflaster

bei Folgeschäden haftet nach Ab- und Übernahme immer der Betreiber

Kosten für den Bauträger ein, bei Folgeschäden haftet nach Ab- und Übernahme immer der Betreiber. Welche Schäden können bei solcher Ausführung auftreten? Tiefgaragenüberflutungen und Grundwasserverschmutzungen durch austretende Öle oder Kraftstoffe. Diese Pflasterbeläge sind nicht abgedichtet und somit flüssigkeitsdurchlässig. Nach LBO §§ 3, 14 [14] sind Gebäude so zu errichten, dass keine Schäden auftreten.

Wie kann dieser Planungsfehler beseitigt werden? Durch Entfernen des Pflasters und Einbauen einer auftriebssicheren, wasserdichten Stahlbetonbodenplatte.

Dachabdichtung – Feuchteschutz – Luftdichtheit

Bei der Planung und Ausführung von Hallendächern im Gewerbe- und Industriebau haben sich Leichtdachkonstruktionen aus Trapezblechen und aufliegender Dachabdichtung durchgesetzt. Die Baustoffindustrie hat für diese Dächer Verankerungssysteme, mit die Trapezbleche durchdringenden Tellerdübeln für die Sicherung von Dachabdichtungen gegen Abheben entwickelt, die inzwischen allge-

Abb. 2.30 ▪ Nebelerzeugung für Blower-Door-Messung

Abb. 2.31 ▪ Dachabdichtungsdetail

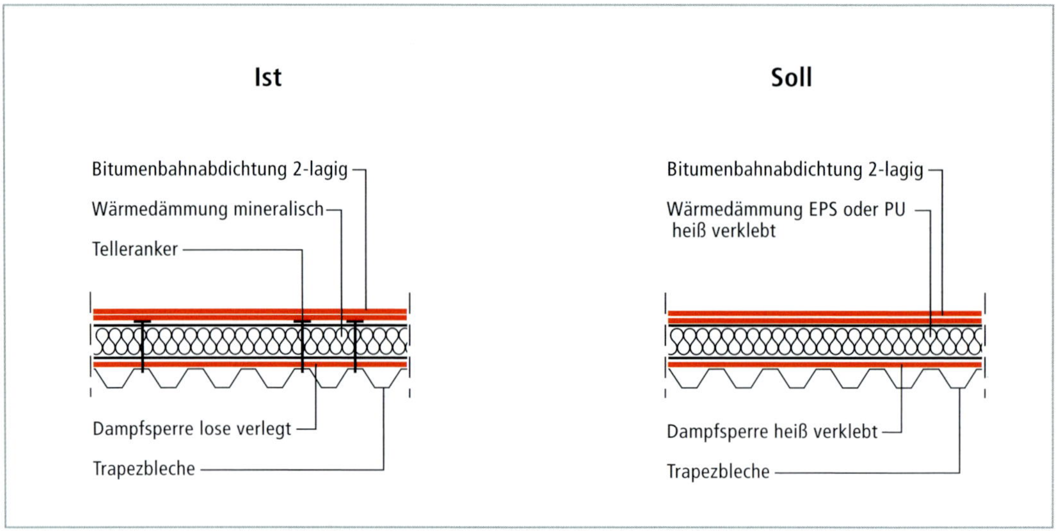

Abb. 2.32 ■ Ist-Zustand – Soll-Zustand Dachabdichtung

mein üblich sind. Doch weder Planer noch Verarbeiter haben sich mit den negativen Folgen dieser Konstruktionen beschäftigt.

Die Abbildung **(2.31)** zeigt eine mit Tellerdübeln gesicherte aufliegende Dämmung aus Mineralwolleplatten, die mit einer zweilagigen bituminösen Abdichtung bekleidet ist. Unter der Wärmedämmung liegt eine durch die Tellerdübel perforierte und noch mit weiteren Mängeln behaftete Dampfsperre. Die darunter befindlichen Montagehallen werden mit Heizgebläsen auf mindestens 21 °C beheizt. Durch den Überdruck wird warme feuchte Innenluft durch die Undichtheiten von Trapezblech und Dampfsperre in den Dachaufbau gedrückt. Der Wasserdampf kondensiert an der kalten, diffusionsdichten Bitumenabdichtung. Das Tauwasser durchnässt die Wärmedämmung, die Glaswolle sackt zusammen. Folge: Mehr als 6.000 m² Dachabdichtung müssen bei diesem Objekt erneuert werden. Kosten? Ca. 500.000 Euro. Doch wer zahlt? Der planende und überwachende Generalübernehmer ist pleite.

6.000 m² Dachabdichtung müssen erneuert werden

Laubengang

Manche Architekten und Tragwerksplaner glauben, dass offene oder teilgeschlossene Laubengänge von Mehrfamilienhäusern wie Geschossdecken von Nutzräumen geplant und ausgeführt werden kön-

Abb. 2.33 ▪ Wasserlache

nen. Deshalb treten bei solchen Decken immer wieder erhebliche Feuchteschäden durch mangelhafte Abdichtungen und fehlenden Wärme- und Feuchteschutz auf. Grundsätzlich müssen die außen liegenden Bauteile folgende Mindestanforderungen erfüllen:

- LBO-BW §3 [14]
- Bauwerksabdichtungen DIN 18195-5 [11]
- Schallschutz DIN 4109 Bbl. 2 [16]
- Wärmeschutz DIN 4108. [17]
- Feuchteschutz DIN 4108-3 [18]
- Energieeinsparverordnung (§6) [19]
- Wärmeschutzverordnung §10 [20]

Bei dem hier gezeigten Beispiel **(Abb. 2.33)** hatten Architekt und Bauträger diese Bestimmungen nicht erfüllt. Die Geschossdecken wurden weder thermisch noch akustisch von Innen- zu Außenbereichen getrennt. Die Geschossdecken liefen niveaugleich und gefällelos durch. Erforderliche Deckenabläufe fehlten, an den Außenwänden waren lediglich wenige, zu hoch angebrachte Wasserspeier angeordnet. Die Laubengänge wurden schon bei leichtem, windigem Regenwetter überflutet, da das Wasser nicht ablaufen konnte. Der Architekt glaubte, diese Problematik durch Teilverglasung der offenen Fassaden lösen zu können, doch durch diese Maßnahmen konnten weder die Wasser-, noch Schall- und Wärmeschutzprobleme gelöst werden. So wurden alle offenen Fassaden- und Treppenhausbereiche nachträglich verglast.

Abb. 2.34 ■ Teilverglaste Fassade

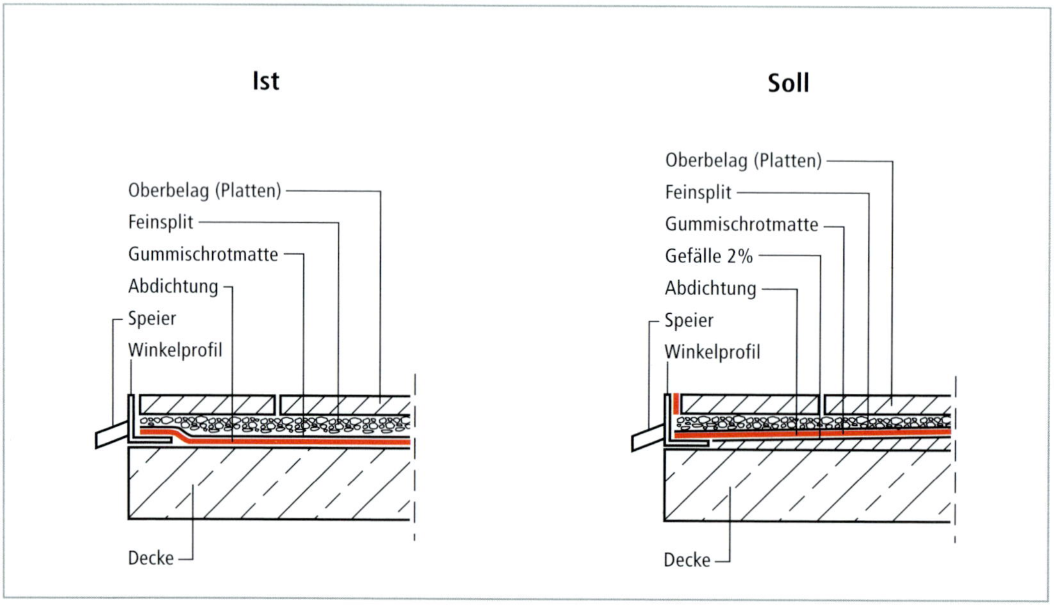

Abb. 2.35 ■ Ist-Zustand – Soll-Zustand

Balkonentwässerung

Eine noch heute immer wieder von Architekten gewählte Balkonentwässerung wird hier gezeigt. Was ist hier falsch? Das Oberflächenwasser soll über die Schenkelplatten vor der Balkonstirn abtropfen. Doch immer kommt es anders, als der Architekt denkt, denn nicht nur bei der Planung, sondern auch bei der Ausführung wird gepfuscht, so wie hier. Der Schenkelüberstand im Rohbauzustand betrug nur ca. 1,5 cm und wurde vom Stuckateur durch Verputzen der Balkonstirn

Abb. 2.36 ■ Fassaden

Abb. 2.37 ■ Balkondetail

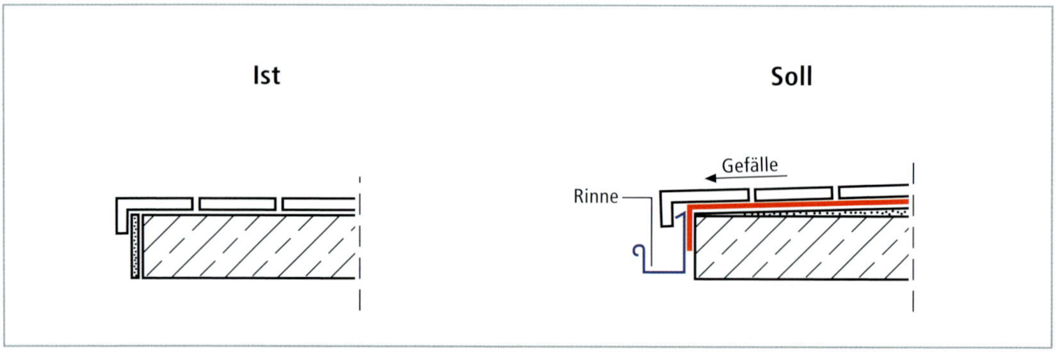

Abb. 2.38 ▪ Ist-Zustand – Soll-Zustand Balkonentwässerung

auf 0 cm reduziert. Seitdem läuft das Wasser an den Schenkel ab, durchnässt den Putz und löst ihn ab. Wie kann dieses Problem gelöst werden? Nur durch Anbringen einer vorgehängten Rinne.

Schlagregenschaden

An sehr vielen sanierten Fachwerkfassaden treten die gleichen Schäden auf, wie nachstehend beschrieben. Nur sehr wenige Architekten haben sich mit dem Fachwerkbau und dessen konstruktiven Grundsätzen beschäftigt.

Abb. 2.39 ▪ Fassade

Abb. 2.40 ■ Fassadendetail

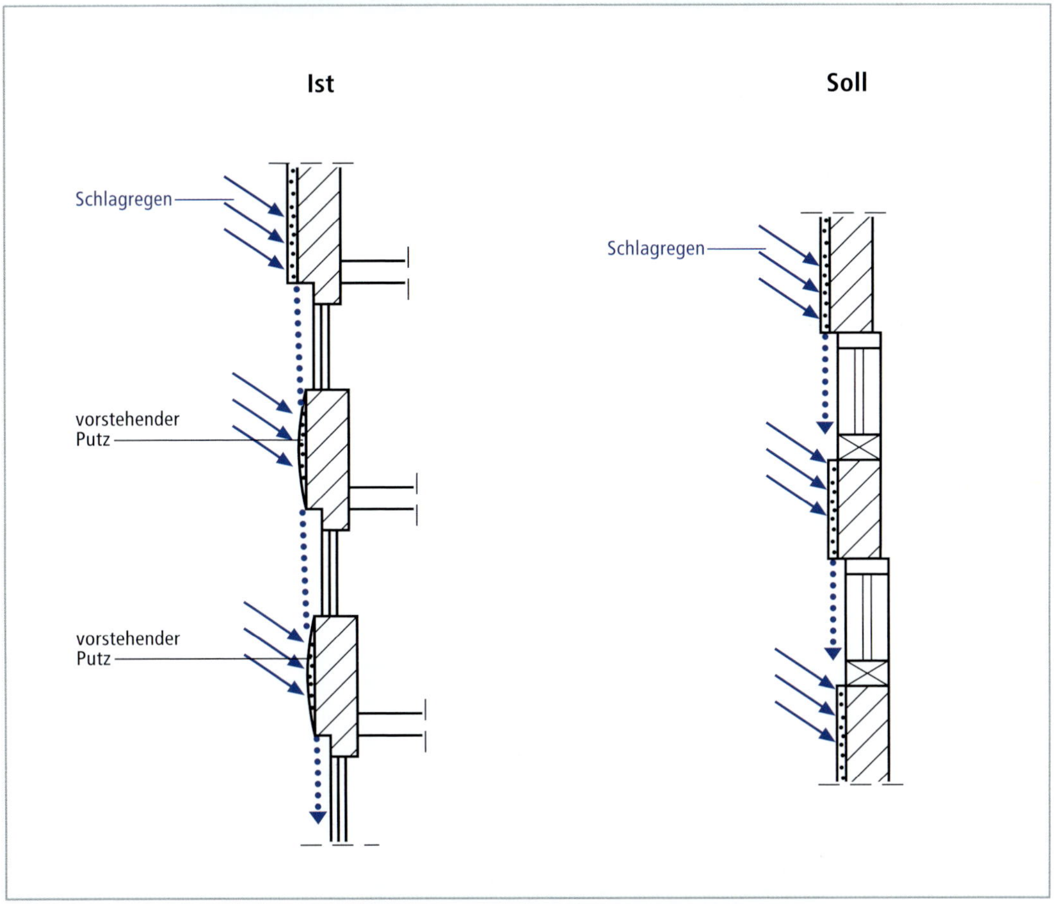

Abb. 2.41 ■ Ist-Zustand – Soll-Zustand Fassade

konstruktiver Schlagregenschutz

Der konstruktive Schlagregenschutz wurde von den Baumeistern der vergangenen Jahrhunderte meisterhaft beherrscht. Hohe, der Witterung ausgesetzte Fachwerkfassaden wurden in einzelne, von unten nach oben vorspringende Felder aufgeteilt. Dächer bekamen breite Dachvorsprünge, so dass Schlagregen nur geringe Fassadenflächen beaufschlagen konnte. **Abb. 2.40** zeigt Fassadenverschmutzungen, die durch unterlassene Planung des zuständigen Architekten, nicht ausreichende Instandsetzung der Fachwerkausfachungen und mangelhafte Bauüberwachung entstanden sind. Die ehemals verputzten Ausfachungen hatten sich nach Außen verschoben. Statt einer Rückversetzung in den alten Zustand, wurden die Gefache neu verputzt. Niemand hat bedacht, dass deshalb der neue Putz den Überstand der oberen Fassade überragte, und so abtropfendes Wasser die unteren Fassadenteile benässt und verschmutzt.

Wie kann der Pfusch beseitigt werden? Durch Entfernen und Zurücksetzen der Gefachausmauerungen.

Trittschall

Den Planern allein die Schuld für Trittschallmängel anzulasten ist ungerecht, denn in der Regel erfüllen die heutigen Planungen und

Abb. 2.42 ■ Estrichmangel: mangelhaft verlegte Dämmplatten

Ausschreibungen der Architekten die erforderlichen Anforderungen. Wenn allerdings, wie noch immer von vielen Auftraggebern verlangt, die Mindeststandards von DIN 4109 [16] als Planungsgrundlage verwendet werden, sind die Planer für alle Folgeschäden verantwortlich. Diese Standards sind seit mindestens zwei Jahrzehnten überholt und entsprechen nicht mehr den allgemein anerkannten Regeln der Technik. (OLG Karlsruhe, Urteil vom 29.12.2005 – 9 U 51/05) Problematisch für den Trittschallschutz sind alle auf Rohböden oder -decken verlegten Installationen. Alle dort verlegten Leitungen unterbrechen die Trittschalldämmungen oder sogar bei dickeren Leitungen auch die Estrichschalen. Weder Architekten noch Fachingenieure bedenken bei solchen gravierenden Planungssünden die späteren Folgen.

Standards sind seit mindestens zwei Jahrzehnten überholt

Besonders prekär wird diese Bauweise bei Geschossbauten mit Wohnungseigentum, wenn auf den oberen Decken zum Sondereigentum der unteren Einheiten gehörende Installationen gehören. Da ja die späteren Nutzer diesen verdeckten Planungs- und Ausführungspfusch nicht kennen, sind die Risiken für Planer und Objektüberwacher, die Bauträger bei schlüsselfertigen Objekten nicht zu vergessen, gering. Diese bekannten Probleme treten in der Regel bei Gewerbe- oder Bürobauten nicht auf, denn bei diesen Bauten werden überwiegend Doppelböden vorgesehen. Alle Installationen können ohne negative Folgen für den Schallschutz auf den Rohböden oder -decken verlegt werden, die Trittschallschutzmaßnahnen befinden sich darüber. Grundsätzlich müssen besonders alle Trittschallschutz-

Risiken sind für Planer gering

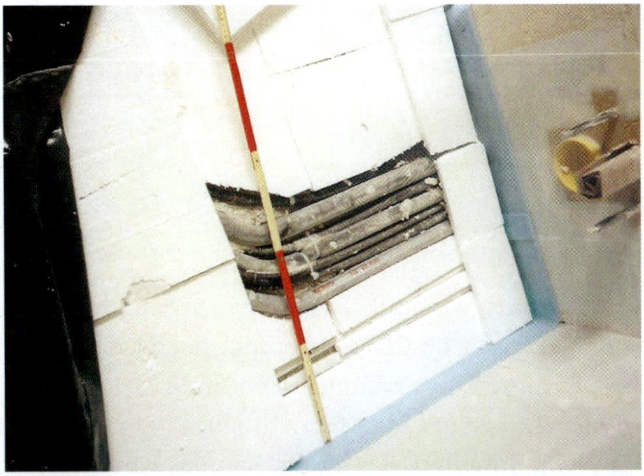

Abb. 2.43 ▪ Estrichmangel Leitungsbündel in der Trittschalldämmung

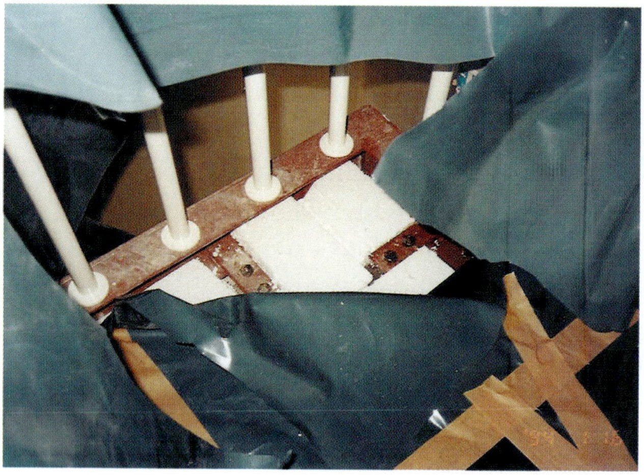

Abb. 2.44 ■ Treppenlochabstellung

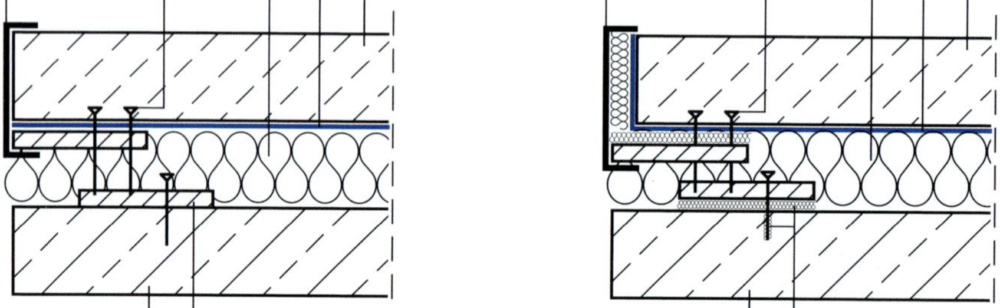

Abb. 2.45 ■ Ist-Zustand – Soll-Zustand Randwinkelbefestigung

maßnahmen vor Aufbringen der Estrichschale vom Objektüberwacher akribisch überprüft werden, doch welcher Objektüberwacher hat für diese Überprüfungen Zeit und Lust?

Abb. 2.43 zeigt einen Estrichmangel von Reihenhäusern, mit über 30 Wohneinheiten. Bei diesen Bauten wurde durch auf Decken und

Rohböden verlegte Leitungen und die Treppenanlagen der Trittschallschutz aufgehoben. Die Schallübertragungen in die benachbarten Häuser sind laut und deutlich hörbar. Der bauleitende Architekt hatte keine Lust, offensichtliche Mängel zu sehen und abzustellen. Spätere Ausrede von Bauträger und Planern: *»Die Schallschutzbestimmungen nach DIN 4109 sind für Einfamilienhäuser nicht einzuhalten.«* Warum wurden dann schwimmende Estriche geplant und eingebaut?

Und was war mit den allgemein anerkannten Regeln der Technik? Diese waren zwar vertraglich vereinbart, wurden jedoch bewusst nicht eingehalten, da die Häuser an Baulaien verkauft wurden.

Luftschall

Alle Luftschallfehlplanungen der Architekten aufzuzeigen würde mehrere Bände füllen. Die Hauptfehler sind die Unkenntnis der Schallschutzanforderungen bei den Architekten und die unterlassene Einschaltung von Bauphysikern. Sowohl in *DIN 4109-Bbl.2 Schallschutz als auch VDI 4100* [21] sind die erforderlichen Schalldämmmaße für Wohnungseingangstüren festgelegt, doch kennen scheinbar die meisten Architekten diese Festlegungen nicht. Bei fast allen Überprüfungen

Abb. 2.46 ■ Wohnungseingangstür

Abb. 2.47 ▪ Türfutteranschluss

Abb. 2.48 ▪ Fehlende Schwelldichtung

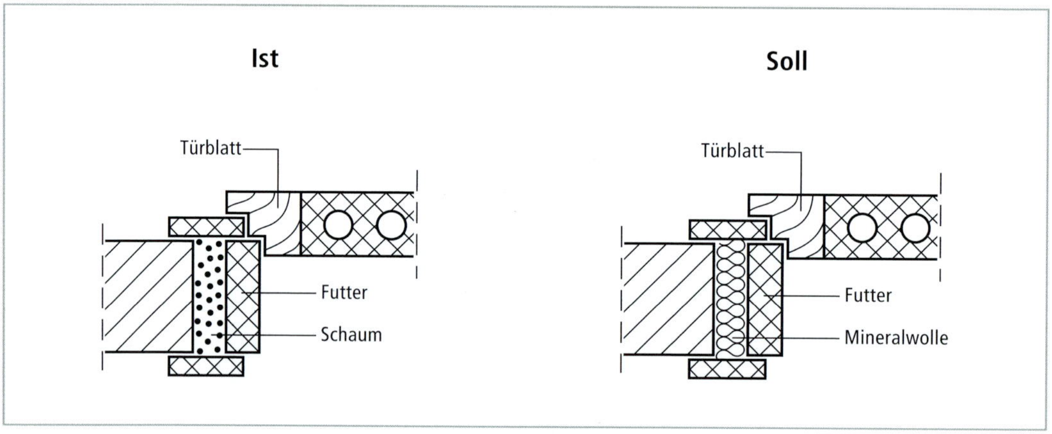

Abb. 2.49 ▪ Ist-Zustand – Soll-Zustand Futter und Türblatt

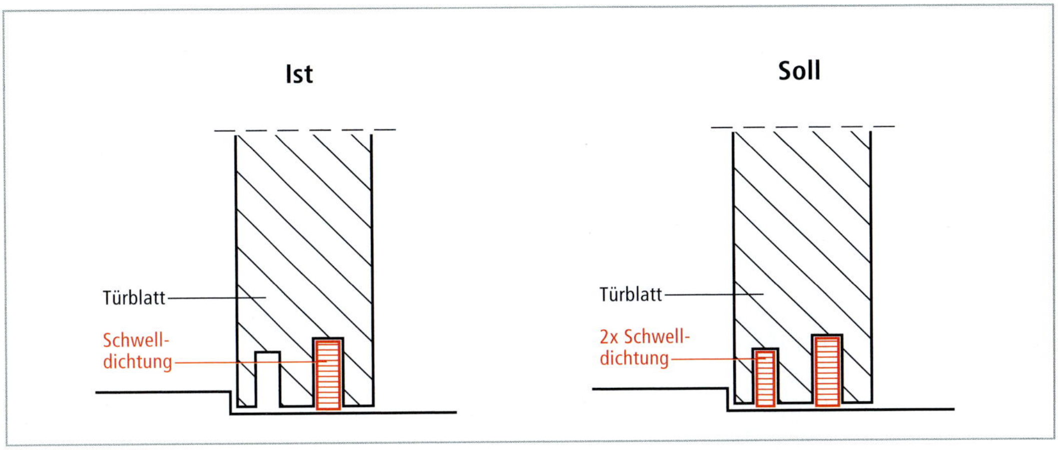

Abb. 2.50 ■ Ist-Zustand – Soll-Zustand Schwelldichtung

von Wohnungseingangstüren werden neben den üblichen Planungsmängeln auch noch zusätzliche Ausführungsmängel festgestellt. Die bei diesem Bauvorhaben vom Architekten vorgeschriebenen Türelemente können die erforderlichen Schallschutzanforderungen nicht erfüllen, beim Einbau hatten die Tischler zusätzlich gepfuscht, der Bauleiter war blind oder nicht da.

Was ist bei diesem Objekt zu tun? Alle Wohnungseingangstüren müssen ausgetauscht werden.

Wohnungs-/Haustrennwand

In fast allen Baubeschreibungen von Wohnungsbauten wird für den Schallschutz die DIN 4109 als Grundlage genannt, obwohl allen Planern und Bauträgern seit über 20 Jahren bekannt ist, dass die DIN 4109 die Mindestanforderungen an den Schallschutz im Zivilrecht nicht erfüllt. Wohnungs- und Haustrennwände müssen lt. Rechtsprechung den Schallschutz erfüllen, der technisch erreicht werden kann. Da Erwerber von Wohnungen oder Reihenhäusern als Bau- und Rechtslaien diese Rechtsprechung und die technischen Möglichkeiten nicht kennen, wird nach den längst überholten Anforderungen der DIN 4109 geplant und gebaut. Die Risiken für Planer und Bauträger sind äußerst gering, denn welcher Käufer lässt sein Objekt vor Baubeginn auf Einhaltung der allgemein anerkannten Regeln der Technik und öffentlichen Baubestimmungen überprüfen? Solches Vorgehen nenne ich arglistiges Täuschen und vorsätzlichen Betrug.

arglistiges Täuschen und vorsätzlicher Betrug

Abb. 2.51 ▪ Einschalige Haustrennwand

Die hier gezeigte Haustrennwand eines Doppelhauses wurde auf Anweisung von Bauträger und bauleitendem Architekten und in Abweichung vom Schallschutznachweis des Tragwerkplaners statt aus Kalksandvollsteinen aus porosierten Schallschutzziegeln ohne Kammerfüllung gebaut. Bei der Überprüfung des Rohbaus durch einen von den Käufern bestellten Gutachter war dieser Pfusch schnell erkannt. Da die Wand nicht abgebrochen und erneuert werden konnte, verpflichtete sich der Bauträger, in der noch ihm gehörenden zweiten Haushälfte eine biegeweiche Vorsatzschale vor der gemauerten Wand einzubauen. Doch diese Hälfte wurde, natürlich ohne Einhaltung dieser Verpflichtung, bald darauf verkauft. Wegen Schallübertragungen in beide Richtungen kam es zum Disput mit dem Bauträger. Dieser gestand zwar ein, die eingegangene Verpflichtung nicht eingehalten zu haben, wollte jedoch nicht mehr für Abhilfe sorgen, zumal die zweiten Käufer diese Maßnahmen wegen der Flächenverluste ablehnten. Zur Verbesserung es Luftschallschutzes waren folgende Maßnahmen erforderlich:

- Ausbau und Entsorgung von drei Geschosstreppen
- Änderung der Elektroinstallationen auf dieser Wand
- Verbreitern der Treppenaussparungen
- Abschneiden der schwimmenden Estriche
- Einbau der biegeweichen Vorsatzschale in allen Aufenthaltsräumen und offenen Treppenhäusern
- Einbau neuer wandfreier Wangentreppenläufe.

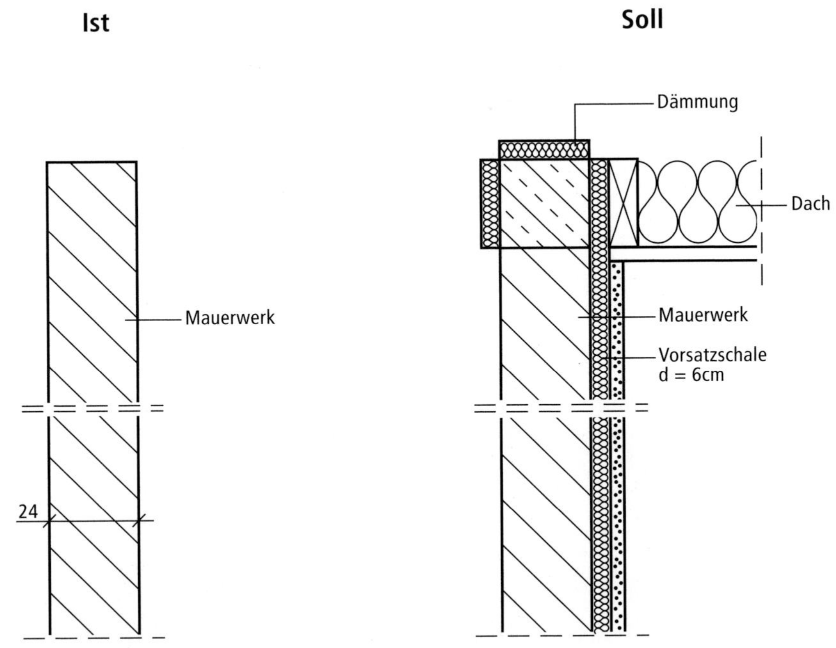

Abb. 2.52 ■ Ist-Zustand – Soll-Zustand Haustrennwand

Die Kosten für diese Aufwendungen wurden auf ca. 30.000 Euro geschätzt.

Last- und Trittschallübertragungen durch Systemtreppen

Wandfreie Systemtreppen können – bei richtiger Planung und Montage – Schallübertragungen in benachbarte Gebäude oder Räume verhindern. Deshalb setzen sich solche Treppen immer stärker durch. Für solche Treppen gibt es Bauaufsichtliche Zulassungen, die jedoch oft nur die Statik der Treppenteile unvollständig umfassen. In einem Prüfbericht der FMPA Stuttgart vom 09.08.1985 ist festgehalten, dass eine baugleiche Treppe unter Vollbelastung durch Torsionsbruch der 1. Stufe versagte. (Bericht II.2-14 534-4 FMPA Stuttgart) Keine Bauaufsichtlichen Zulassungen gibt es für den Schallschutz der in den **Abb. 2.53 u. 2.54** abgebildeten Treppen. Gebäudeplaner müssen deshalb vor Einsatz dieser Treppen die wirkliche Tragfähigkeit, Trittschalleinbringung in die Rohbaukonstruktion und Schalllängsleitung in

Schallübertragungen in benachbarte Gebäude oder Räume

Bauaufsichtliche Zulassungen

Abb. 2.53 ■ Treppenbefestigungen an Vollgipsplattenwand

Abb. 2.54 ■ Treppenlochrandwinkelbefestigung

Decken und Wänden prüfen. Immer wieder von Architekten und Bauträgern vorgeschobene Argumente, für Einfamilienhäuser gäbe es keine Schallschutzanforderungen in der DIN 4109, überzeugen nicht, wenn der Trittschall in den durchlaufenden Geschossdecken in benachbarte Gebäude oder Wohnungen durch Längsleitung übertragen wird.

Bei den in den Abbildungen gezeigten Treppendetails wird der Trittschall über die Randwinkelbefestigungen mit nicht schallentkoppelten Schrauben und Schwerlastanker in die Stahlbetondecken übertragen.

Wie können diese Planungsmängel beseitigt werden? Durch Entfernen der Randabstellungen und Verwendung schallentkoppelter

Abb. 2.55 ■ Randwinkel

Randprofile und deren Befestigungen. Wer ist für diesen Planungspfusch verantwortlich? Der Treppenentwickler und -hersteller.

Planfortschreibung – Treppen

Fortschreibung und Aktualisierung von Plänen

Die Fortschreibung und Aktualisierung von Plänen vor und während der Baudurchführung sind für alle Planer nach HOAI in der Werkplanungsphase absolut obligatorisch, doch leider halten sich sehr viele Planer nicht an diese Verpflichtungen. Besonders dann, wenn statt ordentlicher Detailpläne Ausführungsdetails auf der Baustelle auf Wände und sonstige Flächen gezeichnet und dann für die ausführenden Firmen als verbindlich erklärt werden, fehlt eine nachvollziehbare Planfortschreibung. Die immer stärker zunehmenden Ausführungsmängel sind mit auf solche Wandgrafitti zurückzuführen.

Die Abbildungen **2.56 a u. b** zeigen eine wirklich bemerkenswerte Bauausführung einer Treppe. Für zwei benachbarte Doppelhaushälften sollte ein Fertigteilwerk Treppenläufe liefern. Der Außendienstmitarbeiter hatte wohl keine große Lust, an den fertig gestellten Rohbauten die aktuellen Treppenhausmaße und besonders die Geschosshöhen aufzunehmen. Er erfragte telefonisch die aktuellen Maße beim Architekten. Dieser verwies auf die Werkpläne. Danach wurden dann die Treppenläufe gefertigt und auch eingebaut mit dem Ergebnis, dass alle Treppenläufe falsch waren. Wer war für diesen Schaden verantwortlich? Natürlich der Außendienstmitarbeiter,

Abb. 2.56a und b ■ Treppenauflagerung

Außendienstmitarbeiter musste die Treppenhäuser örtlich überprüfen

denn er musste die Treppenhäuser örtlich überprüfen. Auch der Architekt war an diesem Schaden mittelbar beteiligt, denn er hatte seine Pläne nicht fortgeschrieben. Eine örtliche Absprache mit den Bauherren, die Geschosshöhen zu ändern, hatte er in seine Pläne nicht eingetragen. Während bei allen anderen Treppenläufen die Höhenunterschiede mit den Treppenbelägen ausgeglichen werden konnten, war das für die oberen zwei Treppenläufe einer Doppelhaushälfte nicht mehr möglich. Schadenhöhe für den Austausch: ca. 15.000 Euro.

Wer zahlte? Der Rohbauunternehmer, er war der Vertragspartner und hatte die Treppenläufe eingebaut. Wie ging es weiter? Die Bauherren kamen durch Abzug zu ihrem Geld, der Architekt war damals schon pleite, Rohbauunternehmer und Betonwerk gingen wenig später in Konkurs.

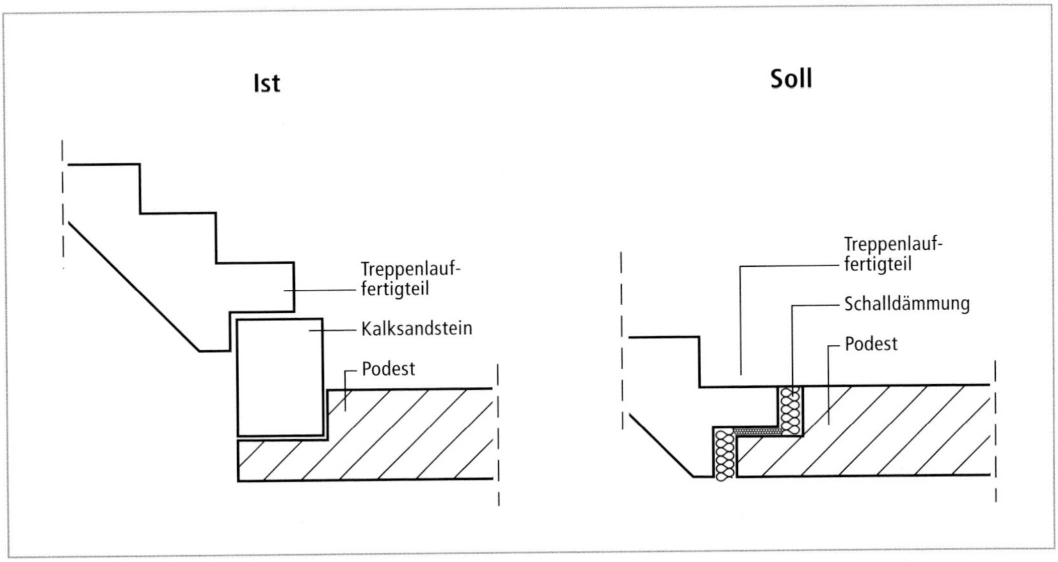

Abb. 2.57 ■ Ist-Zustand – Soll-Zustand Treppenauflager

Luftdichtheit

Sowohl in der DIN 4108-7 [22] als auch der Energieeinsparverordnung sind die Luftdichtheitsanforderungen von Gebäuden vorgeschrieben. In der DIN sind durchaus ausführbare Details enthalten. Die Hersteller von Dampfbrems- oder Dampfsperrbahnen, Dachflächenfenstern, Fenstern und Außentüren, Glas- oder Metallfassaden bieten seit vielen Jahren bewährte Ausführungsdetails an, scheinbar vergeblich, wenn man die sich ständig an fast allen Bauten wiederholenden Planungsfehler feststellt. Woran liegt das?

Luftdichtheitsanforderungen von Gebäuden

- Bauträger vergeben überwiegend unvollständige Planungsaufträge.
- Die für das Luftdichtheitskonzept verantwortlichen Architekten beachten weder die Vorschriften noch die Details.
- Bauphysiker werden nicht zu Rate gezogen oder beauftragt.
- Objektüberwacher sind unfähig oder blind.

Welcher Architekt detailliert in seinen Plänen die Anschlüsse von Dampfbremsen oder -sperren an anschließende oder durchdringende Bauteile? Ich habe noch keinen solchen Detailplan eines Architekten gesehen, dafür jedoch Mängel ohne Ende. Ist vielleicht die HOAI Schuld an diesem Planungspfusch? Handwerklich übliche Ausführungen müssen nicht besonders geplant und dargestellt werden!

Abb. 2.58 ▪ Dachflächenfenster-anschluss

Abb. 2.59 ▪ Dachflächenfenster-anschluss

Wie bei dem hier **(Abb. 2.58)** gezeigten Beispiel werden auch noch heute sehr viele Anschlüsse von Dampfsperren oder -bremsen an Dachflächenfenstern luftdurchlässig hergestellt. Die Fensterhersteller oder auch Hersteller von Dachzubehör liefern inzwischen auch für die meisten Dachflächenfenster vorgefertigte Anschlussmanschetten, doch die sind vielen Handwerkern und Bauträgern zu teuer. So werden die Anschlüsse entweder mit Klebebändern zusammengepfuscht oder fehlen. Die Fensterfutterbekleidungen werden dann schnellstens angebracht, um den Pfusch unsichtbar zu machen.

Abb. 2.59 zeigt ein neuartiges Dampfbremsenanschlussdetail, bei dem eine vorgefertigte Manschette stellenweise in einen Nut im Dachflächenfensterahmen geklemmt wird. Baulaien erkennen diese

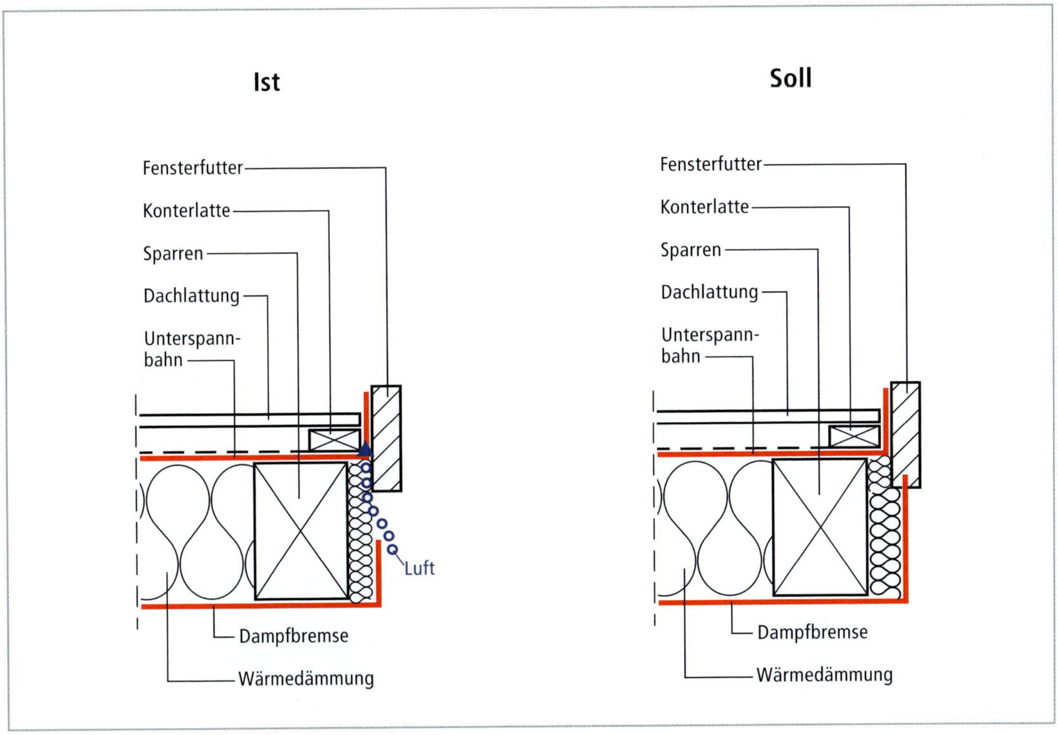

Abb. 2.60 ■ Ist-Zustand – Soll-Zustand Dachflächenfensteranschluss

Abb. 2.61 ■ Fensteranschluss

Gefahrenquelle nicht und sind begeistert, Bauüberwacher müssen den Einbau solcher Elemente zwingend verhindern, denn die Folgen sind offensichtlich.

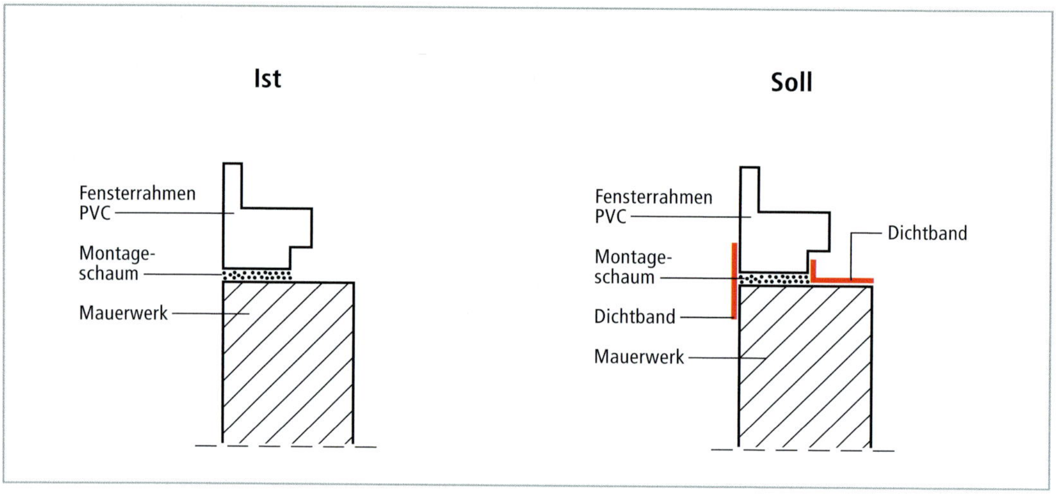

Abb. 2.62 ▪ Ist-Zustand – Soll-Zustand Fensteranschluss

Abb. 2.63 ▪ Luftdichtheitsbahn-wandanschluss

Abb. 2.61 zeigt eine besondere Ausführung eines luftdichten Fensteranschlusses. Die Architektenplanung wurde von einer Tragwerksplanerin für einen Bekannten geliefert. Detailpläne fehlten. Allerdings waren einige unwichtige Darstellungen von Blechbekleidungen fehlerhaft in den Konstruktionsplänen dargestellt. Die Bauüberwachung wurde von einem Winzer mit Unterstützung der Planerin übernommen. Weder Planerin noch Bauüberwacher kannten die DIN 4108-7 noch die Energieeinsparverordnung. Der Fensterbauer hatte die mitgelieferten Dichtmanschetten nicht eingebaut, da zu aufwendig.

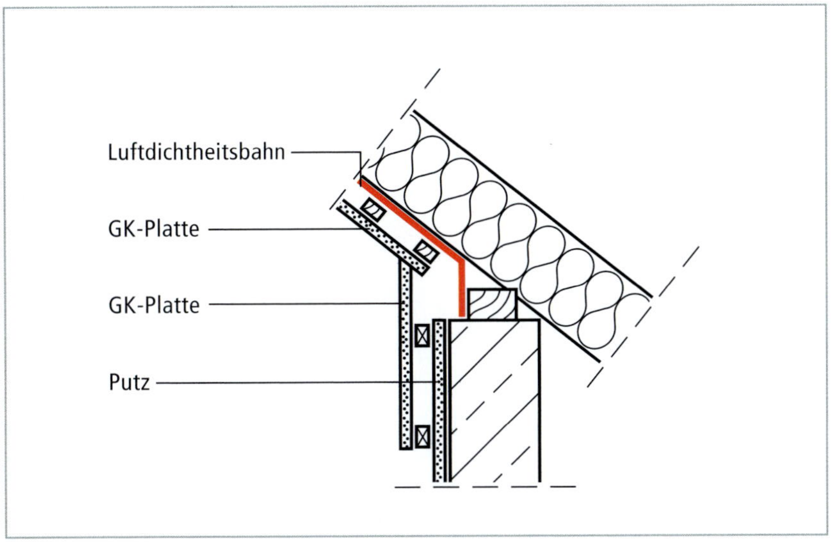

Abb. 2.64 ▪ Vorschlag des Architekten

Einige Planer und Handwerker sind nicht in der Lage dazu, bei ausgebauten Dachgeschossen mit vollgedämmten Dachflächen die richtige, diffusionsoffene Dampfbremse oder Luftdichtheitsbahn zu bestimmen oder einzubauen. Deshalb werden die erforderlichen Details, von jedem Fenster- oder Dachzubehörhersteller kostenlos in den Montageanleitungen abgebildet, nicht geplant, beim Einbau nicht beachtet, und nicht überprüft. Die billigsten Materialien werden eingebaut und dann irgendwie gestoßen, an Wände oder Durchdringungen angeschlossen oder verklebt.

vollgedämmte Dachflächen

Abb. 2.63 zeigt den völlig untauglichen Anschluss einer feuchteadaptiven Dampfbremse an Mauerwerk und Holz. Die Luftdichtheit sollte mittels Verklebung aus der Tube hergestellt werden. Bei dieser stark risikobehafteten Befestigung muss mit äußerster Sorgfalt gearbeitet und vor Allem auch **überwacht** werden. Beides fand auf dieser Baustelle nicht statt.

Pflasterarbeiten

Wenn Stadtplaner oder Architekten Straßenbeläge aus rein optischen Gründen festlegen und Verwaltung und Gemeinderat ihren Gestaltungsvorschlägen zustimmen, sind meistens allerschlimmste Folgeschäden in technischer und finanzieller Hinsicht vorprogrammiert.

Straßenbeläge aus optischen Gründen gewählt

Abb. 2.65 ■ Pflasterschaden

Natursteinpflasterbeläge sind ein Spezialgebiet im Straßenbau, welches für Stadtplaner und Architekten, aber auch die meisten Straßenbauer unbekannt war und noch ist. Anfang der 80er Jahre wurden im Rahmen von Ortssanierungen überall Fußgängerzonen, verkehrsberuhigte Zonen oder großzügige Plätze angelegt. Intakte Asphaltstraßenbeläge wurden gegen Pflasterbeläge ausgetauscht.

intakte Asphaltstraßenbeläge gegen Pflasterbeläge ausgetauscht

Dieses Beispiel zeigt das Ergebnis einer Straßenbelagsplanung durch ein im Pflasterbau völlig unerfahrenes Planungsamt. Dessen Leiter hatte, wie damals überall üblich, als Oberbelag ein rotes, nicht frostsicheres Porphyrpflaster aus der Bozener Gegend ausgesucht und dem Gemeinderat zur Entscheidung empfohlen. Da kurz vorher die Hauptstraße einschließlich Wasser-, Abwasser-, Gas- und Elektroleitungen erneuert und mit einem bituminösen Straßenaufbau fertig gestellt war, entschieden die technischen Ämter, die Pflasterung auf dem Asphaltbelag zu verlegen. Es kam, wie es kommen musste. Schon nach weniger als zwei Jahren traten die ersten Frostschäden auf, nach 25 Jahren wurden die ersten Pflasterungen entfernt und mit chinesischem Granit erneuert. Alle schadhaften (fast alle) Porphyrpflasterungen in dieser Altstadt wurden und werden wegen gravierender Mängel und Untauglichkeit nach Ablauf der Gewährleistung vollständig erneuert, zu Lasten der Steuerzahler.

nicht frostsicheres Porphyrpflaster

Pflasterung auf dem Asphaltbelag

Frostschäden

Mängel und Untauglichkeit

Die Dränschicht unter dem neuen Pflaster wurde ca. 5 cm, teilweise auch weniger, aus Feinsplitt, bei dünneren Dränschichten aus porösem Einkornbeton ausgeführt. Zur Ableitung von Sickerwasser wurden quer zur Fließrichtung Dränagen **nicht frostsicher** verlegt und an Straßeneinläufe angeschlossen mit der Folge, dass bei längeren Frostperioden Sickerwasser nicht abgeleitet werden kann. Inzwischen, ca. vier Jahre nach der Erneuerung, treten wieder die ersten Pflasterschäden wie vor ca. 35 Jahren an den neuen Belägen auf. Die geneigten Pflasterbeläge sind durch den wasserdichten Unterbau der Straßenneigung gefolgt. Ursprüngliche Fugen haben sich an etlichen Stellen zu Pressfugen verändert, Kantenabplatzungen sind die Folge. Plattenbrüche durch hohe Verkehrslasten, starke Verschmutzungen durch Öle und besonders Kaugummi haben gravierende Schäden verursacht. Waren diese zu erwarten? Ja!

Plattenbrüche durch hohe Verkehrslasten

Verschmutzungen durch Öle und Kaugummi

Abb. 2.66 ▪ Alter Pflasteraufbau

Abb. 2.67 ▪ Neuer Pflasteraufbau

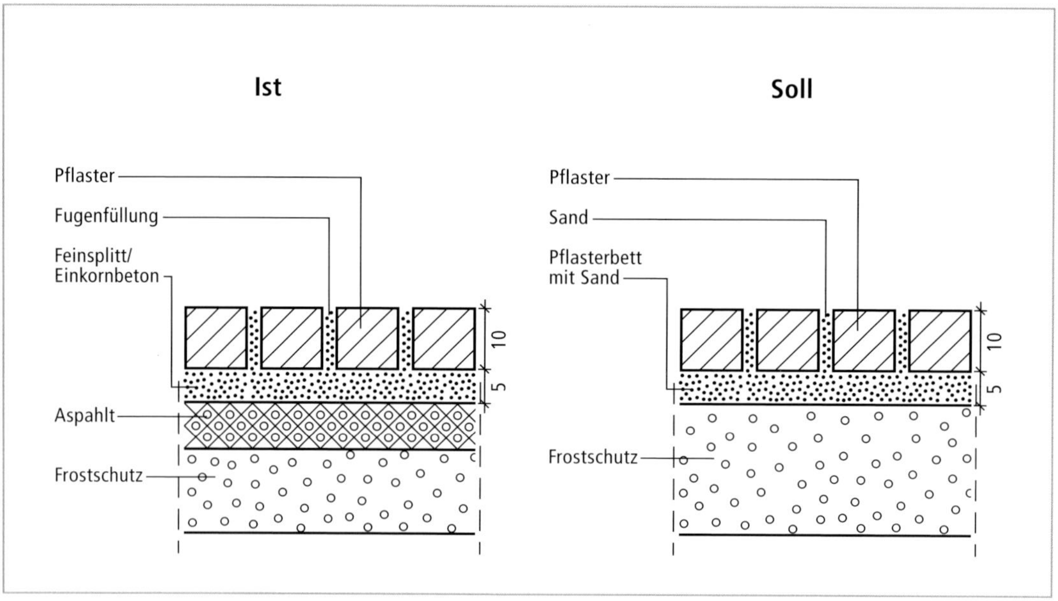

Abb. 2.68 ■ Ist-Zustand – Soll-Zustand Pflaster

In den nächsten Jahren müssen noch viele hundert m² ausgetauscht werden. In der Regel bleiben Pflasterbeläge bei richtiger Planung, Materialauswahl und Verlegung über Jahrhunderte schadenfrei. Kosten für den Pflasteraustausch: ca. 2.000.000 Euro.

in der Regel bleiben Pflasterbeläge über Jahrhunderte schadenfrei

2.2 Fachwerkhäuser zwischen Stuttgart und Ulm

Finanzielles Desaster durch mangelnde Entscheidungskraft des Bauherrn

Die Instandsetzung und Modernisierung dieser Häuser haben allen Beteiligten, Eigentümer und Bauherrn, Architekten, Ingenieuren und auch Firmen unnötige Schäden zugefügt, die auf völlig überzogene Forderungen der Denkmalpflege, kommunale Wankelmütigkeit, Desinteresse und Intrigen von Behörden und besonders auf fehlende Entscheidungen sowie unterschiedliche Vorstellungen des Bauherrenehepaares zurückzuführen sind. Eine lange, interessante Begebenheit. Schlecht ist, wenn der Ehemann letztendlich vom Vermögen seiner Frau abhängig ist, so wie hier.

überzogene Forderungen der Denkmalpflege

Was war passiert? Ein Geschäftsmann, Eigentümer von drei alten Gebäuden in einer alten freien Reichsstadt südlich von Stuttgart, beauftragte einen für solche Aufgaben prädestinierten Bauingenieur und Architekten mit der Ausarbeitung eines Sanierungsgutachtens

Abb. 2.69 ■
Gebäudezeile vor der Sanierung

als Entscheidungshilfe für Abriss oder Erhalt dieser Häuser. Schon bei der ersten Begehung der bewohnten Gebäude erkannte der beauftragte Gutachter, dass die Häuser im späten Mittelalter erbaut worden sein mussten. Nachfragen bei der unteren Denkmalbehörde ergaben, dass diese Häuser im 18. Jahrhundert gebaut worden sein sollten und nicht denkmalgeschützt waren. Die Behörde stellte auch sofort Fassadenbestandspläne bereit. Das Gutachten ergab, dass die Gebäude sehr viel älter waren, als von der unteren Denkmalbehörde angegeben, aber zu akzeptablen Kosten instandgesetzt und modernisiert werden konnten. Das bei Neubauten entstehende Stellplatzproblem mit Tiefgarage oder Ablösebeträgen von über 100.000 Euro konnte bei Gebäudeerhalt vermieden werden. Wirtschaftlich war auch eine Unter-Denkmalschutz-Stellung der Gebäude, denn neben möglichen Zuschüssen gab es steuerliche Vergünstigungen, welche sich auf die Rentabilität positiv auswirkten. Nach Überprüfung von Gutachten und Beratung durch den Steuerberater fiel die Entscheidung für den Erhalt der Gebäude.

Gebäude sehr viel älter, als von der unteren Denkmalbehörde angegeben

Der Gutachter hatte erhebliche Bedenken mit den baualterbezogenen Auskünften der unteren Denkmalbehörde und schaltete das Landesdenkmalamt in Stuttgart ein. Der zuständige Konservator

Abb. 2.70 ■
Detail Haus Nr. 14 (Baujahr 1390)

ältestes Gebäude dieser Stadt

erkannte sofort, dass diese Häuser zu den ältesten Gebäuden dieser Stadt zählen mussten und verfügte die sofortige Unter-Denkmalschutz-Stellung.

Er verlangte, dass vor Planungsbeginn die Gebäude verformungsgerecht nach archäologischen Methoden (GK 4–5) [18] aufgenommen und dokumentiert werden mussten. Bestandsaufnahmen dieser Genauigkeitsstufen werden, nach in den einzelnen Etagen gespannten dreidimensionalen Achsen, auf der Baustelle gezeichnet. Die Altersbestimmung erfolgte durch einen Hausforscher durch Holzprobeentnahmen und Jahresringvergleiche (dendrochronologische Altersbestimmung) mit dem Ergebnis, dass ein Haus 1390, die anderen Häuser 1490 erbaut worden waren und in sehr vielen Bereichen, ausgenommen die Straßenfassaden und ein Dachstuhl, im Originalzustand erhalten waren.

Der Eigentümer hatte bereits vor diesen Verfügungen die Planungsaufträge erteilt. Da die Gebäude noch bewohnt bzw. gewerblich (Imbissstation und Textilboutique) genutzt waren, hatte der Planer schon bei Vertragsabschluss für die Bestandsaufnahmen nur die Genauigkeitsstufen 3–4 mit Einzeldarstellung wichtiger Details und eine vollständige Fotodokumentation mit seinem Auftraggeber

Abb. 2.71 ■ Rauchöffnung Haus Nr. 16

vereinbart. Da für diese Leistungen weder Aufwand noch Durchführungszeiträume abschätzbar waren, vereinbarten die Vertragsparteien eine Vergütung nach Aufwand. Zur Vermeidung von möglichen Auseinandersetzungen mit den Denkmalschutz- und Bauordnungsbehörden wies der Architekt das Landesdenkmalamt darauf hin, dass dessen Forderungen bei bewohnten Gebäuden nicht erfüllbar waren und von seinem Büro deshalb nicht erfüllt werden konnten. Er schlug vor, dass das LDA eines der beiden Spezialbüros in Baden-Württemberg mit der archäologischen Bestandsaufnahme beauftrage. Davon wollte jedoch der Konservator nichts wissen und verlangte, dass das beauftragte Architekturbüro die Bestandsaufnahmen entsprechend seinen Forderungen vor und während der Umbauarbeiten durchführte.

Bestandsaufnahmen vor und während der Umbauarbeiten

Die Gebäude konnten wegen langfristiger Mietverträge und Unkündbarkeit, aber auch durch Untätigkeit des Bauherrn beim Durchsetzen von Räumungsvereinbarungen mit mehreren Mietern, nur sehr langsam bzw. gar nicht geräumt werden, was zu weiteren Verzögerungen und Kosten führte. Nach Teilräumung und erster Grobbestandsaufnahme mit Grundrissen, Schnitten und Ansichten in der Genauigkeitsstufe 3 wurde für Gebäudesicherung, Teilabbruch und

Untätigkeit des Bauherrn

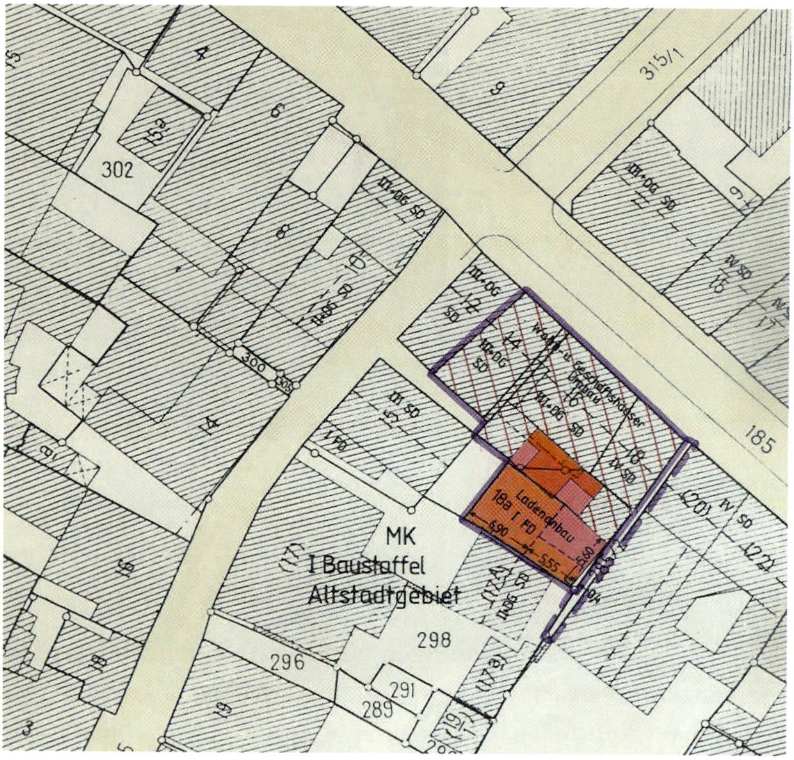

Plan 2.1 ▪ Lageplan

Freilegungsarbeiten eine Teilbaufreigabe erteilt. Nach monatelangem Hin und Her, der Eigentümer konnte sich wegen fehlender Mieter für kein tragbares Konzept entscheiden, wurde der Bauantrag für eine gemischte Nutzung eingereicht.

Beantragt wurde folgende Nutzung:

- Gewölbekeller: Gastronomie bzw. Verkaufsräume
- Erdgeschoss: Verkaufsräume, Gastronomie
- 1. Obergeschosse: Büros, Verkaufsräume, Wohnen
- 2. Obergeschosse: Wohnen
- Dachgeschosse: Wohnen, Abstell-, Wasch-, Trocken- und Technikräume.

Trotz allergrößter Widerstände durch das Landesdenkmalamt erteilte die Baurechtsbehörde plötzlich ganz kurzfristig die Baugenehmigung, denn sie wollte dem Bauherrn, nebenbei auch ein sehr einflussreicher Stadtrat, helfen.

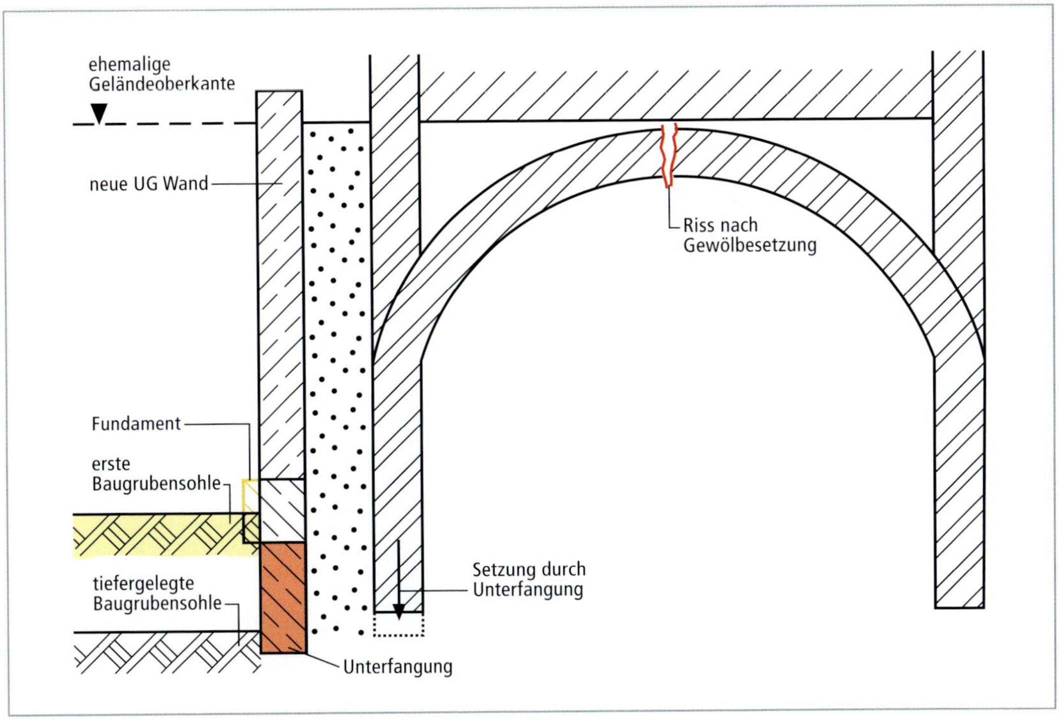

Abb. 2.72 ■ Unterfangung der Unterfangung

Und so konnte endlich mit einer Verzögerung von mehr als einem Jahr mit den Bauarbeiten begonnen werden. Wer glaubte, dass die Arbeiten zügig durchgeführt würden, hatte sich geirrt. Wegen der nicht vollständig geräumten Gebäude, ein Haus war noch ganz bewohnt, im zweiten war noch das Dachgeschoss vom Mieter belegt, im Erdgeschoss war ein Imbiss in Betrieb, konnten weder notwendige Bestandsaufnahmen noch erforderliche Untersuchungen vorgenommen werden. Wegen fehlenden, endgültigen Entscheidungen für die Nutzung der Gewerberäume konnten die Planungen nicht weitergeführt werden. Mal sollten die Verkaufsräume als Café, dann als Plattenladen, auch mal als Frisiersalon genutzt werden. Weil der Eigentümer die Mietverhandlungen äußerst schleppend führte, sprangen die Mietinteressenten wieder ab. Die Bauherrengattin wünschte sich in den Obergeschossen eines Gebäudes einige Praxen, also musste zusätzlich ein Fahrstuhl geplant werden. Nach Baubeginn entschied die Dame für ihren Gatten, dass bereits genehmigte Abstell- und Wasch- und Trockenräume unterkellert werden sollten. Als die

Abb. 2.73 ■ Gebäudeabfangung

Untergeschosswände betoniert waren, kam sie plötzlich auf die Idee, nun diese Räume als Toiletten und Lageräume für einen geplanten Gastronomiebetrieb zu nutzen. Die Bauarbeiten wurden eingestellt, ein Änderungsantrag eingereicht, die Tragwerksplanung für diesen Bauteil geändert und nach erteilter Genehmigung und Baufreigabe mussten alle bereits fertig gestellten Stahlbetonwände um fast einen Meter unterfangen werden. Und so ging es weiter.

Tragwerksplanung für diesen Bauteil geändert

Für die Gesamtplanung der Baumaßnahme nach dem ersten Planungs- und Baubeschluss waren auf Wunsch des Bauherrn ein Pauschalhonorar und ein Baukostenrahmen vereinbart worden. Alle vom Auftraggeber oder Dritten (z.B. Denkmalpfleger oder Gattin) veranlassten Planänderungen oder Bestandsaufnahmen mussten nach Aufwand bezahlt werden. Also bestätigte der Planer alle neuen Planungs- und Änderungsaufträge, gab die erwarteten Mehrkosten bekannt und meldete Bedenken wegen der mit Sicherheit auftretenden Bauzeitverlängerung an. Anfang Dezember 1990 unterbrach der Bauunternehmer nach mehreren Behinderungsanzeigen wegen fehlender, ausschließlich vom Bauherrn zu vertretender Planungen und Entscheidungen seine Arbeiten und zog ab. Weil der bauleitende Architekt für die entkernten Fachwerkgebäude und nicht abgedeckten Untergeschossräume keine Verkehrssicherheitspflichten übernehmen konnte, legte er für die Dauer der Arbeitsunterbrechung die Bauleitung bei der Baurechtsbehörde nieder. Darauf kündigte der Bauherr den Gesamtplanungsvertrag, der Architekt widersprach der Kündigung und bot seine Arbeitsleistung weiterhin, allerdings mit einigen Einschränkungen, an. Da inzwischen die Kosten für Bestandsaufnahmen und Planänderungen fast 100.000 Euro erreicht hatten, wollte der Bauherr zukünftig solche Mehrleistungen nicht mehr bezahlen. Der Konservator weigerte sich, auf weitere Bestandsaufnahmen zu verzichten, so dass sich hier ein Konflikt zu Lasten des Architekten abzeichnete. Deshalb lehnte dieser ab, weitere Planungsleistungen für die vom LDA verlangten und von der Bauherrengattin in Auftrag gegebenen Änderungen ohne schriftliche Zustimmung des Bauherrn zu bearbeiten. In einem Gespräch, kurz vor Weihnachten 1990 äußerte sich der Bauherr dahingehend, dass weitere Bestandsaufnahmen an dem bewohnten und noch nicht aufgenommenen Gebäude mit Sicherheit nicht mehr anfielen, auch werde seine Frau keine Wünsche mehr äußern. Außerdem werde spätestens das Haus am

Der Konservator weigerte sich, auf weitere Bestandsaufnahmen zu verzichten

Abb. 2.74 ■ Ersatzbau

31.12. geräumt, da die Mieter mit seiner Hilfe nun neue Wohnungen gefunden hätten. Eine Einigung kam jedoch nicht zustande, da sich der Bauherr weigerte, noch ausstehende Entscheidungen zu treffen und somit den Weiterbau zu ermöglichen.

Diese Aussagen trafen tatsächlich zu, denn das noch bewohnte Haus brannte durch Brandstiftung am 28.12.1990 ab.

Nach dreimonatigen Verhandlungen über das Resthonorar, entfallenden Gewinn und Gewährleistung konnte endlich ein Aufhebungsvertrag unterzeichnet werden. Dieser war, zum großen Glück für den Architekten, vom Rechtsanwalt des Bauherrn formuliert worden, und zwar nachteilig für seinen Mandanten. Der Bauherr zahlte das Resthonorar, erhielt eine für sechs Monate befristete Gewährleistungsbürgschaft, die Sache war eigentlich einvernehmlich beendet, doch es sollte ganz anders kommen.

Der Bauherr hatte, schon vor Abschluss des Aufhebungsvertrages, einen altbauunerfahrenen jungen Architekten auf Empfehlung eines Stadtratskollegen, dessen Büro der junge Kollege übernommen hatte, als Nachfolger beauftragt. Dieser bekam vom Auftraggeber weder die erforderlichen Pläne, Vertragsunterlagen und die Bauakten. Ohne Bauübergabe nahm er sofort seine Tätigkeit auf und stand auf völlig verlorenem Posten. Nachdem er von Firmen nur einige Pläne bekam, überprüfte er diese und stellte angebliche Planungsmängel fest. Auf Wunsch der Ehefrau des Bauherrn wurden umfangreiche Änderungen an bereits baurechtlich genehmigten Plänen vorgenommen. Das für Nebenräume des mittleren Hauses geplante Dachgeschoss wurde für Wohnnutzung geändert, allerdings ohne Änderungsgenehmigung. Die angeblich falschen Pläne wurden ohne Unterrichtung des Vorgängers und Aufforderung zur Mängelbeseitigung geändert, allerdings, wie später festgestellt, nicht wegen Planungsfehlern, sondern wegen neuer Vorstellungen des Bauherrn bzw. seiner Frau. Diese Planänderungen hatten auch erhebliche Folgen für die bereits geprüften und freigegebenen Planungen des Tragwerks und der Technischen Gebäudeausrüstung.

neuer Architekt ohne Bauübergabe auf verlorenem Posten

erhebliche Folgen für die Planungen des Tragwerks und der technischen Gebäudeausrüstung

Und jetzt begann ein Drama, welches nicht spannender, nervenaufreibender und vor allem teurer sein konnte. Warum?

Kurz vor Ablauf der Sechsmonatsfrist meldete der Anwalt des Bauherrn Planungsfehler und dadurch möglicherweise entstehende erhebliche Baukostensteigerungen beim Vorgängerarchitekten an und verweigerte die Herausgabe der Gewährleistungsbürgschaft.

Auf Vorschlag des Bauherrenanwaltes war eine Schiedsgutachtervereinbarung mit einem gemeinsam ausgewählten Gutachter in den Aufhebungsvertrag aufgenommen worden. Dessen Gutachten musste allerdings vor Ablauf der Sechsmonatsfrist vorliegen. Da dieser Gutachter innerhalb der vereinbarten Frist gestorben war, schlug die IHK einen anderen Sachverständigen vor, der auch beauftragt wurde.

Dieser Gutachter schaffte es jedoch nicht, seinen Vertrag rechtzeitig unterschriftsreif vorzulegen, denn seinen Honorarvorstellungen wollte der Bauherr nicht folgen. Man einigte sich schließlich auf ein Pauschalhonorar von 8.250 Euro. Allerdings war die Sechsmonatsfrist bereits abgelaufen.

In Absprache mit seiner Haftpflichtversicherung ließ der in Anspruch genommene Architekt den Schiedsgutachter erst einmal gewähren. Nach weiteren drei Jahren legte der Schiedsgutachter sein erstes ›*Teilgutachten*‹ als Loseblattsammlung ohne Titel und Unterschrift vor. Zusätzlich verlangte er von beiden Parteien einen Vorschuss von weiteren 22.000 Euro. Beide Parteien waren sich einig, diese vertragswidrigen Forderungen abzulehnen und den Schiedsgutachtervertrag zu kündigen, was auch geschah.

Der Bauherr verklagte nun seinen ehemaligen Planer auf Schadenersatz in Höhe der behaupteten, jedoch nicht belegten Baukostensteigerungen von über 1.200.000 Euro. Der Einzelrichter des LG Stuttgart bestellte tatsächlich den von den Parteien abgelehnten Schiedsgutachter als Sachverständigen, allerdings ohne Erfolg, denn beide Parteien lehnten diesen Herrn noch einmal ab. Darauf hin sollte der abgelehnte Sachverständige als Zeuge aussagen. Ein Jahr später, beim ersten Verhandlungstermin, tauchte ein neuer Einzelrichter auf, der den Prozess erst einmal vertagte.

von den Parteien abgelehnter Schiedsgutachter

Ein weiteres Jahr später präsentierte der Richter einen acht Tage vorher beauftragten Sachverständigen, der ohne vorherige Ortsbesichtigung bereits sein fertiges Gutachten vorlegte. Dessen Grundlage waren die Ausführungen des abgelehnten Schiedsgutachters. Dieser Herr wurde vom Beklagten sofort abgelehnt, was der Richter jedoch ignorierte.

fertiges Gutachten ohne vorherige Ortsbesichtigung

Noch ein Jahr später fand der nächste Gerichtstermin mit diesem Sachverständigen statt. Hier wurden dem Sachverständigen alle Planungen und Änderungen vorgelegt, die er natürlich nicht kannte, denn er hatte die Gerichtsakten nur überflogen. In der Befragung der geladenen Zeugen, Nachfolgearchitekt und ehemaliger Schiedsgutachter, versuchte er diesen Zeugen die richtigen Worte zu soufflieren, denn beide hatten an mehreren seiner Seminare teilgenommen, er wollte ihnen über die Hürden helfen.

Ein weiteres Jahr später, dieser Sachverständige war wegen Befangenheit erfolgreich aus dem Prozess entfernt worden, war der erste Richter wieder da. Er präsentierte nun einen Münchener Universitätsprofessor als neuen Gutachter. Danach wurde der Prozess wieder vertagt.

neuer Sachverständige scheinbar terminlich überlastet

Zwei Jahre später, der neue Sachverständige war scheinbar terminlich überlastet, fand ohne Teilnahme des Beklagten ein Ortstermin statt, obwohl der Beklagte um Terminverlegung gebeten hatte. Daraufhin wurde auch dieser Sachverständige, allerdings erfolglos, wegen Befangenheit abgelehnt. Für den nächsten Termin verlangte das Gericht einen weiteren fünfstelligen Vorschuss. Der vorschusspflichtige Kläger verweigerte die Zahlung mit der Begründung, der Sachverständige habe diesen zweiten Termin selbst verschuldet und sei auch sonst untätig. Plötzlich legte der Sachverständige nach kurzer Parteienbesprechung ein völlig untaugliches Gutachten vor. Beide Parteien erhoben Einwände.

völlig untaugliches Gutachten

Ein weiteres Jahr später, die Einwendungen des Beklagten gegen das Gutachten und ein weiterer Beweisantrag wurden zurückgewiesen, erklärte der sichtlich genervte Richter nach einem abgelehnten Vergleichsvorschlag, er sei es jetzt leid, weitere Einwendungen und Beweisanträge des Beklagten lehne er ab, und er werde nun sein Urteil fällen.

Beweisanträge des Beklagten ablehnt

Zwei Monate später wurde der Beklagte zu einem Schadenersatz für zusätzlich erforderliche Planungshonorare von ca. 50.000 Euro verurteilt, die Schadenersatzforderungen wegen Baukostenerhöhungen waren vorher zurück genommen worden.

Die Berufung ergab nach einem vom Beklagten abgelehnten Vergleichsvorschlag folgendes Urteil: Die Klage wird in vollem Umfang zurückgewiesen, der Kläger trägt alle Kosten. Warum?

- Der Beklagte wurde nicht dazu aufgefordert, die behaupteten Planungsmängel zu beseitigen, ihm wurde das diesbezügliche Recht nach § 635 BGB [3] nicht gewährt.
- Die behaupteten Mängel wurden erst nach Fertigstellung der Baumaßnahme erhoben.

Alle Gutachten waren unbrauchbar, denn:

- Das erste Schiedsgutachten erfüllte in keinster Weise die Anforderungen an ein Gutachten.
- Der zweite Gutachter war befangen.
- Das dritte Gutachten war offensichtlich falsch.

unzureichende Gutachten, befangene Gutachter

Wie lange dauerte die Auseinandersetzung? 14 Jahre. Was kostete der Prozess den Kläger? Weit über 100.000 Euro. Wer hatte letztlich an diesem Ergebnis Schuld? Der Kläger, er hatte völlig falsch gehandelt und seinem befreundeten Anwalt vertraut. Der Anwalt hatte seinen Mandanten und Freund von Anfang an falsch beraten.

Die Mehrkosten waren nicht vom ersten Architekten, sondern vom Bauherrn selbst, von seiner Frau und dem unerfahrenen Nachfolgearchitekten verursacht worden.

Nebenbei: Der Bauherr hatte den zweiten Architekten nur zu einem ganz geringen Teil bezahlt und wegen Kostenüberschreitung in Anspruch genommen. Der junge Architekt ging durch diesen Auftrag wirtschaftlich zugrunde, er verlor nicht nur sein gesamtes Vermögen, sondern auch das seiner Familie.

Und wie sehen die Häuser heute, nach 18 Jahren aus? Sie stehen teilweise leer, denn viele Mieter sind ausgezogen. Eine Neuvermie-

Abb. 2.75 ▪ Gebäudezeile 2007

tung ist wegen der völlig geänderten Situation in Einzelhandel, Gastronomie und Wohnungsbedarf derzeit nicht möglich. Erste Instandsetzungsmaßnahmen sind dringend erforderlich.

Fazit: Einmal im Leben, aber nicht so!

2.3 Bürogebäude bei Stuttgart

Planungsfehler des Generalunternehmers

Ein Metall verarbeitender Betrieb gönnte sich zum hundertjährigen Bestehen ein neues Bürogebäude. Es sollte etwas ganz Besonderes werden, ein völlig transparentes, lichtdurchflutetes Haus. Mit der Entwurfsplanung wurde ein äußerst erfahrener freier Innenarchitekt beauftragt. Alle weiteren Planungen, Bauleistungen und Objektüberwachungen sollten schlüsselfertig von einem Generalunternehmer zu einem Pauschalpreis geliefert werden. Beauftragt wurde ein renommiertes Fertigteilunternehmen aus der Region. Da der Entwurfsplaner sofort erkannte, dass dieser GU weder dazu in der Lage war, die Vorstellungen des Auftraggebers und auch seine hervorragenden Ideen umzusetzen, noch nach dem Stand und den allgemein anerkannten Regeln der Technik bauen wollte, konnte er durchsetzen, dass die Werk- und Detailplanung von ihm gemeinsam mit einem Architekturbüro als Zeichenbüro (CAD) geliefert wurde. Die Tragwerksplanung lieferte das Ingenieurbüro, welches bereits in Verbindung mit der Entwurfsplanung beauftragt war. Die Planungs-

hervorragende Ideen

Abb. 2.76 ■ Gebäudeansicht

kosten für Werk-, Detail- und Tragwerksplanung mussten, da im Pauschalauftrag enthalten, vom GU bezahlt werden. Eigentlich konnte nichts mehr schief gehen, doch es kam leider ganz anders. Nach verspätetem Bezug des nicht fertiggestellten Gebäudes verlangte der Bauherr mehrfach vergeblich die Fertigstellung des Gebäudes und Beseitigung der von seinem Planer gerügten unzähligen Mängel. Da dieses Unterfangen erfolglos blieb, wurde ein Bausachverständiger gebeten, sich den Bau und alle Planungen genauer anzusehen. Stundenlange Begehungen und Untersuchungen förderten hunderte von ganz leichten über schwere und gravierende Mängel bis zur völligen Untauglichkeit von Bauausführungen zu Tage. Die Planungen des GU waren unvollständig bis völlig falsch oder fehlten ganz. Wichtige Vorgaben aus der Werk- und Detailplanung waren nicht beachtet vertragliche Vereinbarungen nicht eingehalten worden.

Planungen des GU unvollständig, falsch oder fehlen ganz

Detailplanungen nicht beachtet

Wie leider nicht anders zu erwarten, hatte der GU besonders bei den vom ihm zu erbringenden Planungsleistungen gespart. Vertraglich bestand die Verpflichtung, Baugrund und Grundwasserverhältnisse zu erkunden. Ebenfalls mussten vollständige Planungen der Technischen Gebäudeausrüstungen vor Abschluss der Werkplanung geliefert werden. Gleiches galt für die bauphysikalischen Planungen von Wärme- und Schallschutz, für den Brandschutz und die Bauwerksabdichtung. Doch gerade diese besonders wichtigen Planungsleistungen wurden entweder gar nicht, oder nur unvollständig erbracht. Obwohl der Entwurfsplaner vor Beginn und während der Werkplanung diese für ihn erforderlichen Planungen anforderte, passierte nichts oder nur ganz wenig. Der mit der Bauleitung beauftragte Mitarbeiter war als Berufsanfänger völlig überfordert. Die beauftragten Subunternehmer aus allen deutschen Regionen und deren Subtruppen aus ganz Europa waren auch keine Garanten für mängelfreie Bauleistungen. So kam es, wie es eigentlich nicht kommen darf, der Bausachverständige riet seinem Auftraggeber, wegen der Menge und Schwere der Mängel die Bauabnahme zu verweigern.

als Berufsanfänger völlig überfordert

In einer gemeinsamen Besprechung mit Bauherren, Entwurfsplaner, Abteilungsleiter des GU und Bauleiter wurden die Mängel besprochen. Kurz vor Abschluss der Besprechung fragte der Sachverständige die Firmenvertreter, ob die vereinbarte Dränage eingebaut worden sei, und wie die erdberührten Bauteile abgedichtet worden

vereinbarte Dränage

seien. Lange Gesichter, schwammige Antworten wie: *»Die Dränage wurde eingebaut und entwässert über eine Hebeanlage. Das Untergeschoss wurde mit einer schwarzen Masse gestrichen, genaue Angaben kann ich erst nach Rücksprache mit dem Polier machen.«* Der Bauleiter wurde immer nervöser und ließ plötzlich mit der Bemerkung – *»Die Bodenplatte ist in WU-Beton ausgeführt, die Untergeschosswände sind an drei Seiten nicht oder nur an wenigen Stellen abgedichtet worden, wir konnten wegen der beengten Verhältnisse diese Bereiche nicht abdichten. Eine Ringdränage wurde ebenfalls nicht eingebaut, lediglich die großen Lichtschächte werden entwässert.«* – die Bombe platze. Bauherrschaft und besonders der Abteilungsleiter des GU waren plötzlich völlig sprachlos, denn sie erkannten sofort die Tragweite dieser Einlassung. Die Bauherren verweigerten daraufhin auch die Abnahme des Gebäudes und forderten den GU zur Beseitigung aller Mängel auf.

Der Sachverständige wurde beauftragt, das Bauvorhaben, alle Planungen und schriftlichen Unterlagen, Betonlieferscheine, Fotos aus der Bauzeit, Baugrund- und Grundwasserverhältnisse zu prüfen, und

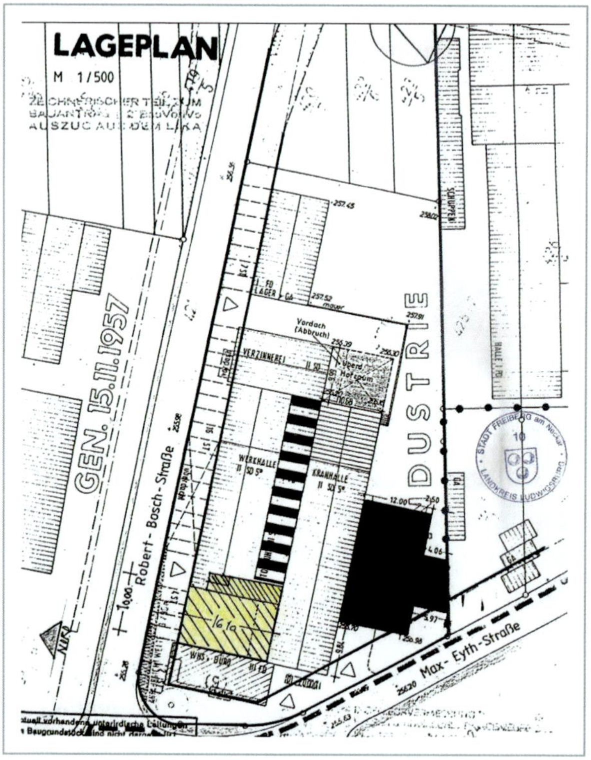

Plan 2.2 ■ Lageplan

mit den Fachplanern und dem beauftragten Geologen zu sprechen, und die Mängelbeseitigungskosten zu schätzen. Das Ergebnis war für den GU vernichtend.

Ergebnis des Gutachtens für den GU vernichtend

Alle Planungsmängel und deren Folgeschäden zu beschreiben würde den Rahmen dieses Buches sicherlich sprengen. Deshalb werden nur die Grundstücksentwässerung und die Abdichtung der erdberührten Bauteile behandelt.

Grundstücksentwässerung

Das neue Bürogebäude wurde in eine bestehende Produktionshalle eingefügt, die teilweise abgebaut werden musste. Das Gebäude grenzt an zwei Seiten an diese Halle an, an der dritten Seite an das ursprüngliche Bürogebäude mit Betriebswohnungen. Das Betriebsgelände ist fast vollständig überbaut. Das Gelände steigt von Norden nach Süden leicht an, alle umliegenden Grundstücke sind unterschiedlich überbaut. Der nächste anschließbare Abwasserkanal befand sich in etwa 40 m Entfernung in einer hinter dem alten Gebäude liegenden Stra-

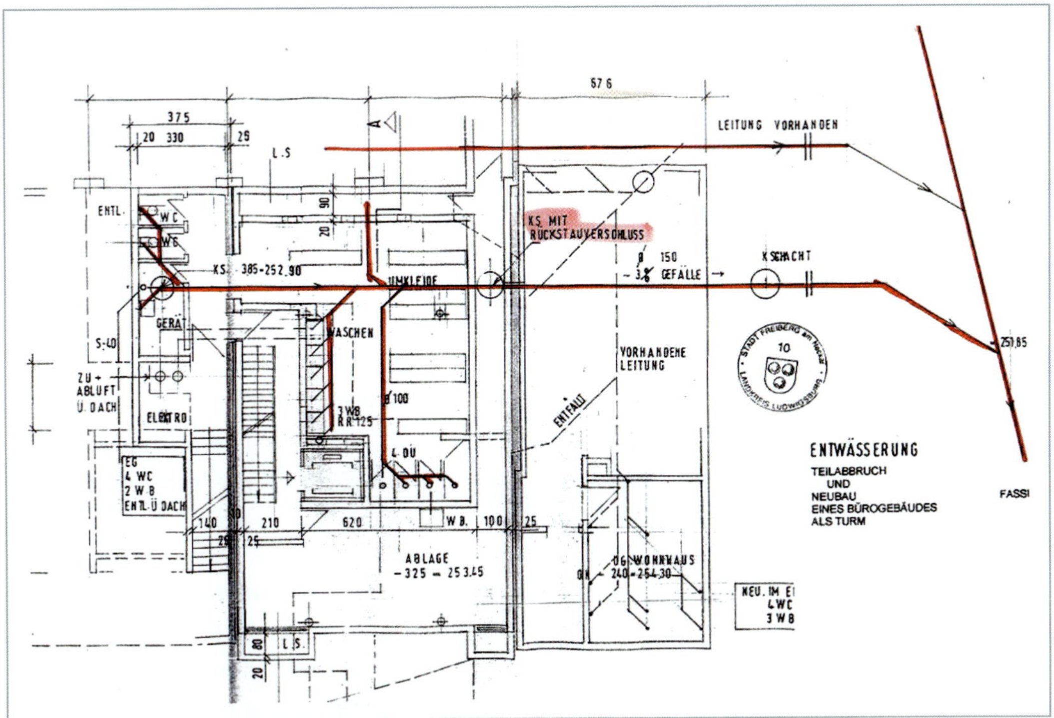

Plan 2.3 ■ Genehmigter Entwässerungsplan

ße. Aus dieser Situation ergaben sich sehr hohe Anforderungen an Planung, Logistik und Baudurchführung. Welche Planungsmängel führten zu den gravierenden Mängeln an der Grundstücksentwässerung?

Der Entwurfsplaner hatte alle Kanalhöhen exakt erhoben und mit den Bauwerkshöhen abgeglichen. Bei einer Unterfahrung des ca. 10 m breiten alten Bürogebäudes war ein Anschluss an den Abwasserkanal ohne zusätzliche Hebeanlage möglich. So wurde von ihm die Gebäudeentwässerung geplant und auch baurechtlich genehmigt. Der GU hatte wohl ganz andere Vorstellungen. Der von ihm beauftragte, ortsunkundige Fachingenieur behauptete bei der ersten Besprechung, der Entwurfsplaner habe sich verrechnet mit der Folge, dass eine Freispiegelentwässerung unmöglich sei und eine Abwasserhebeanlage eingebaut werden müsse. Die Bauherren, Baulaien, glaubten den Aussagen des Sanitärfachplaners und gaben eine zusätzliche Hebeanlage, nur für das Untergeschoss, als Zusatzleistung in Auftrag. Die Abwasserhebeanlage wurde daraufhin auch gebaut. Mehrkosten? Ca. 15.000 Euro.

ortsunkundiger Fachingenieur

Zwei große Lichtschächte mussten entwässert werden, natürlich über die Abwasserhebeanlage. Nach Aussage des Abteilungsleiters waren die Lichtschachtwandunterkanten so hoch gesetzt, dass unter diesen das in die Arbeitsräume gelangte Oberflächenwasser in die Lichtschachtböden gelangen und über die Einläufe abgeführt werden konnte. Örtliche Freilegungen ergaben, dass weder die Lichtschachtwände nach den Angaben des Abteilungsleiters ausgeführt noch Entwässerungseinläufe eingebaut waren. Die Überprüfung der öffentlichen Kanalhöhen mit den unter dem Untergeschoss verlegten Leitungen ergab, dass die Planungen des Entwurfsplaners richtig waren. An der ungünstigsten Anschlussstelle betrug die Höhendifferenz zwischen oberster Grundleitungssohle und Straßenkanaloberkante bei 30 m Länge 90 cm.

Der vom GU beauftragte Fachplaner sollte auf diese Art die sicherlich kostspieligen, jedoch vertraglich vereinbarten Kosten für die Unterfahrung des alten Bürogebäudes verhindern und unnötige Mehrkosten zu weit überhöhten Preisen produzieren. Nicht nur die zusätzlichen, völlig unnötigen, Investitionskosten, sondern auch die ständigen, von den Bauherren zu tragenden Betriebskosten und

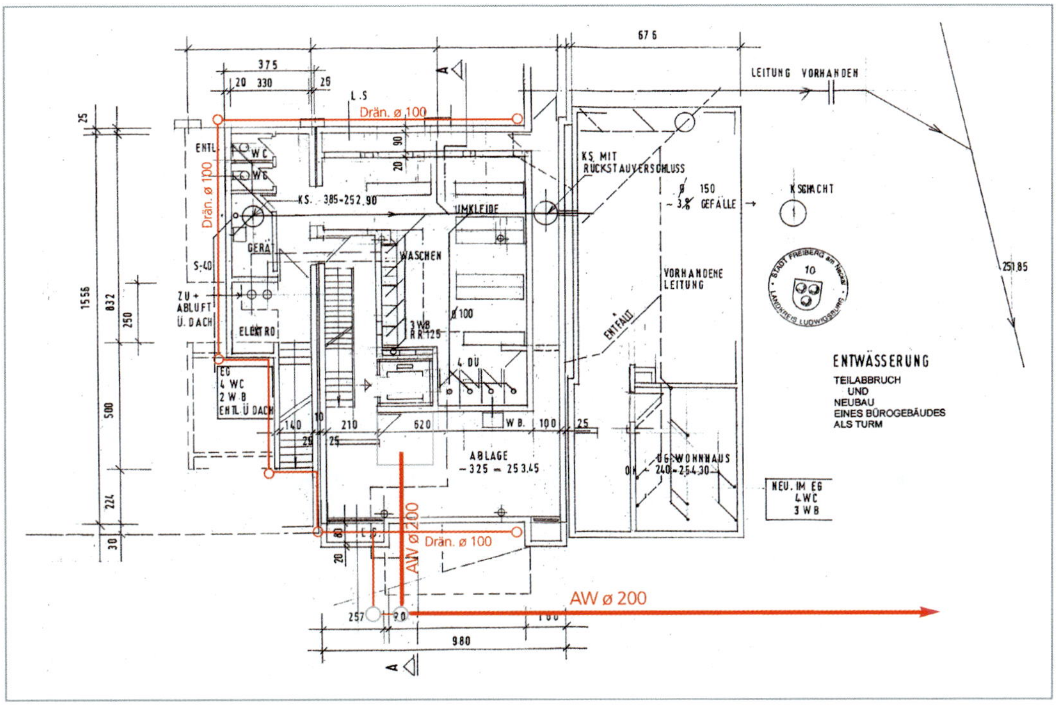

Plan 2.4 ■ Neue Grundstücksentwässerung

das Überflutungsrisiko bei Ausfall der Hebeanlage machte den Bauherren klar, über den Tisch gezogen worden zu sein.

Überflutungsrisiko bei Ausfall der Hebeanlage

Und wie haben die Bauherren auf diese Feststellungen des Gutachters reagiert? Sie forderten den nachträglichen Kanalanschluss und eine zumindest zweiseitige Dränage ohne Hebeanlage und die Entfernung derselben.

Wie kann dieser Anschluss nachträglich hergestellt werden? An der Nordseite des Gebäudes verläuft eine Straße, welche in die mit dem Kanal versehene Straße mündet. Überwiegend auf eigenem Grundstück, nur auf ca. 8 m Länge in der Straße, kann die neue Hausanschlussleitung mittels ca. 30 m langer Horizontalbohrung verlegt und an die öffentliche Entwässerungsleitung angeschlossen werden. Vor dem Gebäude muss ein Hausanschlussschacht mit fäkalsicherer Rückstausicherung angeordnet werden, von dem aus über eine weitere ca. 6 m lange Horizontalbohrung unter dem neuen Gebäude der Endpunkt der Grundleitungen in der Hebeanlagengrube angefahren werden kann.

Hausanschlussschacht mit fäkalsicherer Rückstausicherung

Unnötige Kosten für den GU und dessen Fachplaner: Ca. 60.000 Euro. Was hätte den GU die ursprünglich geplante Lösung gekostet? Ca. 5000 Euro.

Bauwerksabdichtung

Warum traten bei der Bauwerksabdichtung diese Probleme auf? Der GU wollte unbedingt seine Kosten senken im Glauben, dass die Baulaien diesen äußerst gravierenden Verstoß gegen den Vertragsinhalt und die allgemein anerkannten Regeln der Technik nicht bemerken würden. Pech gehabt.

Baugrunduntersuchung bewusst nicht durchgeführt

Hätte der GU vertragsgemäß ein Baugrundachten bestellt, wäre er auch zusätzlich vom Bodengutachter auf die erforderlichen Abdichtungen hingewiesen worden. Doch dieses Gutachten hätte sicherlich ca. 4.000 Euro gekostet. Da ja die Auftraggeber unkundige Baulaien waren, hatte er diese vereinbarte Baugrunduntersuchung bewusst nicht durchführen lassen. Er hatte zwar behauptet, einen Geologen mit der Erkundung beauftragt zu haben, doch dieser erklärte dem Autor (sie hatten einmal zusammen gearbeitet) einen solchen Auftrag weder bekommen, noch durchgeführt zu haben. Er habe lediglich zu Beginn der Abbrucharbeiten einen ca. 1,50 m tiefen Baugrundschürfgraben zur Beurteilung der Baugrubensicherung besichtigt. Ihm sei klar, dass bei der Bodenformation in diesem Gewerbegebiet eine Bauwerksabdichtung nach DIN 18 195-6 gegen aufstauendes Wasser erforderlich sei, wenn keine Dränage vorhanden ist.

Abb. 2.77 ■ Schürfgrube

Abb. 2.78 ▪ Baugrube

Der Baugrund besteht nach Überprüfung durch den Sachverständigen aus einer ca. 10 m mächtigen dicht gelagerten Lößschicht mit vereinzelten Kieseinschlüssen auf ca. 15 m dicken, festen Mergelschichten über klüftigem Sandstein. Grundwasser wird erst in ca. 30 m Tiefe angetroffen. Die Lößschicht ist nahezu wasserundurchlässig, somit kann sich in den Arbeitsraum gelaufenes Schichten- oder Oberflächenwasser aufstauen. Nach DIN 18195 ist in diesem Fall eine Abdichtung der erdberührten Bauteile gegen aufstauendes und drückendes Wasser nach DIN 18195-6 erforderlich. Bei Einbau einer ständig betriebssicheren Dränage nach DIN 4095 [18) wäre nur eine Abdichtung nach DIN 18195-4 gegen Bodenfeuchte notwendig gewesen, doch diese war im Glauben, dass die Bauherren das nicht merkten, bewusst weggelassen worden. Wieder Pech gehabt.

Dem Sachverständigen waren hunderte Fotos von der Bauerstellung, auch die Betonlieferscheine und alle Pläne übergeben worden. Daraus ergab sich:

hunderte Fotos von der Bauerstellung

Das Untergeschoss war überwiegend in Stahlbeton gebaut. Die Bodenplatte wurde 15 cm dick in Beton C 25/30 (B25) auf einer nur ca. 8 bis 12 cm dicken Kiesschicht ohne Trennlage hergestellt. Die erdberührten und tragenden Innenwände waren als 25 cm dicke Stahlbetondreifachwände ausgeführt worden. Innen- und Außenschale bestehen aus 5 cm dicken, mit Gitterträgern verbundenen Fertigteilen, die 15 cm dicke Kernfüllung aus Beton C 25/30. Fugenbänder oder -bleche waren weder an den Wandfußpunkten noch Fertigteilstößen einge-

Abb. 2.79 ■ Bauwerkssohle

Abb. 2.80 ■ UG-Wände

baut. Die von Außen zugänglichen Wandteile waren angeblich mit einer Bitumendickbeschichtung abgedichtet. Die nicht zugänglichen Wandteile dagegen nicht. Die meisten Behauptungen des Abteilungsleiters über die Bauabdichtung trafen nach Überprüfung nicht zu.

Konnten bei diesen – sicherlich nicht einfachen – Gegebenheiten Bodenplatte und erdberührte Außenwände sicher gegen aufstauendes und drückendes Wasser abgedichtet werden? Ja. Waren die Notwendigkeiten erkennbar? Ja, zumal in den Untergeschosswerk- und Schalplänen ausdrücklich und mehrfach auf eine erforderliche Bauwerksabdichtung nach DIN 18195 hingewiesen worden war.

mehrfach auf eine erforderliche Bauwerksabdichtung nach DIN 18195 hingewiesen

Es war für den GU ohne Mehrkosten möglich, alle erdberührten Stahlbetonteile als weiße Wanne mit wasserundurchlässigem Beton

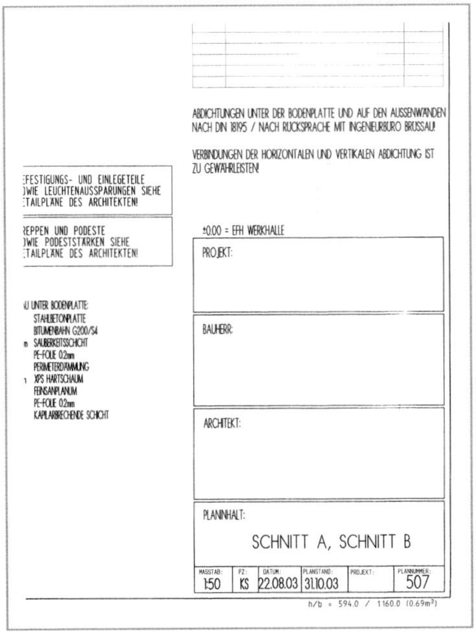

Plan 2.5 ■ Abdichtungshinweis im UG-Plan

auszuführen, auch bei der Verwendung von Fertigteilen. Das Fachwissen besaß, und besitzt auch noch heute, der GU, welcher mit seinen renommierten Betonwerken Betonfertigteile für solche Konstruktionen herstellt und liefert.

Wie könnte das fertig gestellte und ausgebaute Untergeschoss nachträglich abgedichtet werden? Es gibt zwei Lösungen.

Lösung 1: Nachträgliche Schleierabdichtung von innen mit Acrygelen in folgenden Arbeitsschritten:

- Entfernen aller Einbauten und Einrichtungen vor den Außenwänden und auf Bodenflächen
- Entfernen und Entsorgen von Keramikbekleidungen auf Wänden
- Entfernen und Entsorgen von Bodenbelägen und Estrichen
- Verfüllen von Hohlräumen zwischen Altbauteilen und neuen Untergeschosswänden mit Zementsuspensionen
- Rasterperforationen von allen Außenwand- und erdberührten Bodenflächen
- Einbringen und Verpressen der Zwischenräume zwischen Außenwand und Perimeterdämmung bzw. wandberührenden Stoffen von und mit Abdichtungsgelen

- Freilegen von Wanddurchdringungen
- Einbau von Flanschen und Eindichtung
- Probeflutung der Arbeitsräume
- Gegebenenfalls Nachabdichtung von Fehlstellen
- Schließen aller Bohrlöcher
- Wiederaufbringen der Keramikwandbekleidungen
- Einbau neuer Estriche und Dämmungen
- Neuverlegung der Bodenoberbeläge
- Neubeschichtung aller Wände
- Wiedereinbau der entfernten Einbauten
- Reinigung
- Möblierung.

Kosten: geschätzt ca. 398.000 Euro.

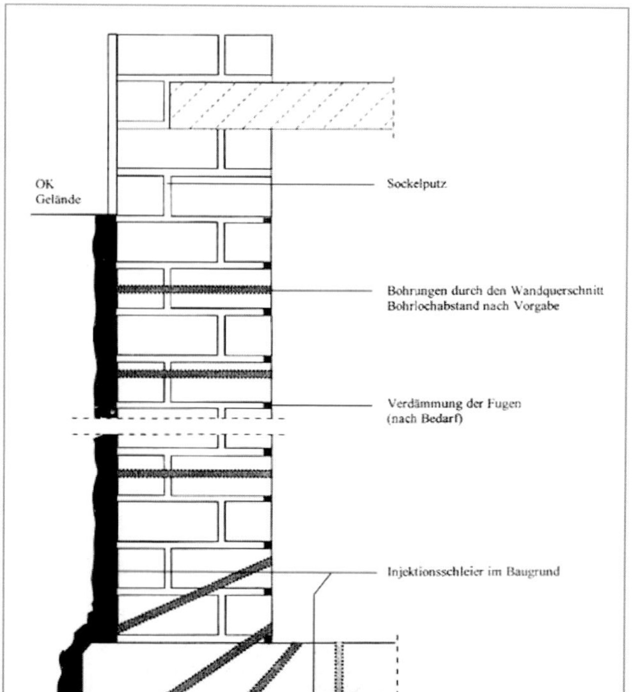

Abb. 2.79 ■ System Schleierabdichtung [19]

Lösung 2: Nachträgliches Abdichten der Außenwand- und Bodenflächen gegen aufstauendes Wasser mit Bitumenabdichtung und teilweiser Schleierabdichtung in folgenden Arbeitsschritten:

- Teilräumung der Lagerhalle
- Einbau von Staubschutzwänden in der Lager-/Produktionshalle
- Schutzmaßnahmen der Foyer- und Windfangverglasungen
- Entfernen der an den Neubau anschließenden Stahlbetonbodenplatten
- Entfernen und Lagern der Außensprechsäule und Bodenleuchten
- Entfernen der auf der Eingangsplatte verlegten Elektroleitungen
- Entfernen und Entsorgen der äußeren Eingangsplatte
- Entfernen und Entsorgen der Asphaltaußenbeläge und Pflasterungen
- Ausheben der betreffenden Arbeitsräume mit Abfuhr des Aushubmaterials
- Bauen eines provisorischen Gebäudezugangstegs
- Entfernen und Entsorgen von Schutzschicht und Perimeterdämmplatten
- Freilegen von Rohrdurchdringungen
- Durchdringungsabdichtungen im Fest/Losflanschverfahren
- Anbringen einer Hohlkehle
- Verstärken der vorhandenen Dickbeschichtung und Einlegen einer Gewebeverstärkung
- Wiederanbringung der Perimeterdämmplatten und vertikalen Schutzschicht
- Wiederauffüllung und Verdichtung der Arbeitsräume
- Wiedereinbau der Stahlbetonbodenplatten
- Entfernen von Staubschutzwänden
- Reinigungsarbeiten
- Wiedereinräumen des Lagers
- Ausbau von Einbauten und Möblierungen im Untergeschoss
- Entfernen und Entsorgen der Bodenoberbeläge und Estriche
- Verfüllen von Hohlräumen zwischen Altbauuntergeschoss- und neuer Untergeschosswand mit Zementsuspensionen
- Rasterperforationen der vor dem alten Bürogebäude stehenden Außenwand- und erdberührten Bodenflächen
- Einbringen von und Verpressen mit Abdichtungsgelen

- Schließen aller Bohrlöcher
- Wiederanbringen der Keramikwandbekleidungen
- Einbau neuer Estriche und Dämmungen
- Neuverlegung der Bodenoberbeläge
- Neubeschichtung aller Wände
- Wiedereinbau der entfernten Einbauten
- Reinigung
- Möblierung
- Wiederherstellung der Eingangsplatte einschließlich Abdichtung und Natursteinbelag
- Neumontage und Installation von Bodenleuchten und Sprechsäule
- Wiederherstellung der Asphaltbeläge und Pflasterungen
- Entfernen des Glasschutzes.

Kosten? Ca. 385.000 Euro.

In vielen Gesprächen mit Beteiligung von Anwälten und dem früheren Ordinarius für Geologie der Universität Stuttgart wurden die vom Sachverständigen beanstandeten Mängel und notwendigen Maßnahmen bestätigt. Übereinstimmung bestand bei den Technikern, dass zur Zeit wegen der dreiseitigen Überbauung der Nachbarflächen und Asphaltierung der nicht überbauten Fläche kein oder nur sehr wenig Oberflächenwasser in den Arbeitsraum gelangen

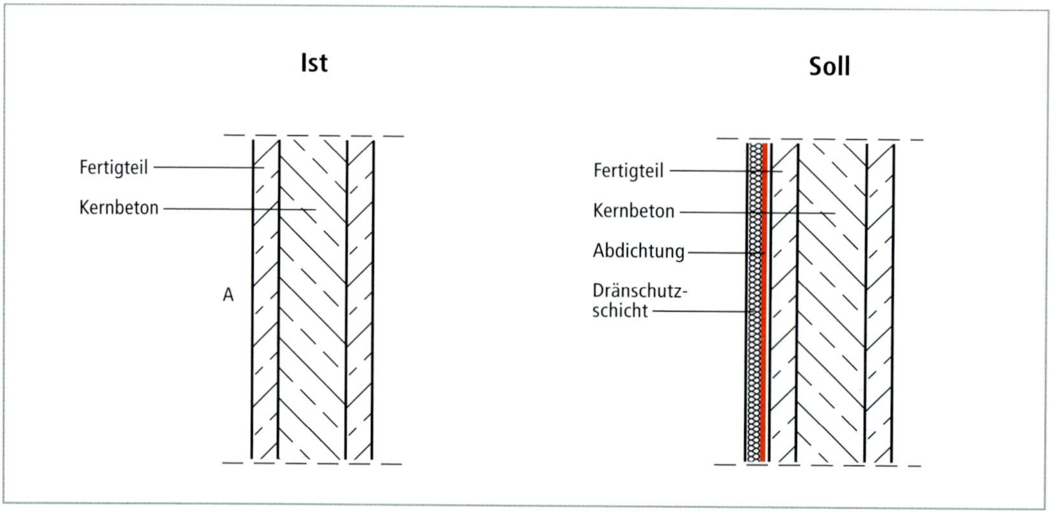

Abb. 2.82 ■ Ist-Zustand – Soll-Zustand Wandabdichtung

kann. Es stand aber fest, dass eine Betriebserweiterung auf dem fast vollständig überbauten Betriebsgelände nicht möglich und in absehbarer Zeit mit einer Betriebsverlagerung zu rechnen ist. In diesem Fall wäre davon auszugehen, dass die alten Hallen abgebrochen und durch eine aufgelockerte Wohnbebauung mit Grünflächen ersetzt würden. In diesem Fall würde mit sehr großer Sicherheit Oberflächenwasser in die Arbeitsräume laufen, sich dort aufstauen und in das nicht abgedichtete Gebäude eindringen. Vorgeschlagen wurde, die für eine nachträgliche Abdichtung der Außenwände und den Einbau einer Dränage anfallenden Kosten in Höhe von ca. 63.800 Euro mit einer unbefristeten Bankbürgschaft in dreifacher Höhe abzusichern. Da eine unbefristete Bankbürgschaft zumindest für die erwartete Lebensdauer des Gebäudes von bis zu 100 Jahren gelten muss, lehnte der Geschäftsführer des GU diese Lösung ab, obwohl sein Anwalt diesen Weg vorgeschlagen hatte.

unbefristete Bankbürgschaft zumindest für die erwartete Lebensdauer des Gebäudes

Wie ging es weiter? Bisher wurden, trotz verbindlicher Zusage, nur sehr wenige der sonstigen Mängel beseitigt. Der GU hat sich inzwischen verpflichtet, nach dem absehbaren Abbruch der anschließenden Gebäude die fehlende Wandabdichtung herzustellen. Der Kanalanschluss soll ohne Hebeanlage entsprechend dem Vorschlag des Sachverständigen ausgeführt und die fehlende Ringdränage eingelegt werden. Zurzeit wird noch über die Laufzeit der Bankbürgschaft verhandelt. Die Sache ist noch nicht abgeschlossen.

Fazit: Gerade Generalunter oder -übernehmer müssen alle notwendigen Planungen, besonders wenn vertraglich vereinbart, äußerst sorgfältig und vollständig erbringen. Eigene Bauleiter müssen über die erforderlichen Qualifikationen verfügen und alle Bauleistungen eigener Mitarbeiter und Subunternehmer ständig überprüfen. Mangelhafte oder Fehlleistungen dürfen nicht geduldet werden. Im vorliegenden Fall muss davon ausgegangen werden, dass der GU entweder die Tragweite seiner Unterlassungen nicht erkannt hat, oder seine Auftraggeber bewusst übervorteilen wollte. Besonders in einem solchen Fall können die aus solchem Verhalten entstehenden Haftungskosten nicht hoch genug sein, denn Firmen, die ihre Auftraggeber bewusst täuschen und schädigen, müssen vom Markt entfernt werden.

erforderliche Qualifikationen

2.4 Lärmschutzwall bei Stuttgart

Teileinsturz durch falsche Materialauswahl

Abb. 2.83 ■ Lärmschutzpflanzwand

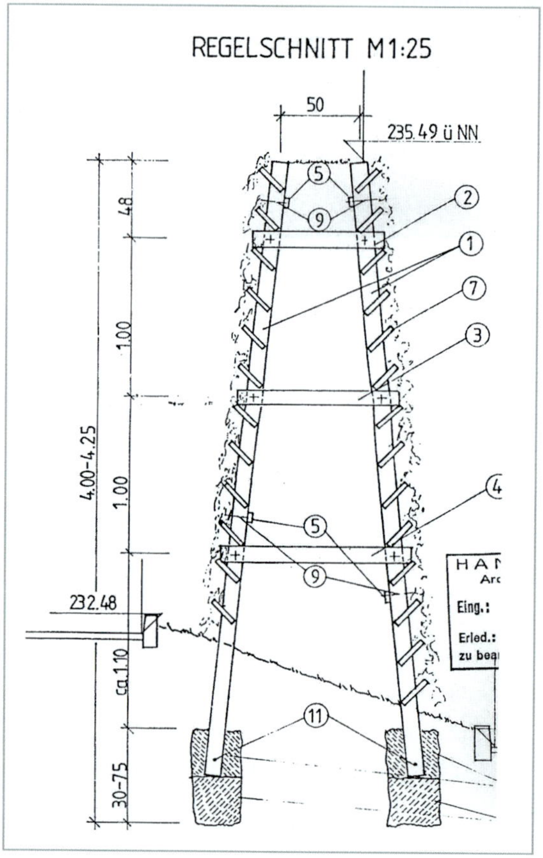

Plan 2.6 ■ Querschnitt

Abb. 2.84 ▪ Traggerüst Prospektauszug

Der Immissionsschutz für neben Gewerbe- oder Verkehrsobjekten liegende Wohngebiete kann zu großen Problemen für Planer und Investoren führen.

In einem dörflichen Teilort einer großen Kreisstadt wurde 1984 bis 1985 ein Kunststoff verarbeitender Betrieb zwischen bestehenden Wohngebäuden angesiedelt. Da im Außenbereich mit Verkehrslärm durch be- und entladende Fahrzeuge zu rechnen war, verlangte die Baurechtsbehörde Schallschutzmaßnahmen in Form einer Lärmschutzwand.

Bauherr und Architekt entschieden sich, besonders aus ökologischen Gründen, für eine bepflanzte Wand, bestehend aus einem Traggerüst und Einschubbrettern aus Bongossiholz, Erdauffüllung und Bepflanzung.

30 Jahre oder länger ohne Pflege

Die Haltbarkeit der Holzkonstruktion war in dem dem Vertrag zu Grunde liegenden Prospekt mit ›*30 Jahren oder länger ohne Pflege*‹ angepriesen worden. Diese Wand wurde im Sommer 1985 errichtet. 1998 und 2001 stürzten Wandteile auf 4,50 m und 9,0 m Länge ein.

Da sowohl Lieferant als auch Architekt auf die abgelaufene Gewährleistung hinwiesen und eine Mängelbeseitigung ablehnten,

Abb. 2.85 ■ Teileinsturz

Abb. 2.86 ■ Abgefaulte Zange

Abb. 2.87 ■ Angefaulter Pfosten

Abb. 2.88 ■ Angefaulte Füllbretter

wurde 2001 ein Bausachverständiger mit der Ermittlung von Schadensursache und möglicher Verantwortlichkeit beauftragt.

Er stellte schon bei der ersten Besichtigung fest, dass die das Erdreich berührenden, dünneren Holzteile wie Zugbänder, Einschubbretter und einige Pfostenfußpunkte mit Weißlochfäule befallen und zum Teil vollständig vermodert waren. Während die dem Erdreich ausgesetzten Holzteile überwiegend mehr als 50% ihres ursprünglichen Querschnittes verloren hatten, waren alle der normalen Witterung ausgesetzten Holzteile schadenfrei. Die aufgetretenen Schäden mussten auf eine mindere Holzqualität zurückzuführen sein.

mindere Holzqualität

Laut telefonischer Auskunft vom 06.02.2002 bei der Firma wurden 1985 die angelieferten Stämme von der Firma selbst eingeschnitten.

Die kleindimensionierten Holzteile wurden mit sehr hoher Wahrscheinlichkeit wie beim normalen Stammeinschnitt auch aus der Reifholzzone geschnitten. Die Hölzer wurden nicht künstlich getrocknet.

In seinem Gutachten kam der Sachverständige zu folgenden Ergebnissen:

Schadensursache

Teilversagen der Holzkonstruktion

Ursächlich für die Schäden ist ein Teilversagen der Holzkonstruktion. Durch Fäulnis (Weißloch- und Moderfäule) sind die auf Zug belasteten unteren und oberen Laschen durchgefault oder soweit abgefault, dass die aus Erddruck entstehenden Zugkräfte nicht mehr aufgenommen werden können. Die relativ schwach dimensionierten Pfosten waren nach Versagen der Zugbänder und Querschnittsverlust nicht in der Lage, die zusätzlichen Lasten aufzunehmen. Durch Wegfall der seitlichen Auflagerflächen für die Rippenbretter musste es zum Abrutschen und Einsturz in diesen Bereichen kommen.

Holz mit besonderer Dauerhaftigkeit

Azobé (Bongossi) ist ein tropisches Laubholz mit besonderer Dauerhaftigkeit. Azobé besitzt nach dem Einschlag eine Holzfeuchte von 45–50% und trocknet außerordentlich langsam aus. Forcierte künstliche Trocknung führt zu Trocknungsschäden, besonders bei kleindimensionierten Stäben. Azobé ist in seiner Kernholzzone besonders hart und resistent, in der Reifholzzone zwischen Splint- und Kernholz jedoch weniger resistent. Besonders anfällig ist diese Holzart in der Reifholzzone für Risse und Weißlochfäule, besonders bei Feuchte-Trocken-Wechsel und nicht ausreichender Trocknungsmöglichkeit. Azobé reißt und splittert leicht. Es bilden sich sichelförmige Innenrisse. Feuchte dringt in diese Risse ein und trocknet nur sehr langsam oder gar nicht aus. Bei einer Dauerfeuchte von >20% oder bei Erdkontakt können Hölzer von holzzerstörenden Pilzen befallen werden.

Weißlochfäule

Azobé (Bongossi) wurde in *DIN 68364 – Kennwerte von Holzarten* [20] in die Resistenzklasse 1 eingestuft. Trotz dieser höchsten Resistenz gegen holzzerstörende Pilze oder bei Erdkontakt werden die Reifholzbereiche von holzzerstörenden Pilzen (Weißlochfäule oder Moderfäule) befallen. Durch den sukzessiven Abbau von Lignin oder Zellulose entstehen viele kleine, gleichmäßig im Holz verteilte längliche

Löcher, die innen mit zunächst verbleibenden Zelluloseresten ausgefüllt bzw. umkleidet sind, bevor auch diese abgebaut werden. Diese Bereiche werden von Pilzen bevorzugt.

Lebende Bongossihölzer werden besonders in der Reifholzzone, aber auch im Kern von Pilz befallen. Wenn der Pilz vorhanden ist, stirbt er nach Fällen der Stämme nicht ab, sondern wächst weiter.

Wegen einer Vielzahl von Fäulnisschäden wurde Bongossiholz von der Resistenzklasse 1 in *DIN EN 350, Teil 2 – Natürliche Dauerhaftigkeit von Vollholz*, Ausgabe Mai 1994 [21], in die Resistenzklasse 2v eingestuft (v = variierend dauerhaft).

In DIN EN 350-2, Abschn. 4 – Hintergrundinformation – Nr. 4.2.2 werden die Klassifikationen der natürlichen Dauerhaftigkeit gegen holzzerstörende Pilze wie folgt eingestuft:

Dauerhaftigkeitsklasse	Beschreibung
1	sehr dauerhaft
2	dauerhaft
3	mäßig dauerhaft
4	wenig dauerhaft
5	nicht dauerhaft

In Nr. 4.5 Zusätzliche Hinweise in den Tab. 2 u. 3 werden die Symbole wie folgt erklärt:

Symbol	Erklärung
v	Die Art zeigt ein ungewöhnlich hohes Ausmaß an Variabilität

In Tab. 3 – Natürliche Dauerhaftigkeit und Tränkbarkeit von Nadelhölzern, Zeile 3.62, wird für Azobé die natürliche Dauerhaftigkeit wie folgt angegeben:

Pilze: 2v[5])

In Tab. 5, Zeile 5.2, wird die Dauerhaftigkeitsklasse für Azobéholz mit M = mäßig dauerhaft gegen Holzschädlinge im Meerwasser angegeben.

Eine telefonische Nachfrage bei der Bundesforschungsanstalt für Forst- und Holzwirtschaft Hamburg am 13.02.2002 zur Frage der Anfälligkeit von Bongossiholz ergab:

»Es sind zahlreiche unterschiedlich schwere Schäden, verursacht durch Pilze, bekannt. In Japan sind z.B. nach wenigen Jahren ganze Brücken eingestürzt.«

Bei Einstufung von Bongossi in Resistenzstufe 1, Faktor 5 im Vergleich zur Resistenz Kiefer (Resistenzstufe 4) beträgt die zu erwartende Lebensdauer von Bongossi 20 Jahre. Bei Resistenzklasse 2 beträgt bei Faktor 4 die zu erwartende Lebensdauer lediglich 16 Jahre.

Die Herstellerfirma ging bei der Beurteilung der Lebensdauer von 30 Jahren von falschen Voraussetzungen aus. Schon vor mehr als 20 Jahren war allgemein bekannt, dass für Bongossi Resistenzklasse 1 die Lebensdauer mit ca. 25 Jahren angesetzt werden sollte. Schon damals war bekannt, dass bei Erdkontakt Moderfäule auftritt. Die Aussage ›*Lebenserwartung 30 Jahre*‹ war eindeutig falsch. Bei PH-neutralen Pflanzböden sind Bakterien vorhanden. Diese Bakterien beschleunigen den Holzabbau. Bongossi ist wie alle Holzarten bei Erdkontakt und wechselnder Feuchte sehr anfällig für Bakterienbefall. Man muss davon ausgehen, dass Bongossi mit Erdkontakt eine maximale Lebenserwartung von 12–16 Jahren besitzt. Unter Berücksichtigung dieser Erkenntnisse hat die Holzkonstruktion exakt die dem Bongossi-Holz zuzuordnende Lebenserwartung erreicht.

anfällig für Bakterienbefall

Die heutigen Erkenntnisse lagen vor 20 Jahren nicht vor. Man ist von einer besseren Haltbarkeit ausgegangen als heute. Es war aber vor mehr als 20 Jahren allgemein bekannt, dass besonders die Reifholzzone von Bongossi stark pilzgefährdet ist. Schon damals ist es bei Holzkonstruktionen ohne Unterwasserlagerung und mit Erdkontakt zu erheblichen Ausfällen gekommen. Auf die Frage, ob die Firma Kenntnis von diesen Voraussetzungen hatte:

»Die Firma war ein in der Fachwelt sehr bekannter renommierter Importeur und Verarbeiter von Tropenhölzern. Ihr waren sicherlich die damaligen Erkenntnisse bekannt. Sie hat in ihrer Aussage ›absolut chemisch resistent, ohne Pflege 30 und mehr Jahre haltbar‹ eindeutig zu hoch gegriffen.

Vorbeugender chemischer Holzschutz war 1985 und ist auch heute noch bei Azobé (Bongossi) nicht üblich und nahezu unmöglich. Erst seit kurzem werden Erfolg versprechende Versuchsreihen bei verschiedenen

Abb. 2.89 ▪ Prospektauszug

Instituten für vorbeugenden chemischen Holzschutz bei Azobé (Bongossi) durchgeführt.«

Wie ging es weiter? Die vertraglich vereinbarte Gewährleistungsfrist von 5 Jahren war abgelaufen. Das Anwesen wurde wegen Verlagerung der Firma verkauft, die noch weiter eingefallene Lärmschutzpflanzwand wurde entsorgt.

Fazit: Die Sache hätte auch ganz anders ausgehen können, denn:

- Der Architekt hatte ohne vollständige Prüfung der Firmenangaben den Kauf dieser Pflanzwand empfohlen.
- Jedem Baufachmann war damals bekannt, dass die im Prospekt angegebene Haltbarkeitsdauer von 30 Jahren für erdberührte Bauteile weit übertrieben war.
- Wenn auch nicht allgemein, waren die Fäulnisschäden an Konstruktionen aus Bongossiholz in der Fachwelt bekannt.

Die Herstellerfirma der Holzkonstruktion ging in Konkurs, die Lieferfirma hat seit 1988 ihr System von Holz auf Recyclingmaterial umgestellt. Geworben wird noch immer mit der wartungsfreien und ›*fast unbeschränkten*‹ Haltbarkeit.

Bauherr und Architekt waren direkte Nachbarn und sehr gut bekannt. Wegen des erheblichen Prozessrisikos verzichtete der geschädigte Bauherr auf Schadenersatzforderungen gegen seinen Architekten.

2.5 Bürogebäude auf der Alb

Einsturzgefahr wegen Abweichung von der Tragwerksplanung durch den beauftragten Bauunternehmer

In seiner Not rief ein Bauherr von der Schwäbischen Alb einen ihm bekannten Bausachverständigen wegen Ausführungsmängeln an der Bodenplatte seines Neubaus an und erteilte sofort einen Gutachterauftrag für die Überprüfung des bereits fertiggestellten Rohbaus auf Übereinstimmung mit der Tragwerksplanung.

Ausführungsmängel an der Bodenplatte

Beim Ortstermin bestätigte der Gutachter die behaupteten Ausführungsmängel an der Bodenplatte und vermutete wegen vieler Risse in der Bodenplatte weitere Schäden.

Abb. 2.90 ■ Gebäuderohbauansicht

Abb. 2.91 ■ Gerissene Bodenplatte

Abb. 2.92 ■ Bohrkern

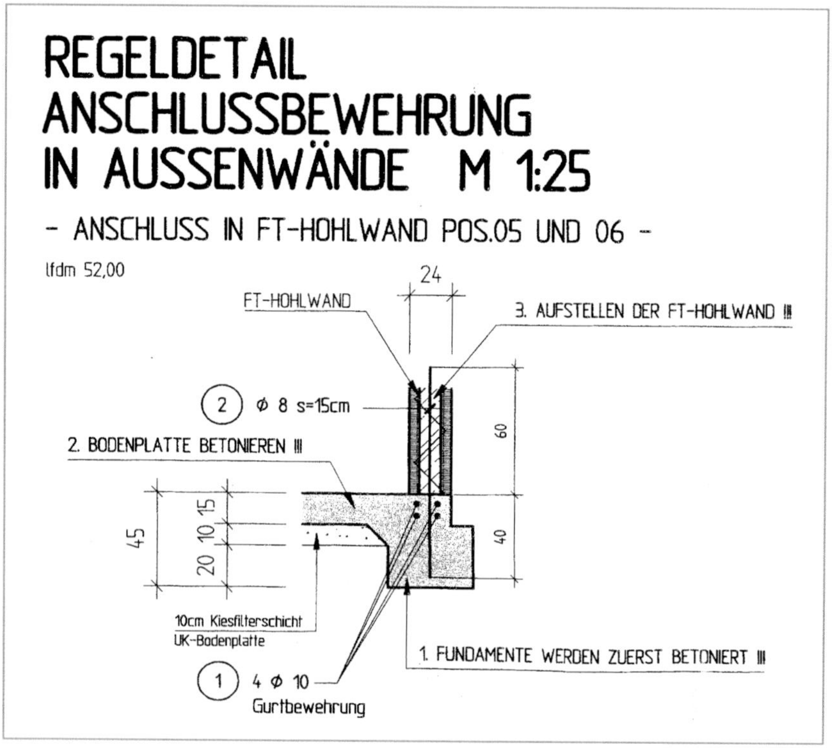

Plan 2.7 ▪ Wandanschlussdetailplan nach Planungsänderung

Nach Erhalt und Überprüfung der Tragwerksplanung stellte er fest:

- Der Bauunternehmer hatte die Rohbaukonstruktion völlig umgeplant, und war von der ursprünglichen Ausführungsplanung abgewichen.
- Die geplante Ortbetonkonstruktion war in eine Mischkonstruktion mit vorgefertigten Dreifachwänden und Fertigteil-/Ortbetonverbunddecken geändert worden.
- Diese Planungsänderungen waren weder bei der Baurechtsbehörde angezeigt noch durch einen Prüfingenieur für Baustatik überprüft worden.

Planungsänderungen weder bei der Baurechtsbehörde angezeigt noch durch Prüfingenieur überprüft

- Die vorgeschriebenen Bewehrungseinlagen in der Bodenplatte fehlten zu über 50 Prozent.
- Für die erdberührte Wand, und das gesamte Gebäude, bestand Einsturzgefahr.

Einsturzgefahr für das gesamte Gebäude

Warum? Der Tragwerksplaner hatte für diese durch Erddruck hoch belastete Wand, eine Ortbetonkonstruktion, geplant. Der beauftragte

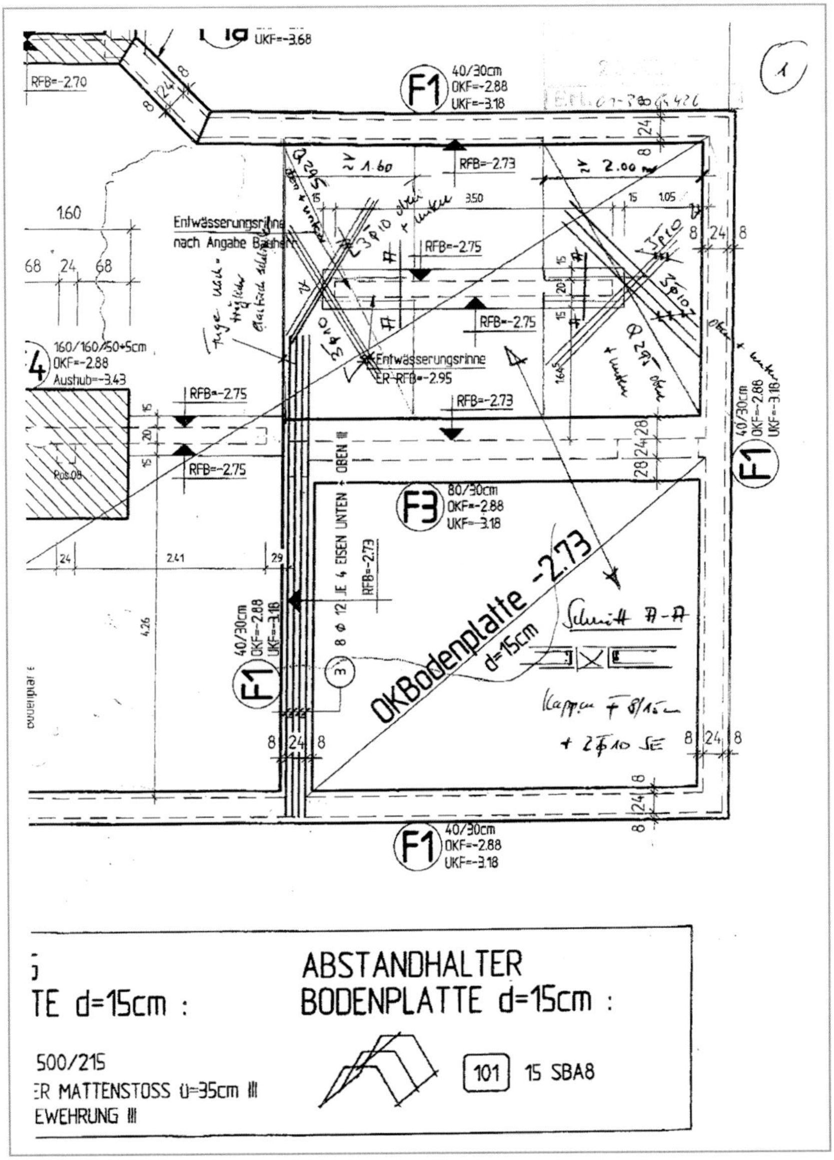

Plan 2.8 ■ Bewehrungsplan der Bodenplatte

Bauunternehmer hatte aus Kostengründen diese Wand als Dreifachwand, bestehend aus zweischaligen Fertigteilen mit Kernbetonfüllung, errichtet. Der untere Wandanschluss an die Fundamente entsprach nicht der Tragwerksplanung. Als Wandanschlusseisen waren ursprünglich bis auf Fundamentunterkante geführte zweireihige

U-Nadeln geplant. Eingebaut waren nur in die 12 cm dicke Bodenplatte eingeführte Steckeisen in nicht ausreichenden Abständen und Durchmessern. Entgegen der Tragwerksplanung war die Untergeschossbodenplatte nicht als Widerlager für den unteren Wandfuß

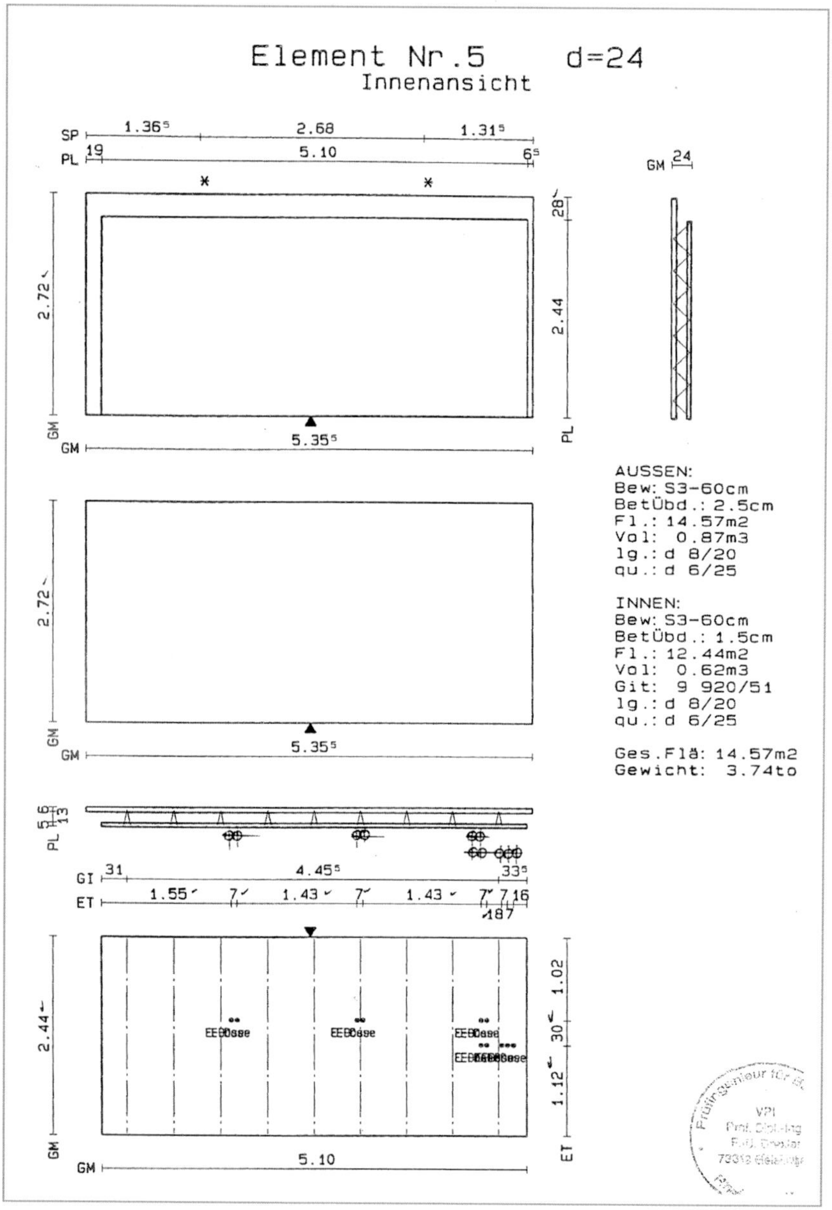

Plan 2.9 ■ Außenwandfertigteilplan

ausgebildet, sondern bis zur Außenkante Wand nachträglich auf das Fundament betoniert worden. Die eingebaute Bewehrung konnte die Horizontallasten am Wandfuß nicht aufnehmen und in die Fundamente ableiten, somit bestand die Gefahr, dass durch den Erddruck die Wand nach innen geschoben wurde.

Die als Zweifeldträger berechnete Stahlbetonwand war durch die Verwendung von Fertigteilen als zweifach einfeldige Wand aus-

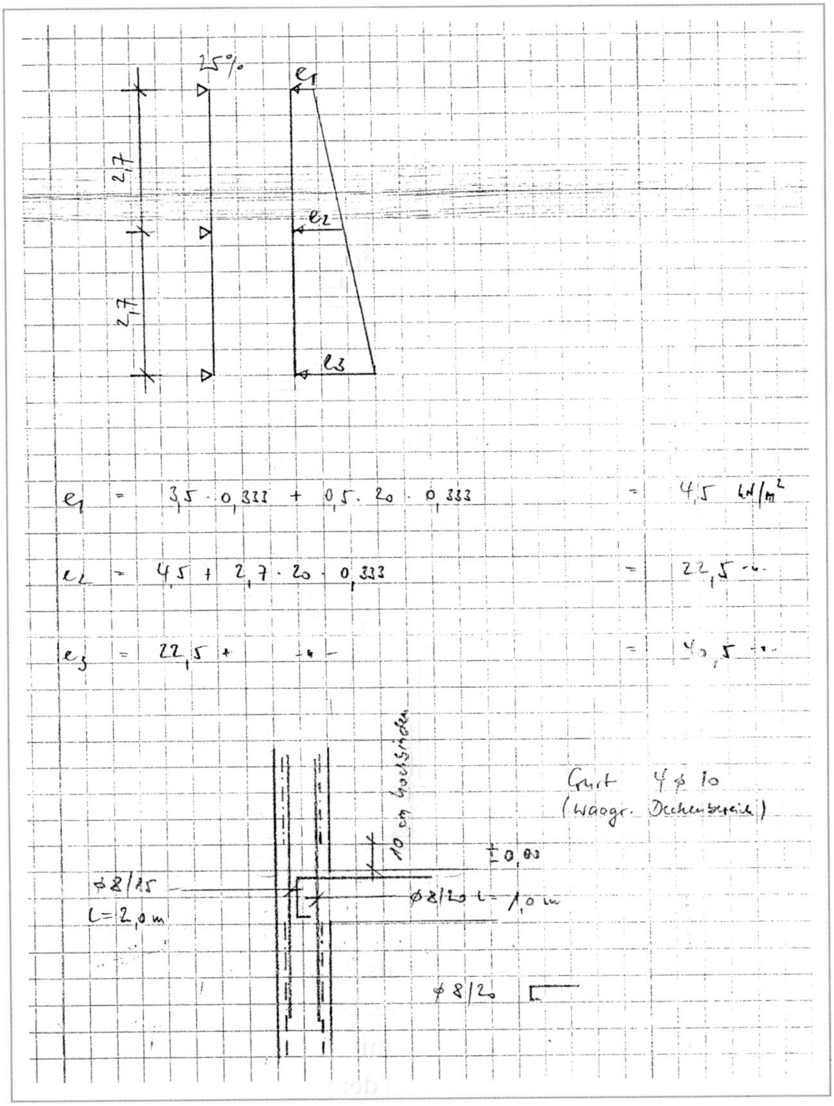

Abb. 2.93 ■ Belastungsschema

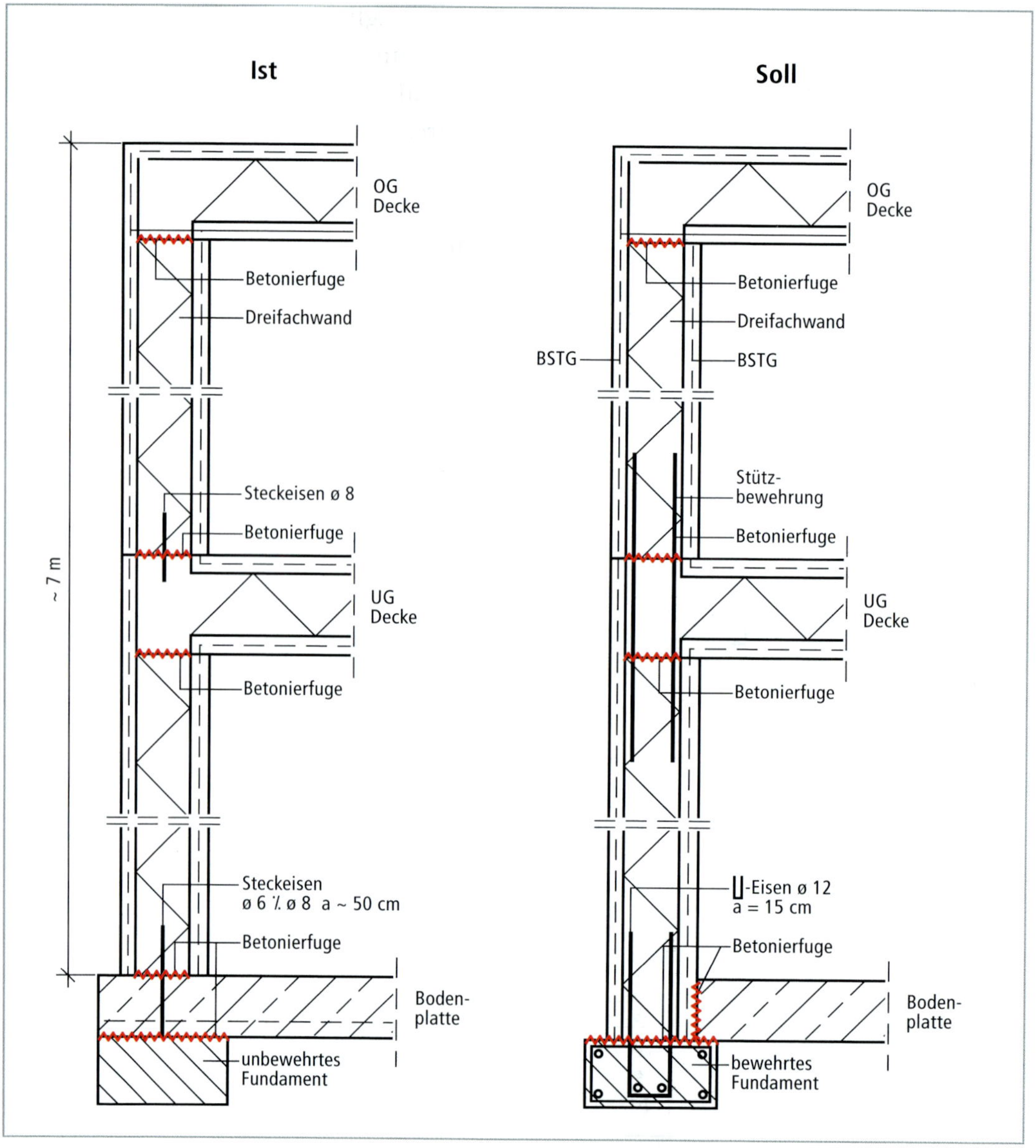

Abb. 2.94 ■ Ist-Zustand – Soll-Zustand Anschlussbewehrung

geführt. Die am Mittelauflager der als Zweifeldträger konstruierten Wand erforderliche Bewehrung fehlte. Die untere Wandscheibe war nur durch kurze Bewehrungseisen mit der Geschossdecke verbunden. Die obere Wandscheibe stand auf der Geschossdecke. Nur wenige Steckeisen sollten die horizontalen Kräfte und aus dem Stützmoment einwirkende Zugkräfte aufnehmen. Diese Bewehrung war jedoch völlig unzureichend, es bestand auch für diesen Bereich Einsturzgefahr.

Wie ging es weiter? Der Gutachter empfahl die Freilegung der erdberührten Außenwand, den Bau einer den Erddruck aufnehmenden Vorsatzwand, und die Überprüfung des errichteten Gebäudes durch einen Prüfingenieur für Baustatik. Doch der Bauherr entschied ganz anders. Da er mit dem Bauunternehmer befreundet war und diese Freundschaft nicht beschädigen wollte, verzichtete er auf weitere Untersuchungen, bezahlte die Gutachterrechnung und tauchte ab. Der Bauunternehmer beseitigte die Mängel an der Bodenplatte. Was sonst noch geschah, ob die einsturzgefährdete Wand entlastet wurde, oder das Gebäude noch steht, ist mir nicht bekannt.

Fazit: Grundsätzlich müssen vor Baubeginn alle Ausführungs- und Konstruktionspläne, besonders wenn Baufirmen Sondervorschläge anbieten, von den Auftraggebern akribisch überprüft und zur Ausführung freigegeben werden, sonst kann es wie bei diesem Beispiel, zu Gebäudeeinstürzen kommen. Der Bauherr hat die erforderlichen Pläne zur Verfügung gestellt, damit auf den unverzeihlichen Pfusch an seinem Bau hingewiesen wird.

2.6 Fabrikgebäude bei Stuttgart

Ausführungskatastrophe wegen unzureichenden Planungen und Objektüberwachung

Ein erfolgreiches mittelständiges Unternehmen aus dem Großraum Stuttgart musste ein bestehendes Zweigwerk vergrößern. Da kurz

Abb. 2.95 ▪ Fassade

zuvor ein neues Werk mit einem französischen Generalübernehmer erfolgreich in Frankreich gebaut worden war, bekam dieser auch den Zuschlag für die Werkserweiterung. Über dieses Objekt wurde bereits in den ersten Büchern der Reihe [22, 23] berichtet.

Nach einer kurzen Planungszeit wurde unmittelbar nach Erteilung der Baugenehmigung mit den Bauarbeiten begonnen. Innerhalb weniger Monate wurde von französischen und deutschen Subunternehmern das Werk aus dem Boden gestampft. Für die Überwachung der Generalübernehmerleistung wurde ein erfahrener Bauingenieur befristet eingestellt. Dieser stellt unzählige Mängel fest, die sowohl schriftlich als auch fotographisch dokumentiert wurden. Die Produktion musste trotz nicht fertiggestellter Bauleistung Ende 2000 aufgenommen werden. Schon kurz danach traten an den Hallenböden erhebliche Mängel auf. Ein Bausachverständiger wurde mit der Überprüfung der Hallenböden und kurz danach mit der Überprüfung des gesamten Bauwerks auf Übereinstimmung mit den vertraglich vereinbarten Ausführungsstandards (allgemein anerkannte deutsche Regeln der Technik) und den öffentlich-rechtlichen Baubestimmungen beauftragt. Dieser stellte nicht nur unglaublich viele Ausführungs-, sondern auch sehr viele gravierende Planungsmängel und Unterlassungen bei der Objektüberwachung fest bei:

- Grundstücksentwässerung
- Bauwerksabdichtungen
- Wärmeschutz
- Brandschutz
- Schallschutz
- Feuchteschutz
- Dachkonstruktion
- Hallenböden
- Fassaden
- Innenausbau
- Verkehrsflächen.

Bei der Überprüfung der Unterlagen ergab sich, der GÜ bestand aus einem kleinen Architekturbüro, welches Bauleistungen, besonders von Gewerbebauten, schlüsselfertig übernahm. Das eigene Büro hatte lediglich die Entwurfsplanung M 1:200, die Genehmigungsplanung und als Vergrößerung der Entwurfspläne Grundrisse M 1: 50 und die

Entwässerungsplanung M 1:200 geliefert. Die Tragwerksplanung der Massivbauteile und die Wärmeschutznachweise wurden von einem deutschen Ingenieurbüro geliefert. Alle anderen Planungen mussten von den Subunternehmern geliefert werden. Wegen unzureichender Koordination der einzelnen Planung und fehlender Objektüberwachung durch den GÜ traten weit über den üblichen Rahmen hinausgehende Mängel auf, die nicht nur zu erheblichen Folgeschäden geführt haben, sondern auch teilweise nicht mehr beseitigt werden können.

Grundstücksentwässerung

Was ist hier falsch? Nahezu Alles. Wer ist für diesen Pfusch verantwortlich? Planer und Ausführender.

Die Grundstücksentwässerung muss den Festlegungen der örtlichen Entwässerungssatzung entsprechen. Die meisten Entwässerungssatzungen beziehen sich auf die baurechtlich eingeführte DIN 1986 Grundstücksentwässerung. Danach müssen Grundstücksentwässerungsanlagen entsprechend den schematisch dargestellten Entwässerungsplänen und den in der Norm festgelegten Details geplant und hergestellt werden.

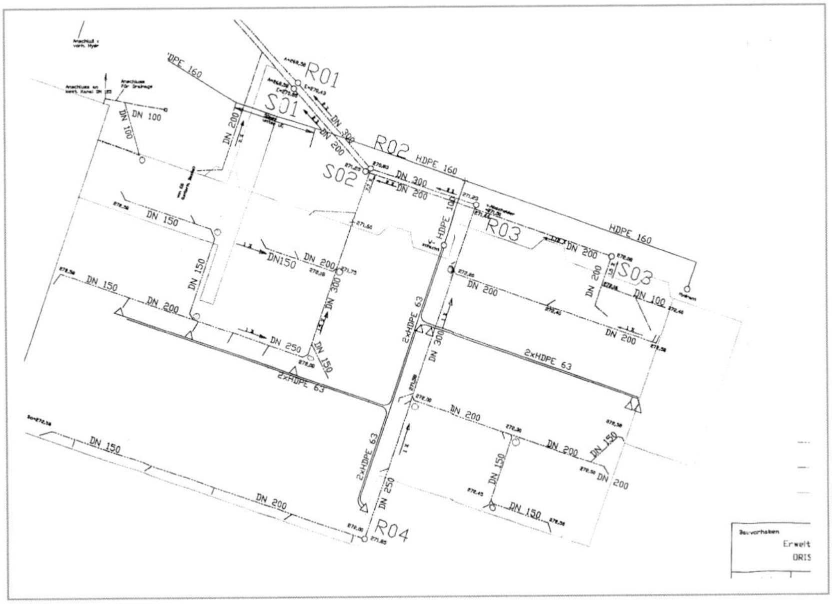

Plan 2.10 ■ Entwässerungsplan

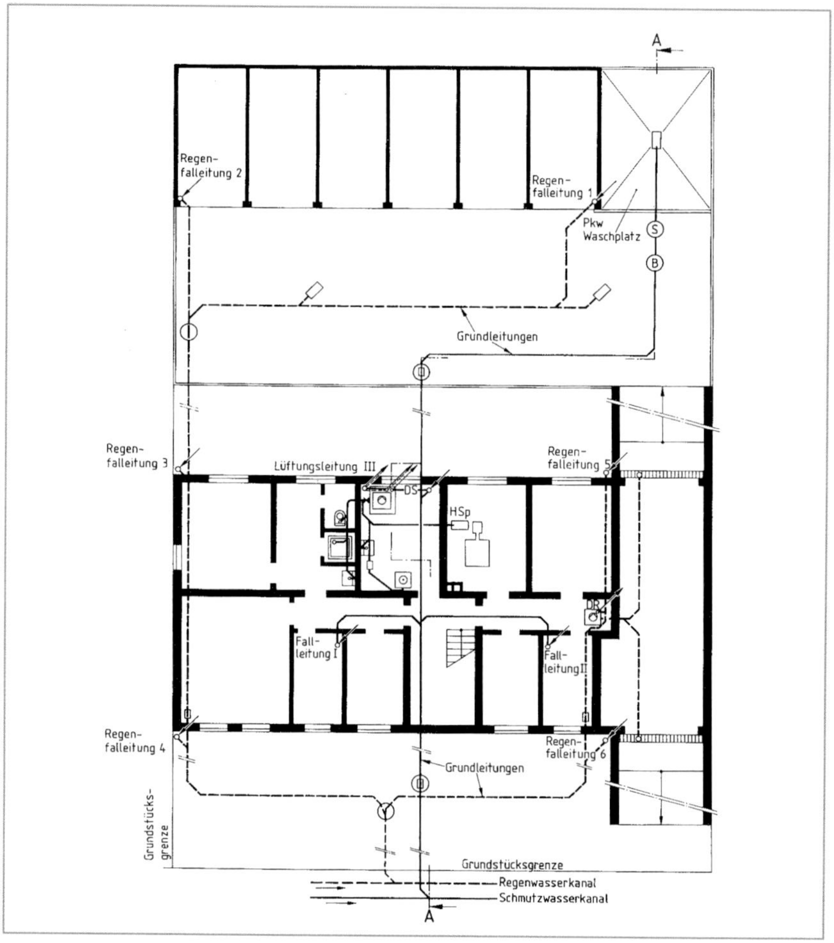

Plan 2.11 ■ Entwässerungsschema aus DIN 1986

Bei Planung und späterer Ausführung fehlten:

- Revisionsschächte bei einmündenden Seitensträngen der Grundleitungen
- Revisionsöffnungen bei Regenfallrohranschlüssen.

Der Unternehmer musste trotz Bedenkenanmeldung wegen Nichteinhaltung der deutschen Ausführungsbestimmungen die Entwässerungsanlage entsprechend der offensichtlich unvollständigen und falschen Planung bauen. Somit haben sich diese Planungsmängel im Bauwerk verwirklicht und können nur mit erheblichen Kosten zum Teil beseitigt werden. Wie hoch wurden diese Kosten geschätzt? Auf ca. 46.400 Euro.

Abb. 2.96 ■ Regenfallrohranschluss

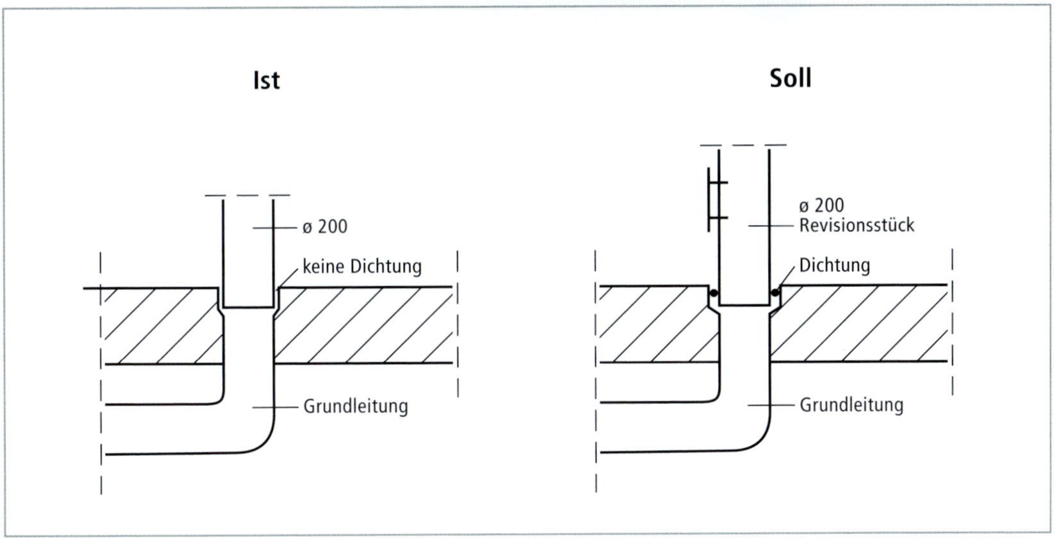

Abb. 2.97 ■ Ist-Zustand – Soll-Zustand

Bauwerksabdichtungen

Die Planung der Bauwerksabdichtung entsprach, wen wundert's, den heute leider überwiegend üblichen Standards. Die Abdichtungen waren entweder gar nicht oder falsch geplant. Wo lagen die Planungsfehler?

- Baugrunduntersuchungen mit Feststellung der Grundwasserverhältnisse fehlten.
- Alle Abdichtungen erdberührter Bauteile waren nicht den örtlichen Anforderungen entsprechend geplant. Statt erforderlicher

Baugrunduntersuchungen mit Feststellung der Grundwasserverhältnisse fehlten

Abdichtungen gegen aufstauendes Sickerwasser und teilweise drückendes Wasser nach DIN 18 195-6 waren für die erdberührten Untergeschosswände lediglich Abdichtungen nach DIN 18 195-4 gegen Bodenfeuchte geplant.

- Planungen für die Abdichtung der Untergeschossbodenplatten fehlten.
- Schutz- und Dränschutzschichten der vertikalen Abdichtungen fehlten ganz.

Abb. 2.98 ▪ Außenwandanschluss an Kragplatte

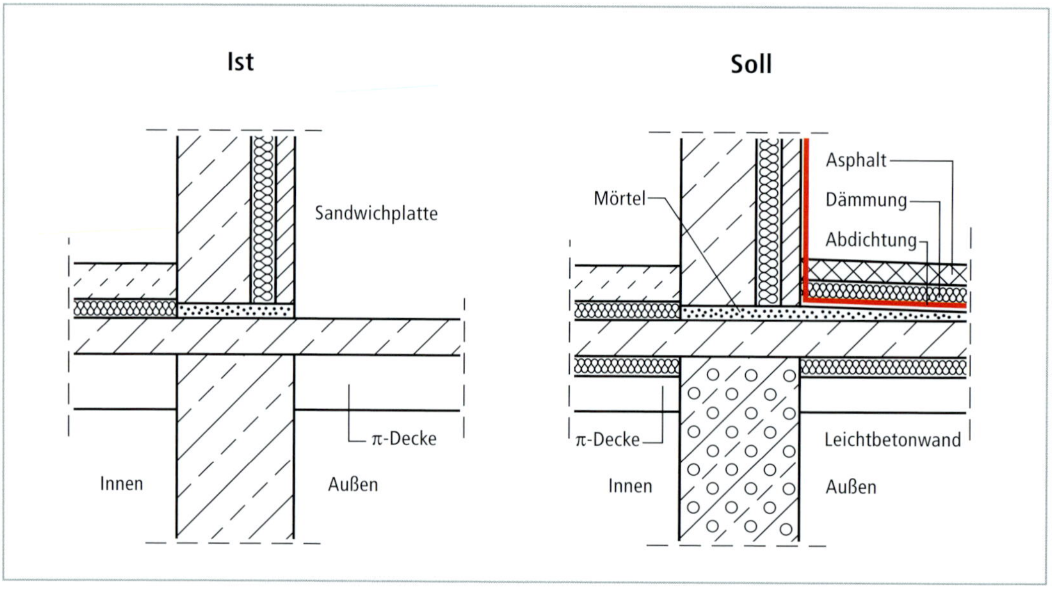

Abb. 2.99 ▪ Ist-Zustand – Soll-Zustand Außenwand

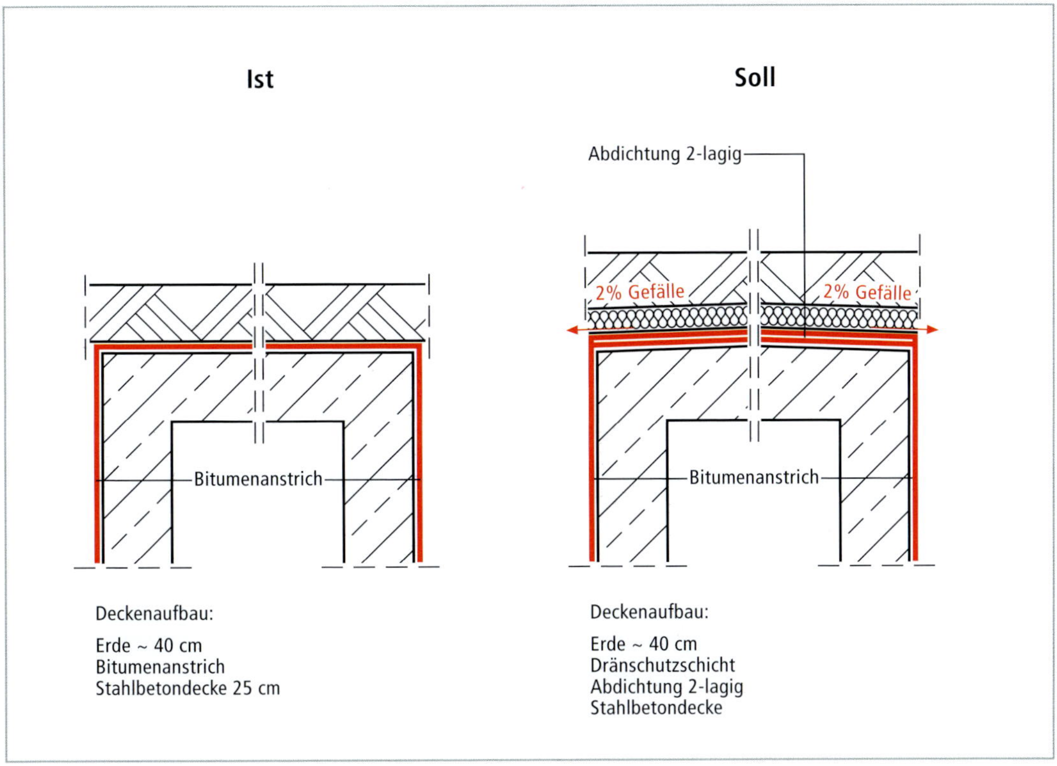

Abb. 2.100 ▪ Ist-Zustand – Soll-Zustand Tunneldecke

- Für erdüberdeckte, gefällelose Decken war lediglich ein einfacher Anstrich mit Bitumendickbeschichtung vorgesehen.
- Für die Abdichtung aller ins Erdreich geführten oder auf Kragplatten stehenden Erdgeschosswände fehlten konkrete Angaben in Planung und Ausschreibung.
- Abdichtungen der auskragenden Untergeschossdecke waren nicht geplant.
- Für die erforderlichen Abdichtungen in den Personalwaschräumen und Duschen fehlten Angaben in Plänen und Ausschreibungen.

Da weder geplant noch ausgeschrieben, haben sich alle Planungsmängel als Folgeschäden im Bauwerk verwirklicht. Was kostet die Mängelbeseitigung? Geschätzt: Ca. 100.000 Euro.

Wärmeschutz

Mit der Planung des Wärmeschutzes wurde ein deutsches Ingenieurbüro aus der Nähe von Straßburg beauftragt. Dessen Berechnungen und Planungen entsprachen den gültigen Bestimmungen der Arbeitsstättenrichtlinie [27], Wärmeschutzverordnung und *DIN 4108 Wärmeschutz im Hochbau*, allerdings nicht den Vorgaben der Bauherrin.

Warum? Ursprünglich war für alle Hallen eine Raumtemperatur von < 19 °C vorgesehen, danach wurde auch geplant. Allerdings wurde vor Baubeginn in einer Besprechung diese Vorgabe geändert. Für die Produktionshallen wurde die Raumtemperatur auf 21 °C erhöht. Dieses wurde in einer Besprechungsnotiz vermerkt und auch vom GÜ bestätigt. Da diese Änderung dem Planungsbüro nicht mitgeteilt wurde, wurde die bestehende Planung nicht geändert.

Wie wirkte sich diese Temperaturerhöhung auf das Bauwerk aus?

- Die Bodenplatten mussten gedämmt werden.
- Die Wärmdämmung der Dachflächen war zu verstärken.
- Die Wärmedämmung der Hallenaußenwände war zu verstärken.
- Die Heizleistung der Kessel musste erhöht werden.

Welche Baumaßnahmen waren für die Einhaltung der durch die Temperaturerhöhung notwendig gewordene Ertüchtigung des Wärmeschutzes erforderlich?

Wärmeschutz der Bodenplatten:

Ursprünglich vorgesehener Bodenaufbau:

- Faserbetonplatte d = 20 cm

Erforderlicher Bodenaufbau:

- Faserbetonplatte d = 20 cm
- Perimeterdämmplatten mit Abdeckung d = 8 cm
- Betonsauberkeitsschicht d = 10 cm

Welche Baumaßnahmen sind für die wärmeenergetische Verbesserung der Bodenplatten erforderlich?

- Ausbau aller Maschinen und Produktionseinrichtungen
- Entfernung aller nicht tragenden Einbauten
- Entfernung der 20 cm dicken Faserbetonbodenplatten
- Abheben des Untergrundes um 20 cm
- Teilweise Tieferlegung der Grundleitungen
- Einbau einer Magerbetonsauberkeitsschicht
- Einbau von druckfesten Perimeterdämmplatten

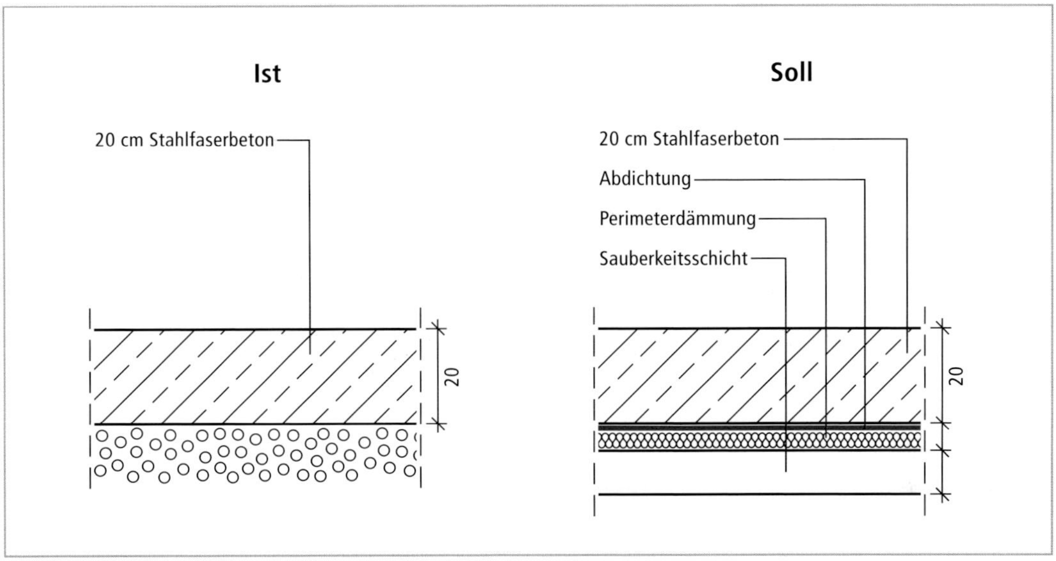

Abb. 2.101 ■ Ist-Zustand – Soll-Zustand Bodenplatte

- Einbau einer neuen Faserbetonbodenplatte
- Wiedereinbau aller Einbauten
- Wiedereinbau aller Maschinen
- Beseitigung von Verschmutzungen und Beschädigungen an Wänden.

Kosten?

- Ausräumen und Zwischenlagerung: ca. 450.000 €
- Entfernen der Bodenplatte: ca. 200.000 €
- Erdarbeiten: ca. 40.000 €
- Grundleitungen: ca. 10.000 €
- Sauberkeitsschicht: ca. 60.000 €
- Perimeterdämmung: ca. 80.000 €
- Faserbetonbodenplatte: ca. 320.000 €
- Wiedereinbau von Einbauten und Maschinen: ca. 300.000 €
- Nacharbeiten, Beseitigung von Verschmutzungen: ca. 10.000 €
- Dreimonatiger Produktionsausfall und Vertragsstrafen: ca. 19.200.000 €

Wärme- und Feuchteschutz der Dachflächen

Bei der Planung der Flachdachaufbauten hatte das Ingenieurbüro wegen der Beheizung der Hallen mit Heizgebläsen eine absolut luftdichte Dampfsperre vorgesehen. Doch der GU wich bei der Ausschrei-

absolut luftdichte Dampfsperre

Abb. 2.102 ■ Flachdach

Abb. 2.103 ■ Geöffnete Dachabdichtung

Abb. 2.104 ■ Lichtkuppelanschluss

Abb. 2.105 ■ Wasserrückstände

Abb. 2.106 ■ Ventilatoren zur Luftdichtheitsprüfung

Abb. 2.107 ■ Bei Luftdichtheitsprüfung austretender Rauch

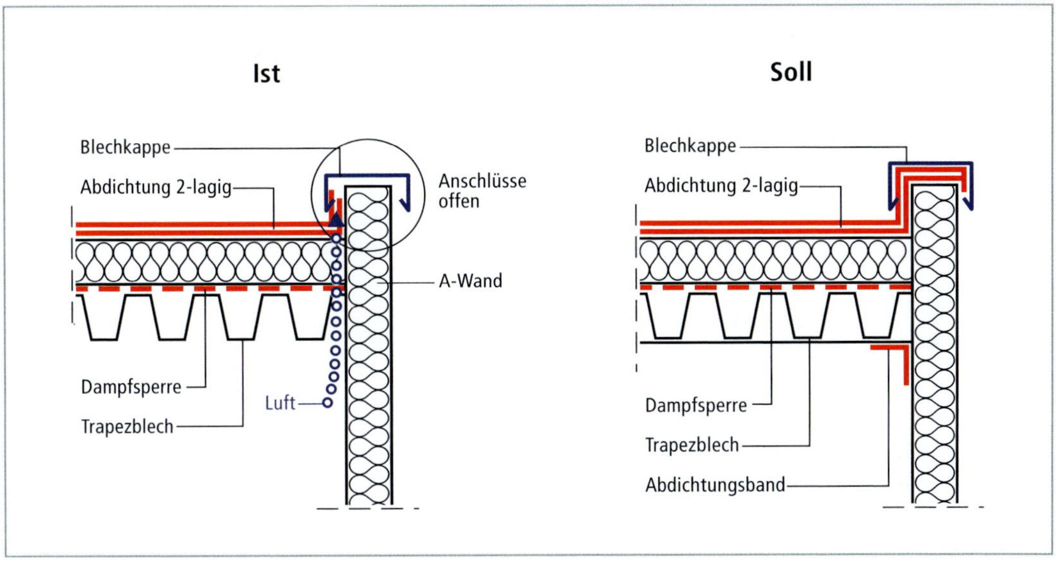

Abb. 2.108 ■ Ist-Zustand – Soll-Zustand Wandanschluss

bung und Vergabe davon ab. Statt einer vollständig verklebten Dampfsperre und einer im Dachaufbau eingebauten Sogsicherung von Abdichtung und Dämmung, wurde folgende Lösung ausgeführt:

- Trapezbleche
- Lose verlegte und überlappte alukaschierte Vliesgewebebahn
- Glaswolle d = 10 cm
- Zweilagige Polymerbitumenbahnabdichtung
- Sogsicherung mit durch den Dachaufbau und durch die Trapezbleche geschraubten Tellerankern.

Folge: Wegen der nur überlappten Vliesgewebebahn und den zahlreichen Perforierungen durch die Telleranker fehlt die erforderliche Dampfsperre. Durch den von den Heizgebläsen erzeugten Überdruck wird feuchte Warmluft in den Dachaufbau getrieben. Die warme Luft kondensiert an der Innenseite der Bitumenbahn und durchnässt die Wärmedämmung. Im Gegensatz zu organischen Dämmplatten verlieren Mineralwollplatten ihre Stabilität und sacken zusammen.

Welche Maßnahmen waren für die Herstellung eines mangelfreien Dachaufbaus erforderlich?

- Entfernen und Entsorgen der Dachabdichtung
- Entfernen und Zwischenlagern aller Anschlussbleche
- Entfernen und Entsorgen der Dämmung

- Entfernen und Entsorgen der Dampfsperre
- Einbau einer verklebten Dampfsperre
- Einbau einer durch Verklebung gesicherten Mineralwolldämmung
- Wiedereinbau der Anschlussbleche
- Neuverlegung einer Dachabdichtung

Kosten: ca. 5000 m^2 x 115 € = ca. 575.000 Euro.

Bürotrakt

Hier war der Dachaufbau wie folgt gefällelos geplant und gebaut:

- 60 cm abgehängte dichte Weichfaserplattendecke
- Luftraum 60 cm
- Porenbetonplatten d = 18 cm
- Mineralwollplatten d = 5 cm
- Zweilagige Polymerbitumenbahnabdichtung
- Sogsicherung mit durch den Dachaufbau in die Porenbetonplatten geschraubten Tellerankern.

Durch die innen liegende, 60 cm dicke, stehende Luftschicht bildet sich unter den Porenbetonplatten eine zusätzliche Wärmedämmung mit der Folge von Kondensatbildung.

Welche Maßnahmen sind erforderlich?

- Abräumen der Dachabdichtung und Wärmedämmung
- Entfernung der inneren Fassaden- und Attikabekleidungen
- Neuverlegung einer Gefälledämmung

Abb. 2.109 Stehendes Wasser

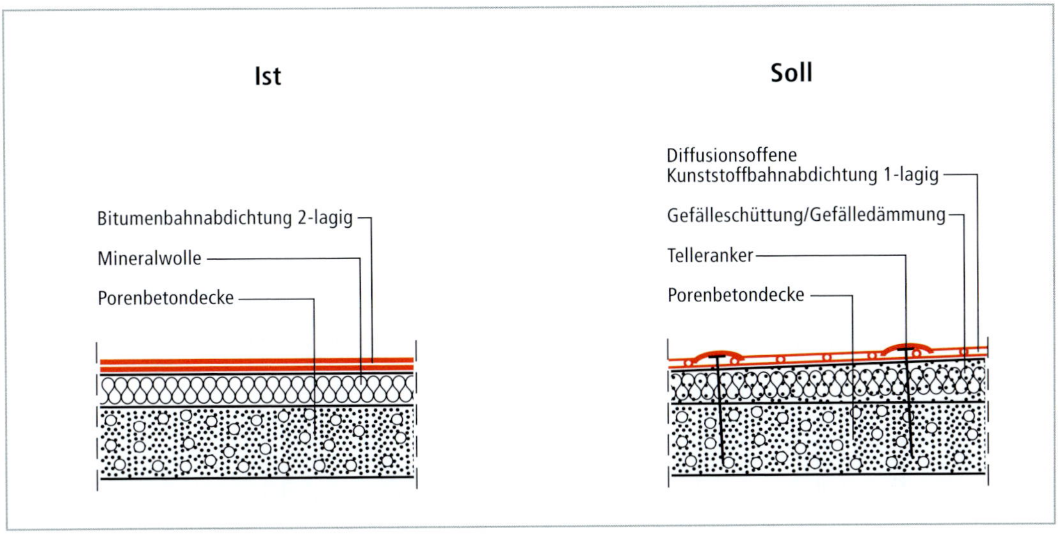

Abb. 2.110 ■ Ist-Zustand – Soll-Zustand Flachdach

- Verlegung diffusionsoffener Folienabdichtung mit mechanischer Sogsicherung.

Kosten: ca. 300 m² x 150 € = ca. 45.000 Euro.

Windfangelemente

Diese bestehen aus großflächigen, in Leichtmetall eingesetzten Verglasungen. Diese Elemente reichen von der Stahlbetonbodenplatte bis unter die auskragende Erdgeschossdecke. Nicht geplant wurden

Abb. 2.111 ■ Windfangelement-Deckenanschluss

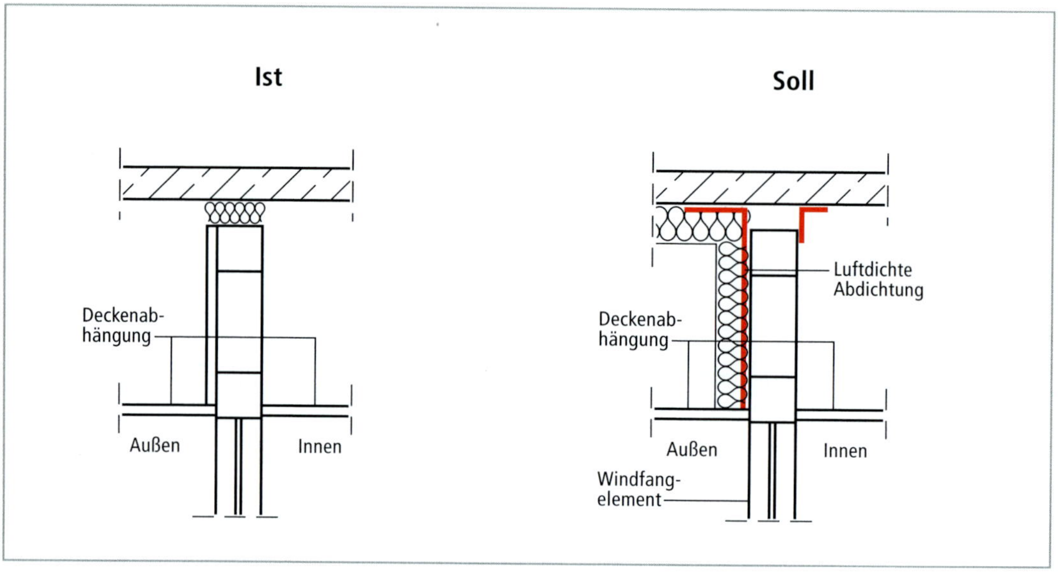

Abb. 2.112 ■ Ist-Zustand – Soll-Zustand Windfang

die Anschlüsse an die anschließenden Bauteile, so dass sowohl notwendige Dämmungen als auch Windsperren fehlten. Mangels Planvorgaben hatten die Monteure bis zu 8 cm breite offene Fugen teilweise mit Glaswolle ausgestopft.

Brandschutz

In der Baugenehmigung waren alle Brandschutzauflagen und Brandabschnitte zeichnerisch und schriftlich festgelegt worden. Doch diese Festlegungen wurden bei der Werk- und Detailplanung nicht beachtet, denn es gab weder Detailpläne noch entsprechende Hinweise in den Leistungsbeschreibungen. So entstanden überwiegend im Bürotrakt folgende Ausführungsfehler:

- Gemauerte Brandwände wurden nicht rauchdicht bis unter die Dachdecke bzw. Stahlbetonbinder geführt.
- Leichtbaubrandwände F 90 wurden nur einfach mit 9,5 mm dicken Gipskartonplatten beplankt.
- Die Leichtbauwände waren nicht rauchdicht an die anschließenden Bauteile angeschlossen.
- Alle Brandwände waren durch nicht brandsicher und rauchdicht abgeschottete Elektroleitungen perforiert.

Diese Mängel wirkten sich nicht nur auf den Brandschutz, sondern auch auf den Schallschutz negativ aus. Wie könnten diese gravierenden Mängel beseitigt werden? Durch:

- Freiräumen der Brandwände
- Abdecken und Kürzen der Bodenbeläge, entfernen der Sockelleisten
- Entfernen aller Elektrodosen in den betreffenden Leichtbaubrandwänden
- Teilöffnung und Entfernung der Wandanschlüsse der anschließenden abgehängten Decken
- Beidseitiges Aufdoppeln der nur einfach beplankten Leichtbauwände mit 1,8 cm dicken Fireboardplatten

Abb. 2.113 ■ Blick unter die Bürodecke

Abb. 2.114 ■ Leitungsdurchführungen

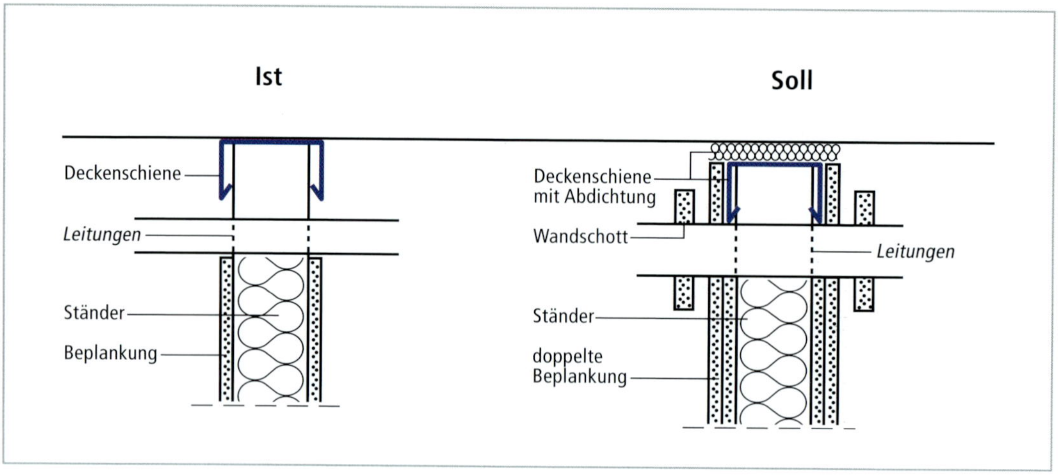

Abb. 2.115 ■ Ist-Zustand – Soll-Zustand Leitungsdurchführung

Abb. 2.116 ■ Offener Leichtwand-Deckenanschluss

- Einbau von Wanddurchdringungsabschottungen bei allen Elektroleitungen
- Schließen der oberen Mauerwerksfugen mit Quellmörtel
- Wiederherstellung der Decken
- Neubeschichtung der Wände
- Wiedereinbau der Elektrodosen
- Wiederherstellung der Bodenbelagsanschlüsse und Anbringen neuer Sockelleisten
- Reinigen der betreffenden Räume
- Wiedereinrichten der Möblierungen.

Kosten? Geschätzt ca. 30.000 €

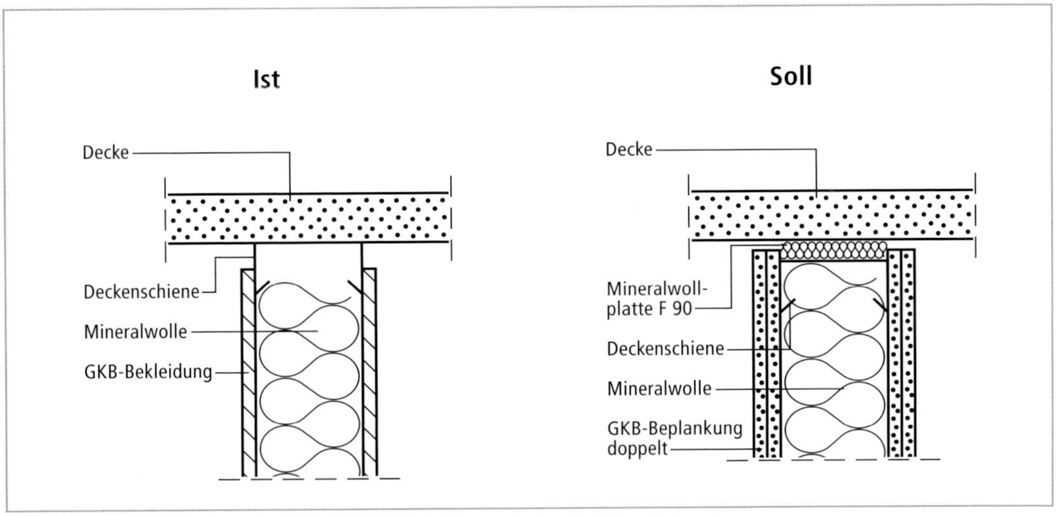

Abb. 2.117 ■ Ist-Zustand – Soll-Zustand Leichtwand-Deckenanschluss

Schallschutz

Schallschutzkonzepte wurden vom GÜ nicht entwickelt. Es wurde davon ausgegangen, dass durch die Platzierung der sensibleren Büroräume im Obergeschoss die Schallprobleme gelöst seien. Nicht beachtet wurde allerdings, dass die zentral angeordneten Besprechungsräume akustisch von den benachbarten Büros entkoppelt werden mussten, was nicht geschah. So trat ein, was nicht eintreten sollte. In den benachbarten Büroräumen und umgekehrt können in normaler Lautstärke geführte Gespräche klar und deutlich vernommen werden. Interne Bürogespräche können in der benachbarten Besuchertoilette im Erdgeschoss deutlich verstanden werden.

Auf welchen Planungspfusch ist dieses zurückzuführen? Auf die fehlende Detailplanung und Abstimmung des nördlichen Attikaanschlusses an die OG-Dachdecke. Die Nordfassade des Bürotraktes besteht im Obergeschoss aus einer vorgehängten Leichtmetallfassade mit einem durchgehenden Fensterband. Über diesem ist die Flachdachattika angeordnet. Während die Fassadenelemente der Büroräume wegen der erforderlichen Wärmedämmung 10 cm dick sind, besteht die Attika lediglich aus einer 3,5 cm dicken Aluverbundplatte mit beidseitigen hinterlüfteten Trapezblech- bzw. Alukassettenbekleidungen. Zwischen der OG Dachdecke aus Porenbetonplatten und den Aluverbundplatten befindet sich über den abgehängten Weichfaserplattendecken ein alle Räume verbindender, 15cm breiter offener Spalt. So werden alle in den Büros geführten Gespräche fast ungehindert in die benachbarten Räume und noch weiter geleitet. Wegen nicht dicht ausgemörtelter Mauerwerksfugen werden im Erdgeschoss alle Gespräche aus dem benachbarten Büro in die Besuchertoilette sowie die Toilettengeräusche in das Büro übertragen, toll!

Gespräche werden aus dem Büro in die Toilette, Toilettengeräusche in das Büro übertragen

Wie können diese Mängel behoben werden? Durch Schließen des offenen Spaltes. Welche Arbeitsschritte sind erforderlich?

- Abrücken von Büromöbeln
- Abdeckarbeiten
- Abnehmen und Lagern von Weichfaserdeckenplatten
- Ausstopfen des Spaltes mit akustisch geeigneten Mineralwollplatten
- Einbau von Dampfsperren unter der Mineralwolle
- Wiedereinbau der Weichfaserdeckenplatten
- Reinigung und Wiedereinrichtung.
- Abnehmen und Lagern von Weichfaserdeckenplatten in Toilette und Büro
- Ausstopfen der offenen Mauerwerksfugen mit Mineralwolle
- Wiedereinbau der Weichfaserdeckenplatten.

Wie lange dauern diese Maßnahmen? Bei guter Arbeitsvorbereitung und Koordinierung können diese Arbeiten an einem arbeitsfreien Wochenende erledigt werden. Kosten? Ca. 10.000 Euro.

Abb. 2.118 ■ Offener Außenwand-Deckenanschluss

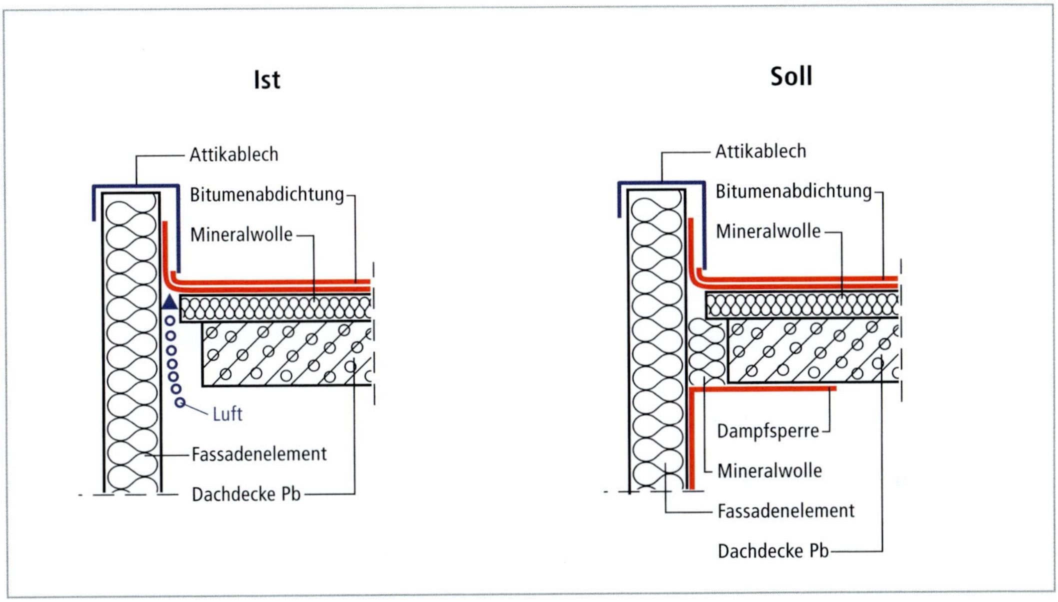

Abb. 2.119 ■ Ist-Zustand – Soll-Zustand Außenwandanschluss

Feuchteschutz

Feuchteschutz von Gebäuden bedeutet: Verhinderung von Feuchtebildungen und -schäden an und in Bauteilen sowie Einbauten und Möblierungen durch Wasserdampf. Durch Diffusion, Konvektion und Kondensation entstehen jährlich Feuchteschäden und Energiemehraufwendungen in Höhe vieler Milliarden Euro. Wie hier, wird auch

Abb. 2.120 ■ Durchsichtiger Dachanschluss

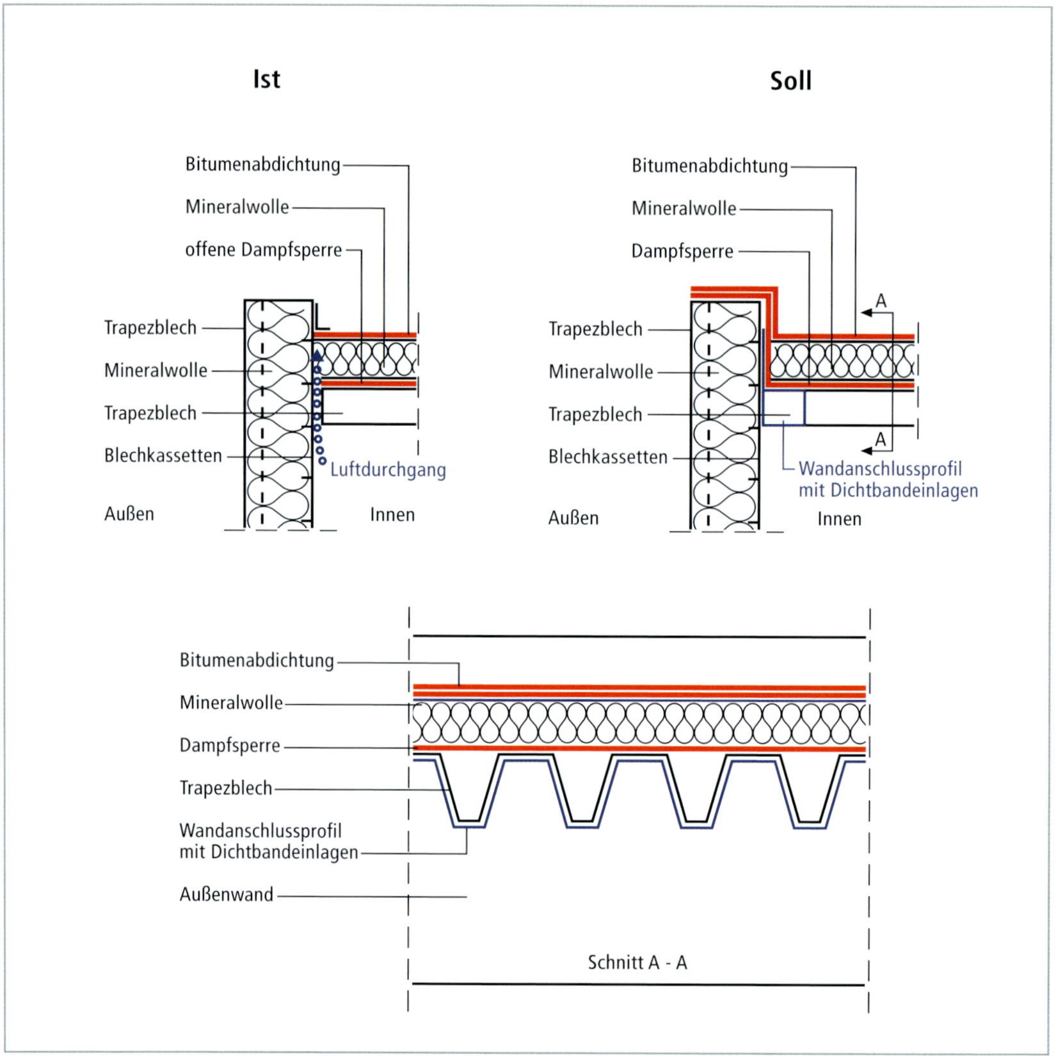

Abb. 2.121 ■ Ist-Zustand – Soll-Zustand Dachanschluss

bei den meisten gleichartigen Gebäuden der Feuchteschutz von Fassaden und Dachflächen nicht sorgfältig geplant.

Woran liegt das? Am Gesetzgeber und am System des heutigen schlüsselfertigen Bauens mit Generalüber- oder Unternehmern. Diese übertragen die notwendigen Detailplanungen auf die ausführenden Firmen, so wie auch hier. Deren Pläne, soweit überhaupt vorhanden, wurden nicht auf Vollständigkeit und Richtigkeit überprüft. Überprüfungen und Teilabnahmen von Fassaden und Dachflächen unterblieben. Welche Folgeschäden sind durch diesen Planungspfusch entstanden?

- Die Luftdichtheit der Hallen- und Bürometallfassadenanschlüsse an die Dachflächen ist nicht gewährleistet.
- Die Luftdichtheit der Dachflächen fehlt.
- Die mit Mineralwolle gedämmten Fassaden sind luftdurchlässig.
- Der wärmerelevante Feuchteschutz der Hallenböden fehlt teilweise vor den Außenwänden.
- Ungedämmte Stahlbetondecken und -wände leiten die Außentemperaturen direkt in die Büros.

Die Luftdichtheit der Dachflächen fehlt

Fassaden sind luftdurchlässig

Ungedämmte Stahlbetondecken

Welche Maßnahmen sind zur Beseitigung dieser Schäden notwendig?

Bei Dachflächen:

- siehe Wärme- und Feuchteschutz der Dachflächen

Bei Metallfassaden:

- Einrüsten der betreffenden Fassaden
- Entfernen der Außenbekleidungen und Dämmungen
- Beidseitiger Einbau von Luftdichtheitsbahnen
- Abdichten der Anschlüsse an Dachflächen und Durchdringungen
- Wiederanbringen der Außenbekleidungen
- Abrüsten der Fassaden.

Kosten? Geschätzt ca. 50.000 Euro.

Bei Stahlbetonteilen:

- Entfernen von Deckenabhängungen
- Entfernen von Außenbelägen

Abb. 2.122 ▪ Ungedämmte Deckenfertigteile

Abb. 2.123 ▪ Nachträglich gedämmte Deckenfertigteile

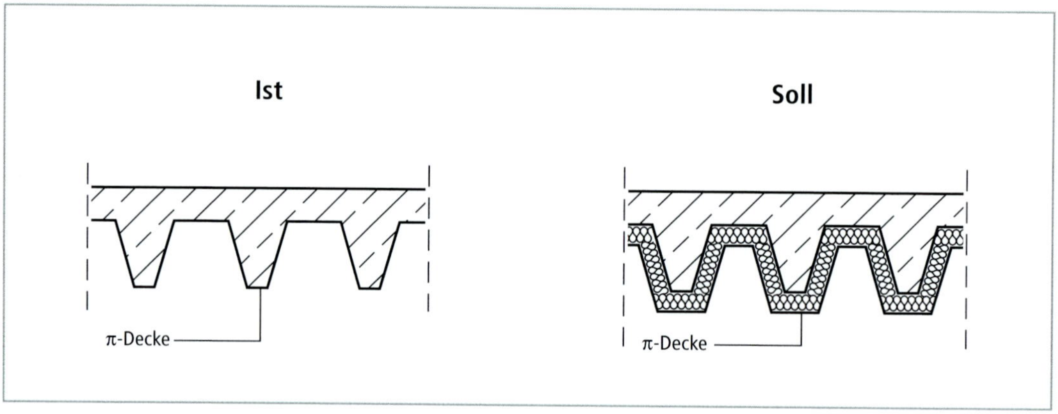

Abb. 2.124 ■ Ist-Zustand – Soll-Zustand Deckenfertigteile

Abb. 2.125 ■ Ungedämmte Untergeschosswände

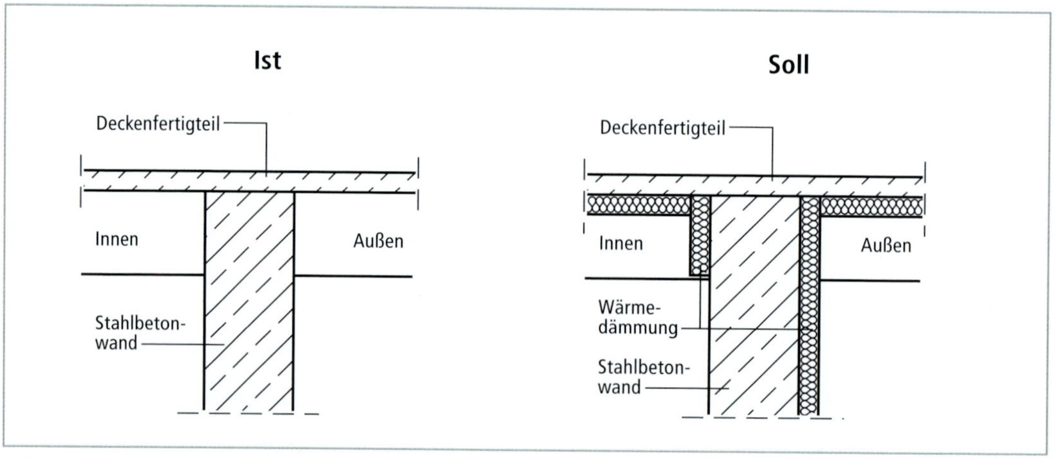

Abb. 2.126 ■ Ist-Zustand – Soll-Zustand

- Vollständiges allseitiges Anbringen von Dämmplatten
- Einbau von Luftdichtheitsanschlüssen
- Wiederherstellung der Außenbeläge
- Wiederanbringen der Deckenabhängungen.

Kosten? Geschätzt ca. 20.000 Euro.

Bei der Dachkonstruktion:

- siehe Wärme- und Feuchteschutz der Dachflächen.

Hallenböden

In die Planungen der Architekten wurden die Hallenböden nicht mit einbezogen. Sie wurden lediglich als 20 cm dicke, flügelgeglättete Betonplatten vorgesehen. Nur die mit Hochregalen belegten Hallenboden-

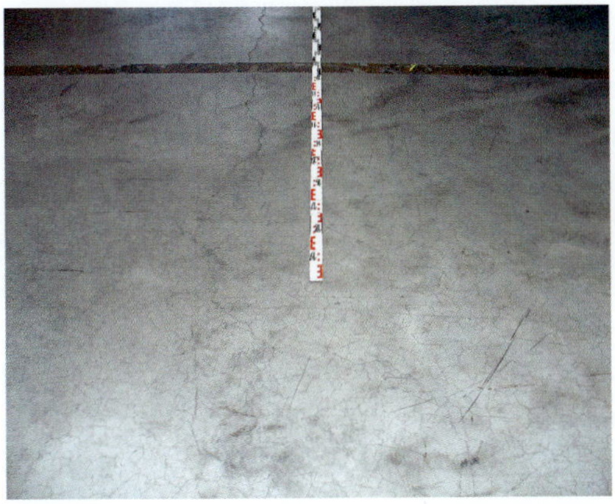

Abb. 2.127 ▪ Netzrisse

Abb. 2.128 ▪ Kantenabbruch

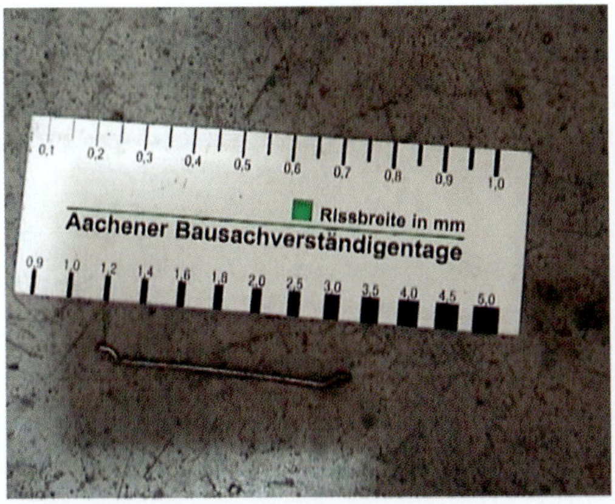

Abb. 2.129 ▪ Austretende Stahlfaser

Abb. 2.130 ▪ Kieselsteinausbruch

Abb. 2.131 ▪ Bohrkern

flächen wurden statisch und konstruktiv geplant. Die nach der Wärmeschutz- und Arbeitsstättenverordnung erforderlichen Wärmedämmungen waren weder berechnet noch in Pläne eingetragen worden. Alles Weitere überließ der GÜ dem beauftragten Subunternehmer aus Frankreich. Kurz nach Betonieren der Platten bildeten sich, besonders auf den Stahlfaserbetonplatten, fast überall netzförmige Oberflächenrisse. Auch die mit Baustahl armierten Platten rissen im Bereich von Staplerfahrgassen in allen Richtungen. Nach nun fast sechs Jahren sind die Plattenoberflächen an vielen Stellen, besonders an den eingeschnittenen Fugenkanten ausgebrochen. Stahlfasern treten aus dem Beton aus, unterschiedlich große Kieselsteine lösen sich aus der Betonoberfläche.

Gutachter sagt ohne eigene Betonuntersuchungen, der Beton sei in Ordnung

Was waren die Ursachen? An drei Stellen entnommene Bohrkerne wurden hinsichtlich Beton- und Abriebfestigkeit untersucht, die Betongüten erfüllten die für die ausgeführte Betonsorte erforderlichen Kriterien. Ein im Rechtsstreit zwischen GÜ und Subunternehmer gerichtlich bestellter Gutachter kam ohne eigene Betonuntersuchungen zu dem Ergebnis, der Beton sei in Ordnung, wie interessant. Es musste also an der Betongüte, dem Wasserzementfaktor und der Betonnachbehandlung liegen.

Da ungeplant, hatte das Architekturbüro des GÜ weder die Betongüte auf die zu erwartenden Belastungen, den Wasserzementfaktor und die Betonnachbehandlung abgestimmt. Wie aus vom Bauherrn zur Verfügung gestellten Fotodokumentationen erkennbar, fehlten

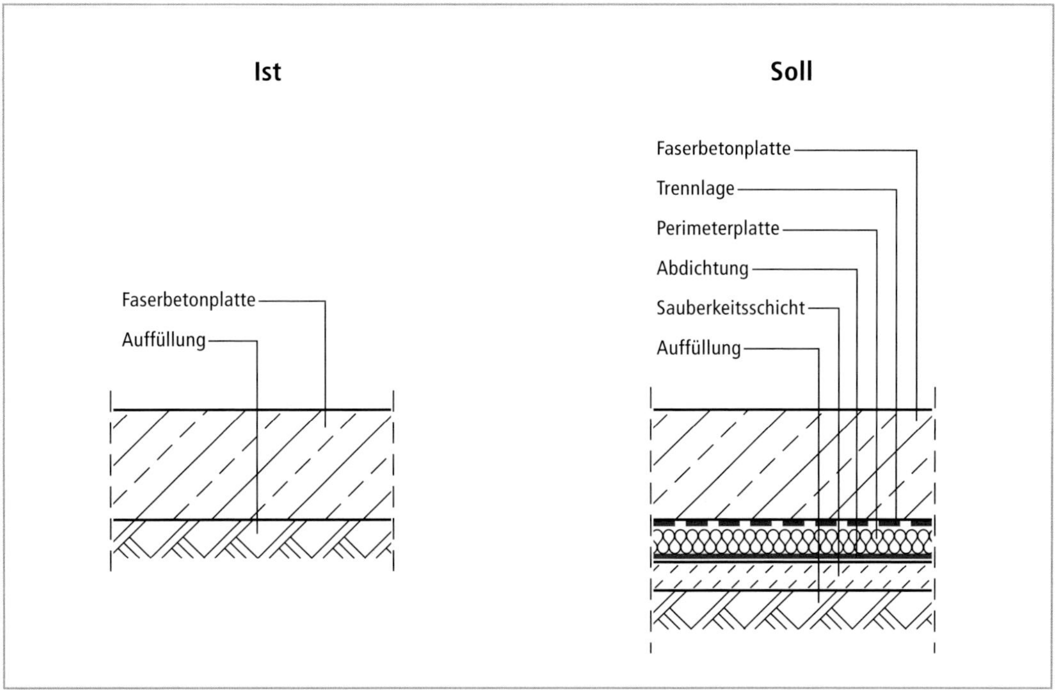

Abb. 2.132 ▪ Ist-Zustand – Soll-Zustand

nicht nur die Dämmungen unter den Bodenplatten, sondern auch erforderliche Trennfolien auf der Mineralbetonauffüllung. Die frisch betonierten Bodenplatten sollen zwar nach dem Glätten mit Verdunstungsbremsen eingesprüht worden sein, doch Beweise dafür gibt es nicht. Die Risse und nicht ausreichenden Oberflächenfestigkeiten der Bodenplatten sind nach Erachten des Autors besonders auf die fehlende Betonnachbehandlung zurückzuführen. Eindeutig steht fest, dass die Betonplatten nicht mit Folien abgedeckt waren, wegen offener Fassaden und fehlender Tore starken Luftzügen ausgesetzt waren und nicht feucht gehalten wurden. Können solche gravierenden Fehler dem Subunternehmer allein angelastet werden? Eine rein rechtlich zu beurteilende Frage, doch steht fest, dass kein erfahrener und sorgfältig planender GÜ schon aus Haftungsgründen solche Risiken eingeht. Der vom GÜ eingesetzte Bauleiter, ein geschäftsführender Mitgesellschafter, musste zumindest bei Beginn der Betonarbeiten die Arbeiten genauestens überprüfen, doch er war nicht dabei.

Risse sind auf die fehlende Betonnachbehandlung zurückzuführen

Fassaden

Wie bei den anderen Gewerken, wurden die Planungen der Metallfassaden dem beauftragten französischen Subunternehmer überlassen. Dieser fertigte zwar Werkstattzeichnungen mit einigen Details an, doch diese wurden vom GÜ weder geprüft noch mit den Konstruktionsplänen der Tragwerksplaner und Betonfertigteilhersteller abgeglichen.
Folge: siehe Feuchteschutz

Innenausbau

Alle vorbeschriebenen Planungsmängel wirkten sich auf den Innenausbau aus. Detaillierte Planungen von Fußböden, Deckenabhängungen, leichten Trennwänden, Installationen lagen nicht vor, entsprechend sind besonders die bauphysikalischen Probleme. Neben vielen anderen Mängeln sind wegen falscher Höhenplanung alle Türen zu kurz.

Technische Gebäudeausrüstung

Die Planungen der technischen Gebäudeausrüstung wurden von den beauftragten Firmen geliefert. Da nicht vorgelegt, konnte die Planung auch nicht beurteilt werden, doch die monatelangen Nacharbeiten an der Elektroinstallation beweisen, dass sowohl die Elektroplanung als auch die danach ausgeführte Installation mangelhaft waren.

Abb. 2.133 Zu kurzes Türblatt

Verkehrsflächen

Bemängelt wurde, dass die eingebauten Schichtdicken der Fahrstraßen nicht den Anforderungen der StVG [28] entsprachen. Folge: Nach kurzer Zeit bilden sich in den Fahrbelägen Spurrillen und Verwerfungen.

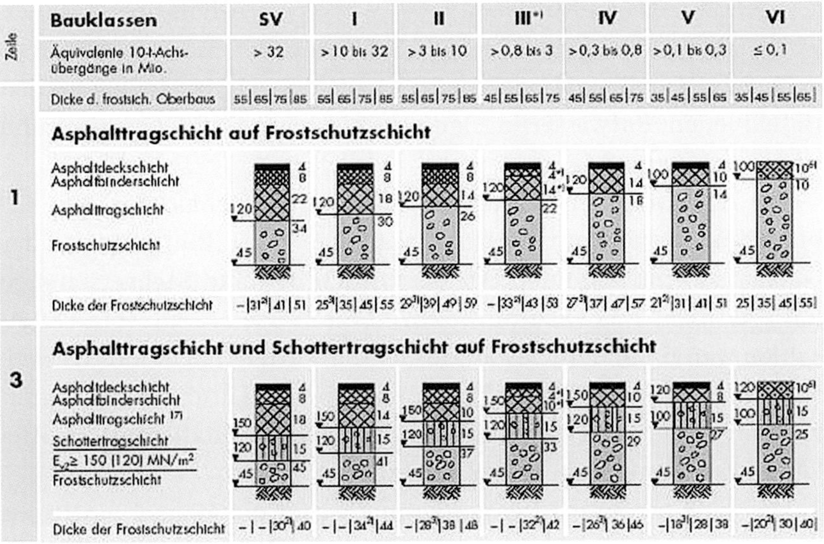

Abb. 2.134 ■ Straßenprofile nach StVG

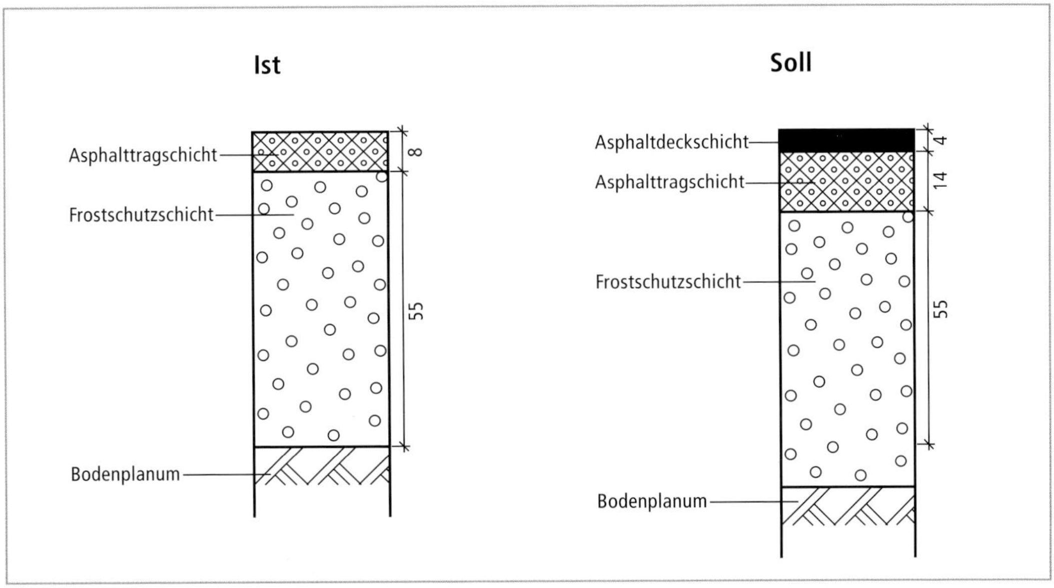

Abb. 2.135 ■ Ist-Zustand – Soll-Zustand Straßen

Wie konnte das passieren? Der GÜ hatte die Verkehrsflächen nach französischen Standards ausgeschrieben. Bedenken des deutschen Subunternehmers wurden zurückgewiesen. Daraufhin beauftragte der AG den Subunternehmer mit der Ausführung der Verkehrsflächen nach den deutschen Ausführungsbestimmungen.

Nachdem das Bauvorhaben bereits unter Vorbehalt übernommen war und die Produktion in zwei Schichten lief, waren viele erforderlichen Nachbesserungen nicht mehr möglich, besonders an den Hallenböden, Entwässerungsleitungen, Bauwerksabdichtungen und Wärmeschutzmaßnahmen.

Die AG machte zu Recht vom Zahlungsrückbehaltungsrecht Gebrauch und verweigerte weitere Zahlungen. Daraufhin verklagte der GÜ den AG auf Zahlung. Der gerichtlich bestellte Sachverständige forderte nicht nur viele fünfstellige Vorschüsse an, die vom GÜ zu zahlen waren, sondern bestätigte alle vom Parteigutachter festgestellten Mängel. Besonders aufschlussreich waren die Luftdichtheits-Untersuchungen der Hallen und Freilegungen der Dachabdichtungen. Alle Beteiligten standen im Theaternebel.

Planungen und Ausführungen nach deutschen Regeln der Technik zu teuer

Wie ging es weiter? Der GÜ konnte weder die Mängel beseitigen noch weitere fünfstellige Sachverständigenvorschüsse bezahlen. Er räumte ein, das Objekt nach den französischen Normen geplant, und als Sicherheit für die deutschen Baubestimmungen etwas aufgesattelt zu haben. Planungen und Ausführungen nach den vereinbarten deutschen Regeln der Technik waren ihm zu teuer. Im Glauben, dass niemand die Leistungen kontrolliere, hatte er geplant und bauen lassen. Durch den besonders aufmerksamen und zu Recht misstrauischen Werksleiter wurden die vermuteten, und noch sehr viele zusätzliche Mängel vom beauftragten Gutachter festgestellt und bestätigt. Der GÜ musste Insolvenz anmelden.

Fazit: Wenn auch bedauerlich, Strafe muss sein. Bei Baumaßnahmen, besonders im Industriebau, werden heute fast ausschließlich Generalunter- oder Übernehmer beauftragt. Eigene Vorstellungen werden von Baulaien formuliert, eigene Planer werden aus vermeintlichen Einsparungsgründen nicht eingeschaltet, vorgelegte Planungen werden von Baulaien geprüft und freigegeben. Wer überwacht für den Auftraggeber die Bauleistungen? In diesem Fall wurde ein Bauingenieur befristet eingestellt, doch der konnte wegen der

Verweigerungshaltung des GÜ nur sehr wenig bewirken. Erst der kurz vor der verlangten Abnahme beauftragte Sachverständige stellte den Planungspfusch und dessen Folgen fest.

2.7 Büro- und Wohngebäude in Dresden

Neubauten ohne Zufahrt

Dass Gebäude nur angeflogen, nicht jedoch angefahren werden können, kommt relativ selten vor, wie bei diesem Haus in Dresden.

Im Geldrausch des Aufbaus Ost glaubten alle Investoren den Aussagen und Versprechungen von Politikern und Anlageberatern, dass sich jede beim Aufbau Ost investierte Mark um ein Mehrfaches vermehren würde. Steuergeschenke und langjährige Garantien von weit über in Westdeutschland liegenden Mieten verführten viele Besserverdienende zu Investitionen im goldenen Osten. Immobilienvertretern und Anlageberatern wurden die angebotenen Objekte ungeprüft aus den Händen gerissen, Hauptsache dabei sein und Steuern sparen. Bei diesem Objekt überredete 1992 ein Direktor einer kleinen Bank aus dem Raum Stuttgart ein Zahnarztehepaar zum Ankauf eines Grundstücks in bester Lage Dresdens mit unverbaubarem Blick auf die Elbe und die Altstadt. Der von ihm mit vertretene Bauträger wurde gleichzeitig beauftragt, zwei Büro- und Wohngebäude schlüsselfertig zu bauen. Das Baugrundstück liegt zwischen einem Schlösschen und dem ehemaligen Stasiareal. Das ursprüngliche Gesamtgrund-

Versprechungen von Politikern und Anlageberatern
Garantien von weit über in Westdeutschland liegenden Mieten

Investitionen im goldenen Osten

Abb. 2.136 ▪ Gebäude aus dem Weltraum [Google Earth]

stück wurde kurz nach der Wiedervereinigung Deutschlands von der Stadt in drei Teilgrundstücke aufgeteilt und verkauft. Den vorderen, mit dem Schlösschen bebauten Teil erwarb eine Bank. Das mittlere Grundstück mit einem alten Kavaliershäuschen und Schuppen hatte ein Handwerker aus der Region erworben, den nicht überbauten Teil die Zahnärzte. Das Gesamtgrundstück war früher von der angrenzenden Hauptstraße über einen über die beiden ersten Grundstücke führenden Stichweg zugänglich und anfahrbar. Im Zuge der Grundstücksneuordnung wurde jedoch vergessen, Geh- und Fahrrechte für die neuen Bauplätze dinglich abzusichern.

Geh- und Fahrwegrechte wurden vergessen

Die Bank wollte das Schlösschen als Schulungszentrum nutzen und stimmte einer Zufahrtsregelung zu den abgeteilten Teilgrundstücken nicht zu. Die Stadt hatte die Grundstücke als voll erschlossen verkauft und stand nun vor einem großen Problem, denn sie musste für die Zufahrt zu beiden von der Hauptstraße abgeschnittenen Grundstücken sorgen. Es gab zwar die Möglichkeit, die neuen Grundstücke über die Elbwiesen zu erschließen, doch diese Lösung wurde aus Natur- und Landschaftsschutz-rechtlichen Gründen von Stadt und Land abgelehnt.

Und wie sollte die Zufahrt erreicht werden? Über eine Zufahrtsrampe! Die Gebäude liegen ca. 10 m unterhalb einer stark befahrenen Straße. Der Abstand beträgt ca. 15 m. Unter Ausnutzung des maximal zulässigen Gefälles von 20% sollte eine ca. 28 m lange geschwungene

Abb. 2.137 Nachbargebäude

Rampe gebaut werden. An der nördlichen Grundstücksgrenze war eine bis zu sechs Meter hohe Stützmauer vorgesehen. Nach Südwesten sollte die Rampe durch eine 50% steile, bis zu 6 m hohe Böschung gesichert werden Die Zufahrt zum noch tiefer liegenden Kavaliershaus sollte über eine Stichrampe mit 20% Gefälle erfolgen.

Das Bauvorhaben, bestehend aus zwei Büro- und Wohngebäuden wurde von einem Architekturbüro aus Dresden geplant. In die über 6 m hohe, steile Straßenböschung sollte eine Reihengarage mit 7 Doppelparkern eingefügt werden, darüber waren 7 weitere, von der Hauptstraße direkt anfahrbare Stellplätze vorgesehen. Da den Bauträger die Zufahrtsproblematik nicht betraf, vereinbarte er mit den Eigentümern der vorderen Grundstücke ein Zufahrtsrecht für die Bauzeit. Das Bauvorhaben wurde in dieser Zeit über die alte Zufahrt angefahren. Der Bauträger musste 1996 Konkurs anmelden, da nahezu gleichzeitig die meisten seiner Auftraggeber wegen erheblicher Mängel an fast allen Bauvorhaben in Ost- und Westdeutschland ihre Zahlungen zu Recht einstellten. Und somit verfiel die Durchfahrtsgenehmigung, obwohl das Bauvorhaben noch nicht fertiggestellt war. Beide vorderen Grundstückseigentümer sperrten ihre Grundstücke

Zufahrtsrecht für die Bauzeit

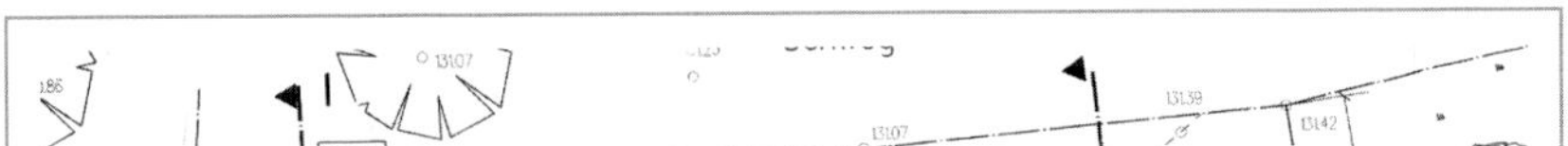

Plan 2.12 ■ geplante Zufahrtsrampe

durch Zäune ab. Plötzlich durften weder die Grundstücksbesitzer noch die Ausbauhandwerker die alte Zufahrt benutzen. Alle Baustoffe und Maschinen mussten mittels Kran von der Hauptstraße nach unten zur Baustelle transportiert werden. Das Bauvorhaben lag einige Jahre still. Verhandlungen über den Bau der Zufahrtsrampe scheiterten, da der mittlere Grundstückseigentümer seine Zustimmung verweigerte. Er traf für sich eine Zufahrtsvereinbarung mit der Bank.

Anfahrbarkeit des Grundstücks über einen Autofahrstuhl

Nun wurde überlegt, die Anfahrbarkeit des Grundstücks über einen Autofahrstuhl zu erreichen, doch diese Idee wurde aufgegeben. Und wie ging es weiter? Die Gebäude und Reihengaragen wurden fertiggestellt und teilweise vermietet. Die vorgesehenen und fertiggestellten Büroräume konnten nicht genutzt und somit auch nicht vermietet werden, nur 25% der gesamten Mietflächen wurden bezogen. Von der Hauptstraße führte eine provisorische Treppe neben der Garage zum Gebäude, über die das Objekt zu Fuß erreichbar war. Alle Gegenstände mussten über diese Treppe zum Haus transportiert werden. In Notfällen war das Grundstück von den Elbwiesen aus mit Rettungsfahrzeugen erreichbar, andere Fahrzeuge hatten keine Zufahrtsgenehmigung, auch nicht bei Zu- oder Auszügen von Mietern. Doch erst seit kurzer Zeit (2006) hat sich die Zufahrtsituation leicht entschärft. Das mittlere Gebäude steht leer, vom Schlösschen gibt es nun eine unbefestigte Zufahrtsmöglichkeit für die berechtigten Bewohner des Objektes. Der derzeitige Stand von Verhandlungen oder Lösungen ist mir nicht bekannt. Wegen der fehlenden Dauerzufahrtsmöglichkeit kann das Objekt nur sehr eingeschränkt zu untersten Mieten vermietet werden. Unter rein wirtschaftlichen Aspekten muss das Objekt als Totalverlust bewertet werden. Derzeitige Schadenshöhe ca. 5.000.000 Euro.

Objekt als Totalverlust bewertet

Wer ist für diesen derzeitigen Totalschaden verantwortlich? Meines Erachtens muss die Verkäuferin der voll erschlossenen Grundstücke, die auch die Baugenehmigung erteilte, die dauerhaft uneingeschränkte Zugangs- und Zufahrtsmöglichkeit sicherstellen. Ohne diese Möglichkeiten ist das Baugrundstück für eine Bebauung ungeeignet und somit als Solches wertlos. Ob die noch laufenden Prozesse abgeschlossen sind, ist mir nicht bekannt. Der Bankdirektor wurde wegen Betrugs und Untreue zu einer langen Freiheitsstrafe verurteilt.

Abb. 2.138 ■ Garagen und provisorischer Zugang von der Bautzener Straße

Abb. 2.139 ■ Eingeschränkte Zufahrt

Abb. 2.140 ■ Gebäudesituation 2007

2.8 Kostengünstiges Bauen für junge Familien

Schlecht geplant und überwacht – über den Tisch gezogen

Kommunalpolitiker haben es wahrlich schwer, besonders wenn die Verwaltung mit Hilfe der städtischen Baugesellschaft einen neuen Stadtteil plant, wie hier. Nachdem das Bauland nahezu verbraucht war, beschloss eine Stadt bei Stuttgart die Ausweisung eines neuen Baugebietes für mehrere tausend neue Einwohner. Das Gebiet sollte innerhalb von 25 Jahren überbaut werden. Der ursprüngliche Bebauungsplan sah 3- bis 4-geschossige Mehrfamilienhäuser mit Eigentums- und Mietwohnungen, gereihte Wohngebäude mit Eigentumswohnungen sowie einen 5-geschossigen Gebäuderiegel mit Sozialwohnungen als Abschirmung zu Landesstraße und Bahnlinie vor. Die Bauplätze wurden an verschiedene Bauträger verkauft. Die freien Bauträger planten entsprechend den Festlegungen des Bebauungsplanes funktional und optisch sehr ansprechende Gebäude, die schnellstens gebaut und auch verkauft wurden. Nur zwei große Bauträger aus öffentlichem Besitz bekamen Schwierigkeiten beim Verkauf ihrer Objekte.

kostengünstige Einzel- und Reihenhäuser in verdichteter Bauweise

Mit der Begründung, Eigentumswohnungen lägen nicht im Trend und seien unverkäuflich, wurde auf Drängen der städtischen Tochter der Bebauungsplan geändert, um kostengünstige Einzel- und Reihenhäuser in verdichteter Bauweise für junge Familien anbieten zu können. Verwaltung und Gemeinderat stimmten diesem Vorschlag zu und senkten für diese Häuser den Grundstückspreis – das Rohbauland war noch im Besitz von wenigen Bauern – erheblich ab.

keine Abstellmöglichkeiten

Holzhütten im Garten als Ersatz

Das umgeplante Baugelände wurde durch die städtische Tochter und den größten Bauträger des Landes mit mehreren überlangen Zeilen zweigeschossiger Häusern in Billigbauweise überbaut. Diese Häuser sind weder unterkellert noch gibt es Abstellmöglichkeiten für Fahrräder und Kinderwagen, Mülltonnen oder Gartengeräte. Als Ersatz für diese Fehlplanung mussten die Erwerber nachträglich im Garten Holzhütten aufstellen. Wegen fehlender Zugänge müssen alle dort gelagerten Gegenstände durch das Haus, Wohnzimmer, Essbereich, Flur und Windfang auf die Straße getragen werden. Als Alibibauten wurden für Besserverdienende Einzel- und Doppelhäuser, teilweise nicht anfahrbar, in verdichteter Bauweise am Rand des Baugebietes errichtet. Auf diese Fehlplanung angesprochene Stadträte wollten sich mit der Begründung: ›*wir sind Baulaien und konnten die Auswirkungen der Stadt- und Gebäudeplanungen nicht erkennen*‹, aus ihrer politischen Verantwortung herausstehlen. Sehr peinlich für diese Herren, von Beruf Architekt, Bauingenieur, Elektromeister. Leider waren damals diese angesprochenen Stadträte wirtschaftlich mit abhängig von Kommune und deren Baugesellschaft. Nachdem das Baugebiet durch diese städtebaulichen Fehlplanungen in Verruf kam, beschloss der Gemeinderat für den nächsten Bauabschnitt eine aufgelockerte Bebauung

Wegen vieler Beanstandungen wandten sich viele Käufer von kostengünstigen Häusern an ihre Bauträger und verlangten Abhilfe. Doch, wie in solchen Fällen meist üblich, wurden sie vertröstet und

Abb. 2.141 ■ Baugebiet aus dem Weltraum (1999 Google Earth)

Abb. 2.142 ■ Blick in die Zeilenbebauung mit Holzhütten

an den Bauleiter verwiesen. Doch der wiegelte sofort ab und ließ die Käufer regelrecht auflaufen. Darauf hin beauftragten mehrere Käufer einen Bausachverständigen mit einer Baubegleitenden Qualitätsüberwachung. Anfänglich wurde dessen Einsatz vom Bauträger positiv begrüßt, man vereinbarte sogar gemeinsame Begehungstermine und eine gegenseitige Information.

Bauleiter ließ die Käufer regelrecht auflaufen

Als der Sachverständige über seine Auftraggeber alle Planunterlagen, Berechnungen, Leistungsbeschreibungen, Wärme- und Schallschutznachweise und Teilabnahmeprotokolle zur Überprüfung anforderte, veränderte sich das Klima sofort. Der beauftragte Objektüberwacher aus einem örtlichen Architekturbüro verweigerte die Herausgabe seiner Protokolle und aktuellen Pläne. Der Bauträger verweigerte die Herausgabe von bauphysikalisch relevanten Schnitt- und Detailplänen der Bodenplatten und Dächer. Aus angeblichen Datenschutzgründen wurden auch die Leistungsverzeichnisse nicht herausgegeben. Die vom Sachverständigen an den Bauträger vereinbarungsgemäß weitergeleiteten Informationen über festgestellte Mängel wurden als störend und den Bauablauf behindernd betrachtet. Der örtliche Bauleiter weigerte sich, vom Sachverständigen festgestellte, gravierende Mängel an Estrichen, Wärmeschutz, Feuchteschutz uvm. mit diesem zu besichtigen, um eine sofortige Mängelbeseitigung veranlassen zu können. Kurzum, der Qualitätskontrolleur war ein Störenfried, denn er hatte in ein Wespennest gestochen.

Bauträger verweigerte die Herausgabe von Schnitt- und Detailplänen

Dementsprechend verhielten sich plötzlich Bauträger und Bauleitung. Auskünfte wurden verweigert, ein Käufer wurde so sehr wegen geschäftlicher Verbindungen seines Arbeitgebers mit seinem Bauträger unter Druck gesetzt, dass er den Gutachterauftrag kündigte. Handwerker wurden dazu gebracht zu behaupten, der Gutachter hätte deren Bauleistungen beschädigt. Daraufhin meldeten die Bauträger Schadenersatzansprüche an und wollten dem Gutachter Hausverbote erteilen. Doch das ging nicht, denn die Grundstücke waren im Besitz der Käufer, und diese besaßen das alleinige Hausrecht. Der Gutachter musste sich gerichtlich gegen die unwahren Behauptungen wehren und gewann, zu Lasten der Handwerker. Bei der Übergabe der Gebäude, die Überprüfung jedes Hauses durch den Gutachter dauerte mehrere Stunden, wurden Abnahmen und Übernahmen mehrfach verweigert. Hauptgrund: Die wegen Planungsfehlern und

Hausverbot für den Gutachter

nicht ausreichender Objektüberwachung sich im Bauwerk verwirklichten Folgeschäden.

Woher wusste der Gutachter von nicht sichtbaren Mängeln? Durch viele befragte, ihm gut bekannte Firmen und deren alte Mitarbeiter, mit denen der Gutachter über 30 Jahre immer wieder Baustellenkontakte hatte. Er bekam von diesen Einsicht in Planunterlagen, erhielt die erbetenen Auskünfte und wurde von manchen mit den Worten: *»Es wurde höchste Zeit, dass Sie hier eingreifen. Die Qualität der Häuser ist so schlecht, dass wir keines als Geschenk annehmen würden«*, begrüßt. Welche Planungen waren mangelhaft oder sogar falsch?

Tragwerksplanung

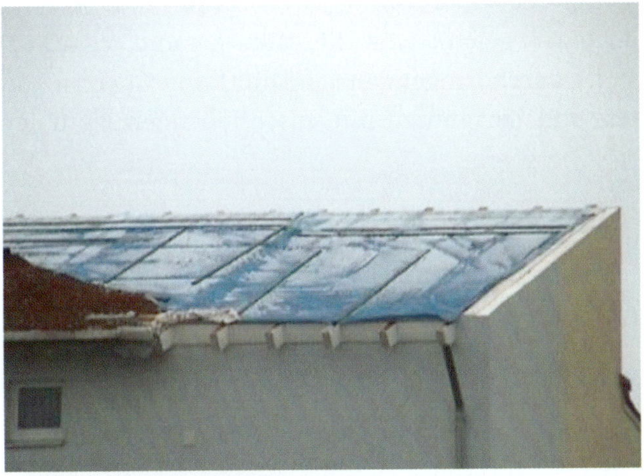

Abb. 2.143 ▪ Durch Sturm beschädigte Dachflächen

Abb. 2.144 ▪ Abgerollte Dachabdichtung mit Überstandsschalungen

Die Tragwerksplanung der Dächer war lediglich für die Sparren, jedoch nicht für die Dachschalungen und vor allem die weit überstehenden Dachüberstände statisch berechnet worden. Es fehlten die Nachweise für die Lastfälle *Windsog, Befestigung der Beplankungen und Schalungen*. Konstruktionspläne wurden dem Gutachter verweigert. Der Orkan Lothar am 26.12 2000 offenbarte diese Planungsmängel durch Verwüstung einiger Dächer.

Orkan Lothar offenbarte Planungsmängel

Wärmeschutzberechnungen

Alle Reihenhäuser waren nach notariell beurkundeter Baubeschreibung als Niedrigenergiehäuser ausgelegt worden. Danach sollte der tatsächliche Wärmeschutz die Anforderungen der damals gültigen Wärmeschutzverordnung (WschO) um mindestens 25% übertreffen, doch weit gefehlt. Laut DIN 4108-7 § 4 und WschO § 5 sind alle Dämmstoffe durchdringenden Teile mit Dampfsperren oder -bremsen, Fenster- und Türrahmen mit anschließenden Bauteilen luftdicht anzu-

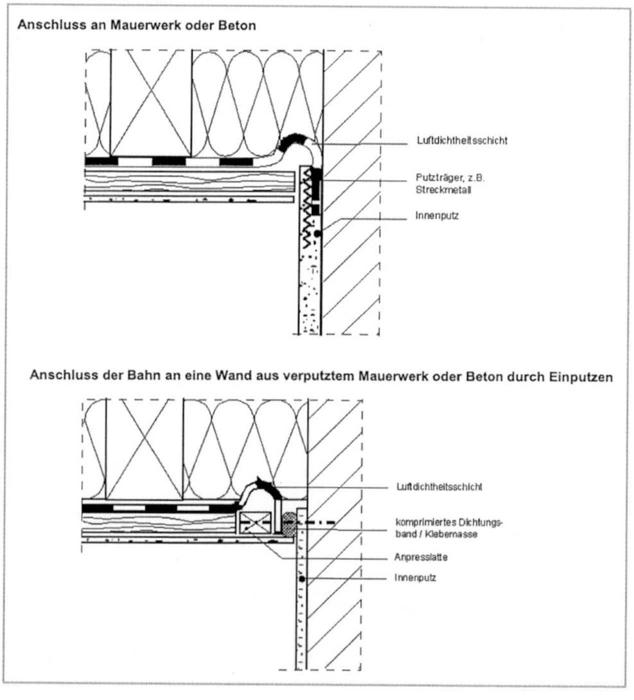

Abb. 2.145 ■ Auszug aus DIN 4108-7

Abb. 2.146 ■ Fensteranschluss

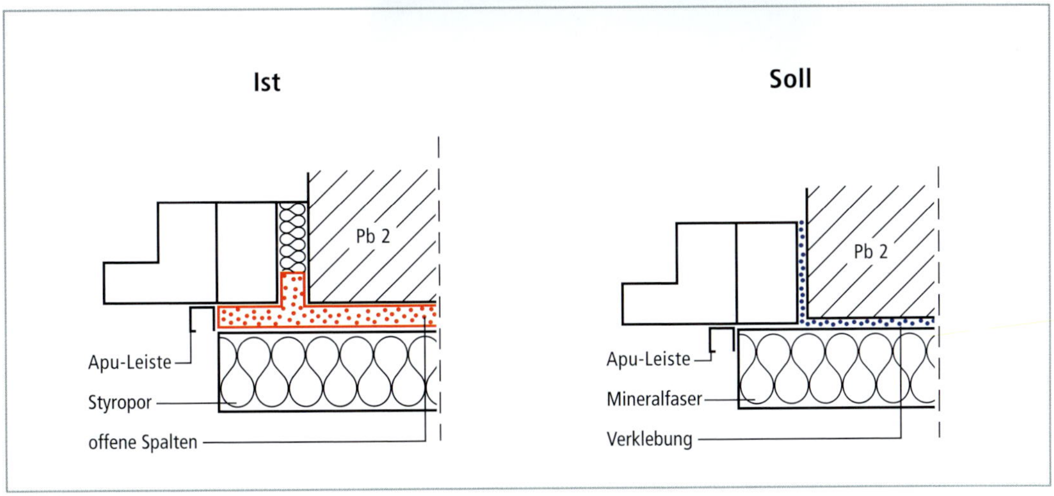

Abb. 2.147 ■ Ist-Zustand – Soll-Zustand Fensteranschluss

schließen. Diese Details sind in den Ausführungs- und Detailplänen darzustellen oder zu benennen. Doch diese Details und Hinweise fehlten in den Plänen.

Alle überprüften Anschlüsse waren nicht abgedichtet. Sicherlich sind die öffentlich-rechtlichen Baubestimmungen eingehalten, wenn die Wärmeschutznachweise entsprechend der Wärmeschutzverordwärmeleitende Befestigungen

nung aufgestellt wurden. Ob dieses jedoch den zivilrechtlichen Anforderungen entspricht, ist fraglich. Wärmeverluste durch Durchdringungen oder wärmeleitende Befestigungen werden nach der

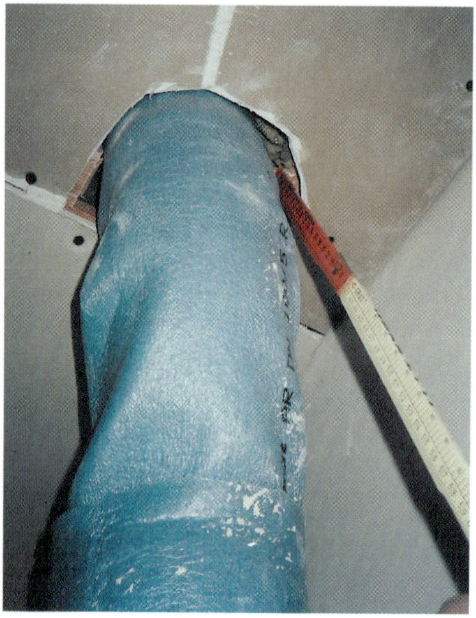

Abb. 2.148 ■ Dachdurchdringung

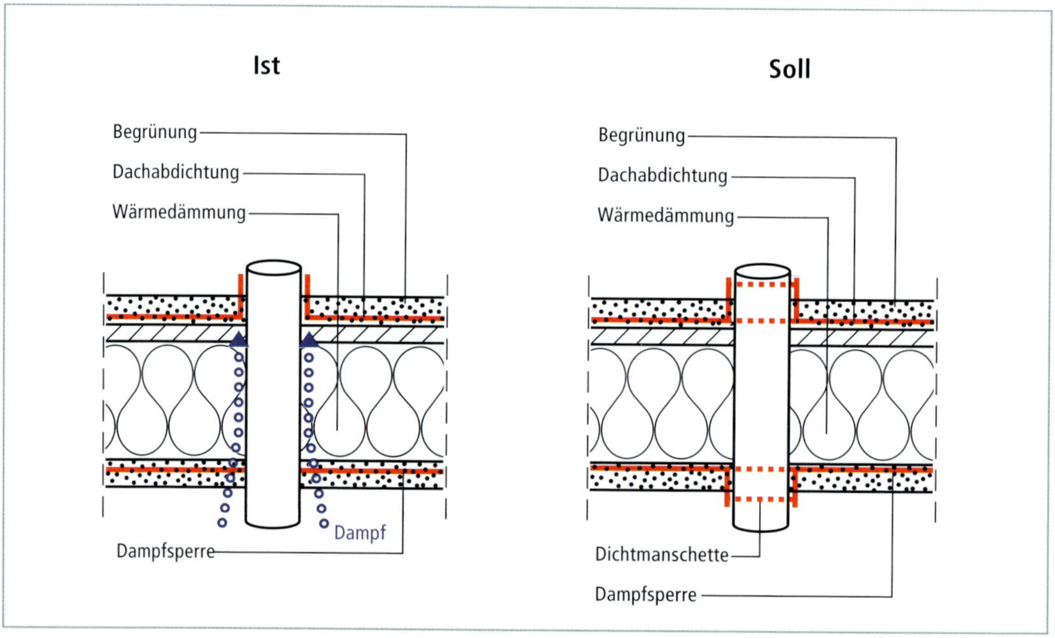

Abb. 2.149 ■ Ist-Zustand – Soll-Zustand Durchdringung

Abb. 2.150 ■ Vordachbefestigung

WschO mit einem Zuschlag von 10% pauschal erfasst. Das damit die bautechnisch negativen Folgen von punktuell an Fassaden befestigten Wärmebrücken nicht abgetan sein können, muss eigentlich jedem Planer einleuchten. Schon deshalb ist in solchen Fällen die Wärmeschutzplanung mangelhaft.

Feuchteschutzkonzepte

Der Feuchteschutz von Gebäuden wird entweder von Architekten, oder wie bei diesen Gebäuden, von Bauphysikern geplant, oder wahr-

Abb. 2.151 ■ Wärmedämmverbundsystem mit Hinterlüftung

Abb. 2.152 ■ Dampfsperrenanschluss

heitsgemäß, nicht geplant. Überwacht wurde die Bauausführung von einem örtlichen Architekten, dessen Bauüberwachung sich erheblich von einer üblichen Bauüberwachung unterschied, nämlich – er schaute immer weg oder war einfach blind. Auf Mängel angesprochen, verweigerte er gegenüber dem Sachverständigen die Besichtigung von gravierenden Mängeln, da, kein Wunder, fast alle Ausführungen aus Pfusch am Bau bestanden.

Architekt schaute immer weg oder war einfach blind

Brandschutz

Bei Gebäuden niedriger Höhe < 8 m, werden in Baden-Württemberg keine besonderen Anforderungen an den Brandschutz gestellt. Somit bestanden auch keine besonderen Anforderungen für diese Bauten. Doch wie verhält es sich bei Wärmedämmverbundsystemen mit leicht entzündbaren Dämmplatten? Im Brandfall werden diese 12–16 cm dicken Dämmplatten aus Polystyrol sehr große, hochgiftige Gasmengen erzeugen, welche dann durch geöffnete Fenster in Nachbargebäude dringen und dort hoffentlich nicht zu Vergiftungen mit Todesfolge führen. Zur Vermeidung von Fassadendämmplattenentzündung bei aus Fenstern und Türen austretendem Feuer war für das verwendete Wärmedämmverbundsystem in der Bauaufsichtlichen Zulassung vorgeschrieben, die an Fassadenöffnungen anschließenden Dämmungen aus feuerbeständigen Mineralfaserplatten herzustellen. Doch diese Herstellervorschrift wurde weder bei der Ausschreibung berücksichtigt, noch bei der Überwachung gerügt.

Dämmungen an Fassadenöffnungen aus feuerbeständigen Mineralfaserplatten

Abb. 2.153 ■ WDVS Fensteranschluss

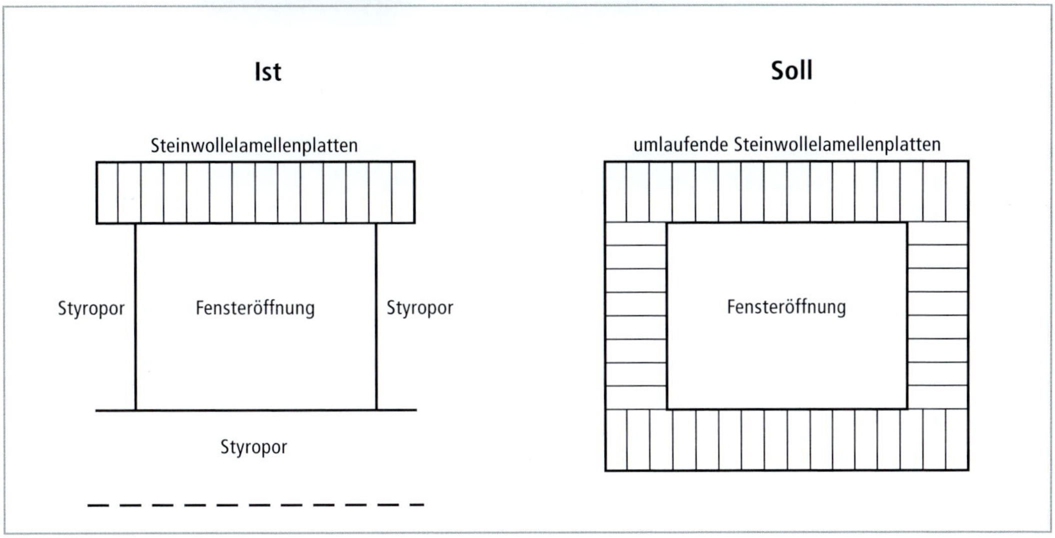

Abb. 2.154 ■ Ist-Zustand – Soll-Zustand Fensteranschluss

Planung der Bauwerksabdichtungen

Die Planung der Bauwerksabdichtungen ist eine Mussleistung des Architekten. Bei diesen Bauten gab es keine diesbezüglichen Planungen. Planung und Ausführung wurde den Handwerkern überlassen. Dementsprechend sahen die Ausführungen auch aus. Erst, nachdem nach einer verweigerten Bauabnahme der vom Bauträger bestellte Gutachter die Notwendigkeit der Bauwerksabdichtungen hinter und unter den Wannen und Durchdringungen sowie Böden bestätigte, lenkte der Bauträger ein und bot eine Minderung von 250 Euro an, vergeblich.

Planung der Bauwerksabdichtungen ist eine Mussleistung

Abb. 2.155 ■ Abdichtung auf organischer Dämmplatte im Erdreich

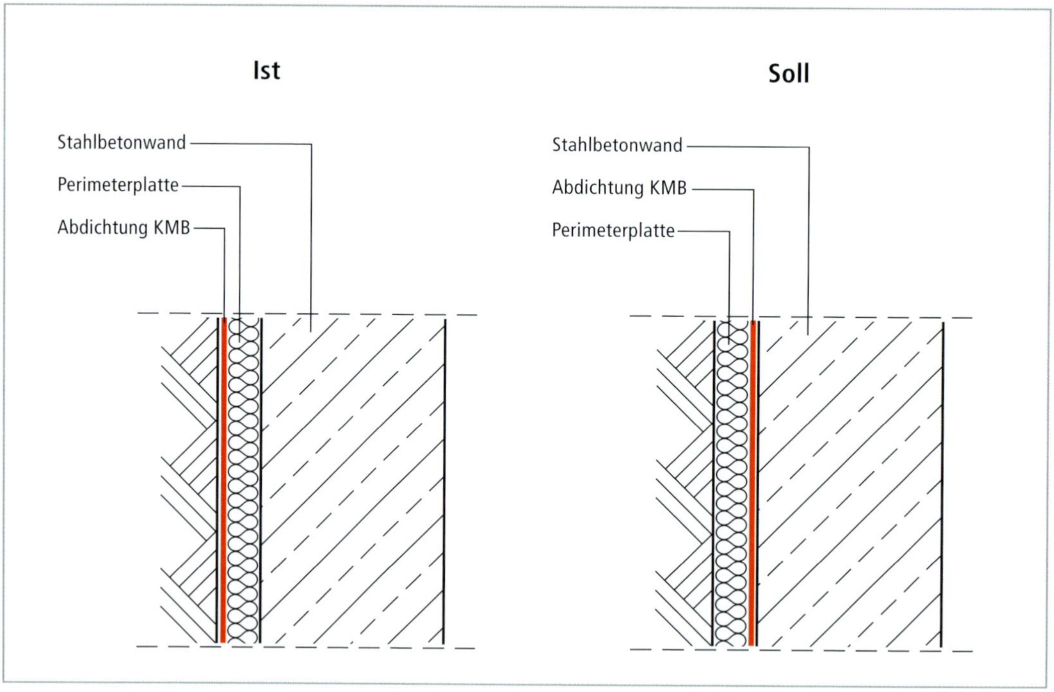

Abb. 2.156 ■ Ist-Zustand – Soll-Zustand Abdichtung

Abb. 2.157 ■ Fehlende Abdichtung unter einer Badewanne

Abb. 2.158 ■ Fehlende Armaturabdichtung

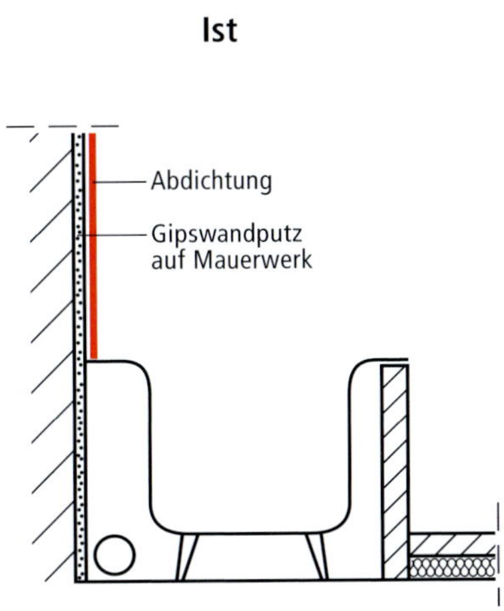

Abb. 2.159 ■ Ist-Zustand – Soll-Zustand

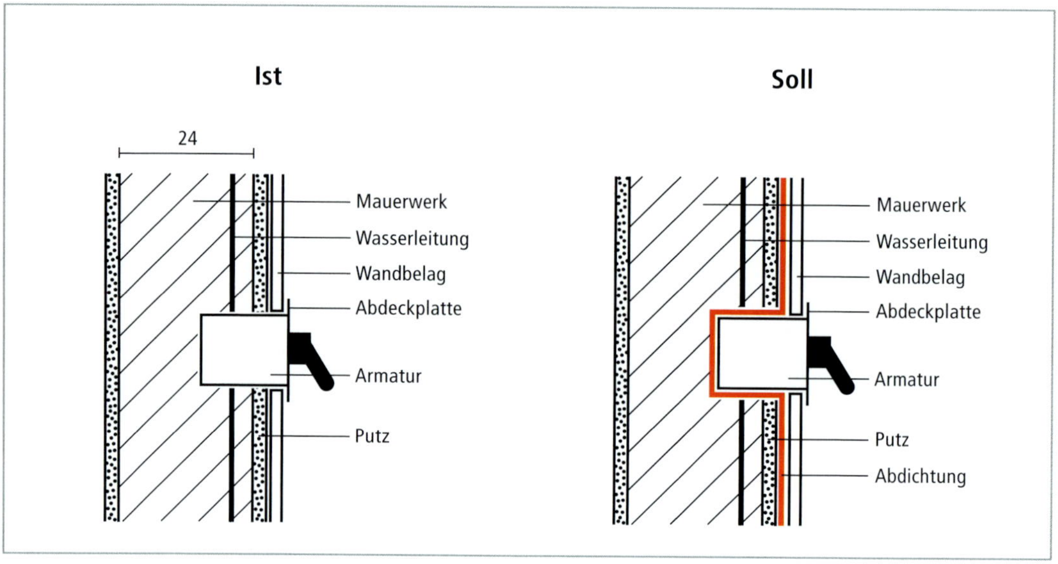

Abb. 2.160 ■ Ist-Zustand – Soll-Zustand

Entwässerungsplanung

Mit der Planung der Gebäudeentwässerung wurde ein Fachingenieurbüro beauftragt. Scheinbar besaß dieses Büro das Recht, von den baurechtlichen und durch die städtische Entwässerungssatzung verbindlichen Ausführungsbestimmungen abzuweichen. Unter den Reihenhäusern wurde ein jeweils durchlaufender Entwässerungsstrang ohne Revisions- oder Absperrmöglichkeiten geplant. Höhenabstürze von bis zu 1,50 m ohne Absturzschacht fördern nicht nur Verstopfungen, sondern machen jede Kamerabefahrung und Beseitigung von Verstopfungen unmöglich.

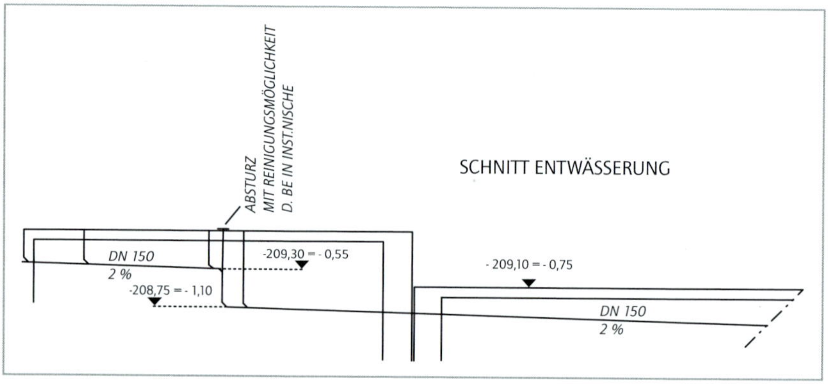

Plan 2.13 ■ Entwässerungsschema

Da ja kostengünstig, wurden für alle Wasserver- und Entsorgungsleitungen keine Installationstrassen in Wänden, sondern auf den Rohdecken geplant. Das hatte zur Folge, dass durch diese Leitungen die Trittschalldämmungen und Estrichschalen erheblich geschwächt wurden. Im Erdgeschoss wurden diese Leitungen im Feuchtebereich unter den tatsächlich als Bauwerksabdichtung wirkenden Estrichfolien geplant.

Abb. 2.161 ▪ Hausanschlussschacht mit Kanalabsturz

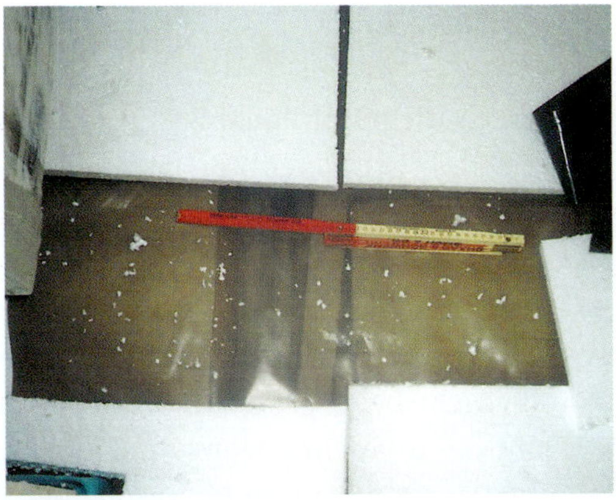

Abb. 2.162 ▪ Wasserleitungen im Erdgeschossflur

Abb. 2.163 ▪ Installationsleitungsbündel im Bad

Abb. 2.164 ■ Heizungsleitung im Erdgeschoss

Heizungsplanung

Die Planung der Heizungsanlagen erfolgte für die Wärmeversorgung des Baugebietes durch die Stadtwerke, für die Gebäude durch die ausführende Firma. Wie schon bei den Sanitärleitungen, wurden die Heizkörperzuleitungen ebenfalls auf den Rohdecken, im Erdgeschoss auf der Bodenplatte ohne ausreichende Wärmedämmung und Feuchteschutz unter der Abdichtung verlegt.

Treppenanlagen

Wie bei Reihenhäusern üblich, wurden die Treppen als vom EG bis zum DG offene wandfreie Montagetreppen ohne Detailvorgaben in die Werkpläne eingetragen. Die eigentliche Ausführungsplanung lieferte der Treppenhersteller. Gravierende Planungsmängel stellte der Gutachter fest bei:

- Tragwerksplanung

  Die Tragwerksplanung entsprach nicht der Bauaufsichtlichen Zulassung

  Die Tragwerksplanung entsprach nicht der Bauaufsichtlichen Zulassung. Die auf Druck und Schub belasteten Tragbolzen waren statisch nicht nachgewiesen, in der Zulassung nicht enthalten und unterdimensioniert.

  Nichttragende Vollgipsplattenwände waren zur Aufnahme von vertikalen und dynamischen Lasten in die Treppenplanung eingebunden, obwohl diese Wände nicht belastet werden durften. Die vom Treppenbauer in der Planung vorgeschriebenen und auch verwendeten Spreizdübel besaßen keine Zulassung für Treppenbefestigung in Vollgipsplattenwänden.

  Spreizdübel besaßen keine Zulassung für Treppenbefestigung in Vollgipsplattenwänden

Abb. 2.165 ■
Treppentragbolzen

Abb. 2.166 ■
Treppenbefestigung an Vollgipsplattenwand

Abb. 2.167 ■
Ausgebrochene Vollgipsplatten

- Schallschutz

  Laut Treppenplanung wurde der Trittschall aus Treppenläufen und Geschossdecken über die Treppenlochabstellprofile in die, die Gebäude durchlaufenden, Geschossdecken ungedämmt eingeleitet.

  Der Bauträger schaffte es nach üblichen Drohungen und Minderungsangeboten, die Käufer zur Abnahme zu bewegen. Viele Käufer haben schon nach kurzer Zeit ihre Häuser verkauft.

übliche Drohungen und Minderungsangebote

Abb. 2.168 ▪ Treppenlochprofilbefestigung

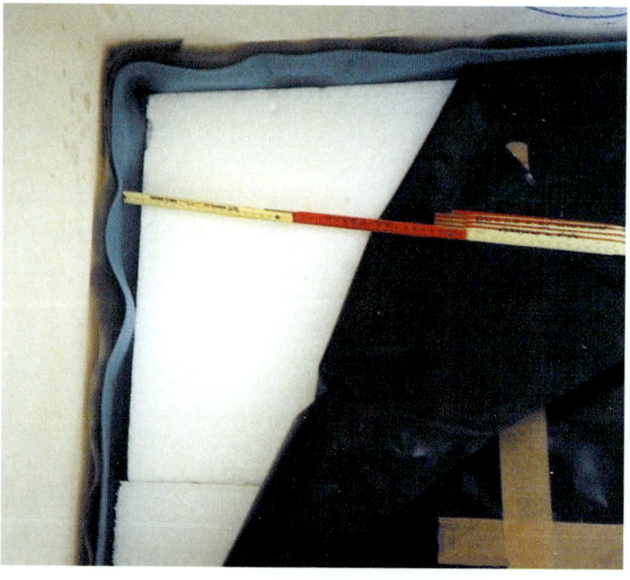

Abb. 2.169 ▪ Estrich – Dämmplattenwandanschluss

2.9 Treppenanlage in Westfalen

Wenn der Bauherr zu groß für die Treppe ist

Auch über dieses Haus wurde bereits in Band 3 berichtet. Was war passiert? Die Gebäudeplanung war fast fertiggestellt, fast deswegen, weil der sparsame Bauträger den Architekten weder mit der vollständigen Werk- noch Detailplanung beauftragt hatte. Bei der Planung des Architekten waren lediglich Lage der Treppenläufe und Größe der Treppenaussparungen festgelegt.

So bekam die graphisch begabte Käuferin die Möglichkeit, ihre Vorstellungen über die Detailausführung der Geschosstreppen einzubringen. Sie wünschte sich:

- Treppenläufe aus schmalen Flachstahlwangen mit eingelegten Holzstufen
- Sehr flaches Steigungsverhältnis
- Stahlgeländer mit Handlauf und parallel zu den Wangen verlaufenden Füllstäben
- Rechtwinklig zu den Wangen aufgesetzte Geländerpfosten
- Im Erdgeschoss über den Antrittspfosten geführter Handlauf und Füllstäbe
- Treppenlochabstellung mit angedübelten Flachstahlwangen
- Treppenaustritte ohne Stufenüberstand
- Starre Treppenlaufverbindungen an An- und Austritt durch Verschweißen der Wangen mit den Treppenlochabstellwangen
- Schwarzlackierte Stahlteile und helle Massivholzstufen.

Abb. 2.170 ■ Gebäudeansicht

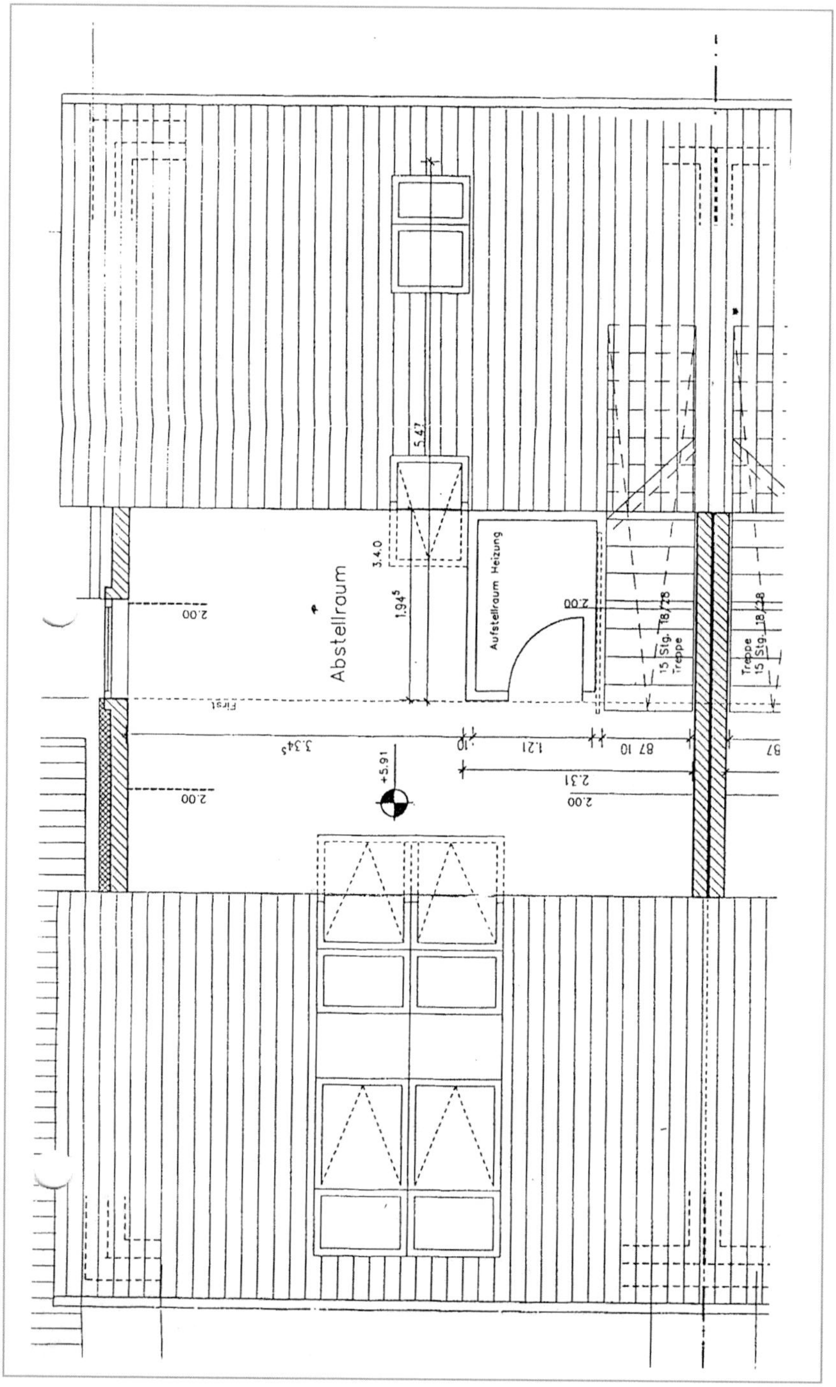

Plan 2.14 ■ Grundriss

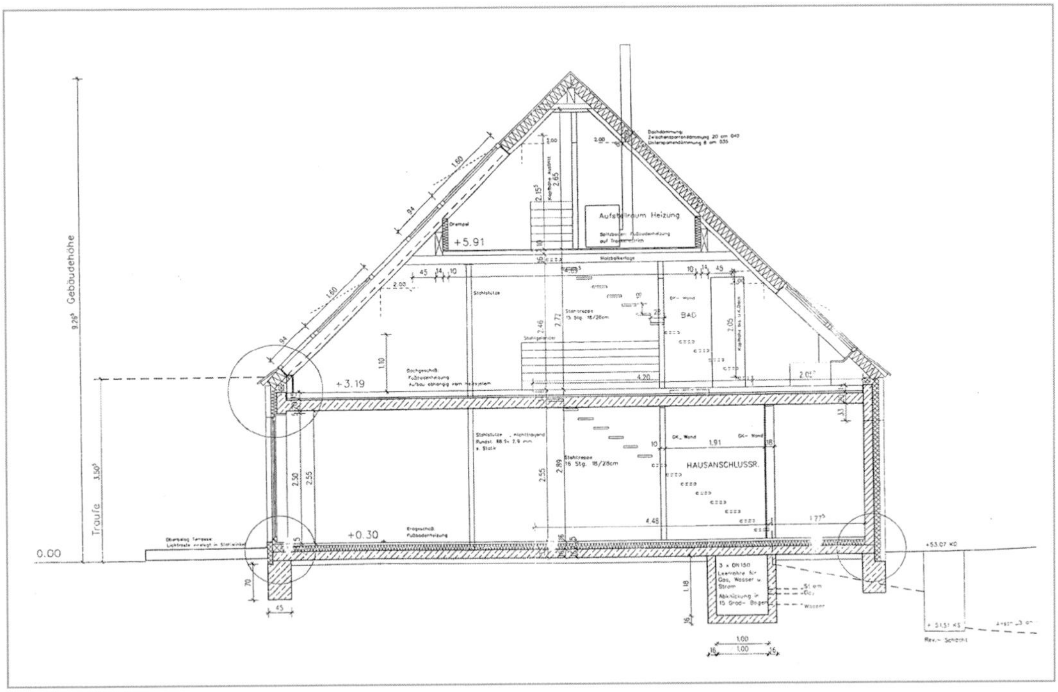

Plan 2.15 ▪ Schnitt

Der Bauträger akzeptierte diese Wünsche und beauftragte einen Schlosser mit Herstellung und Einbau der Treppenläufe. Bis zur ersten Benutzung der selbst entworfenen Treppe waren die Käufer sehr stolz auf die optisch ansprechende Ausführung. Als sich dann aber der fast 2,00 m große Käufer den Kopf blutig schlug, die ebenfalls nicht gerade klein geratene Käuferin nur gebückt das zweite Dachgeschoss erreichen konnte, ließen Freude und Stolz auf einen Schlag nach. Als weitere Überraschung stellte sich die Musikalität der Treppe heraus. Beim Begehen der Treppe brummten die Geländer und die jeweiligen Treppenwangen. Bei Abkühlung der Raumtemperatur, natürlich immer nachts, knisterte die Treppenanlage. Der Bauträger lehnte mit Hinweis auf die eigene Planung alle Änderungs- und Schadenersatzansprüche zurück.

Käuferin konnte das zweite Dachgeschoss nur gebückt erreichen

Musikalität der Treppe

Der Bausachverständige kam jedoch zum Ergebnis, dass der Bauträger für die Beanstandungen verantwortlich war. Warum? Die Treppenanlage erfüllte nicht die Anforderungen der *DIN 1805 Treppen* [29].

Mindestkopfhöhe war im ersten Dachgeschoss unterschritten

Die Mindestkopfhöhe war im ersten Dachgeschoss unterschritten. Bei der Treppenkonstruktion waren wegen der eingespannt eingeschweißten Treppenläufe die sich aus Dilatation und Schwingungen entstehenden Geräusche nicht beachtet worden. Beim unteren Treppenantritt bestand erhebliche Verletzungsgefahr durch die Geländerausführung.

Abb. 2.171 ▪ Treppenansicht

Abb. 2.172 ▪ Neue Wangenmontage

Abb. 2.173 ▪ Obere neue Wangenbefestigung

Abb. 2.174 ▪ Unterer Geländeranfang

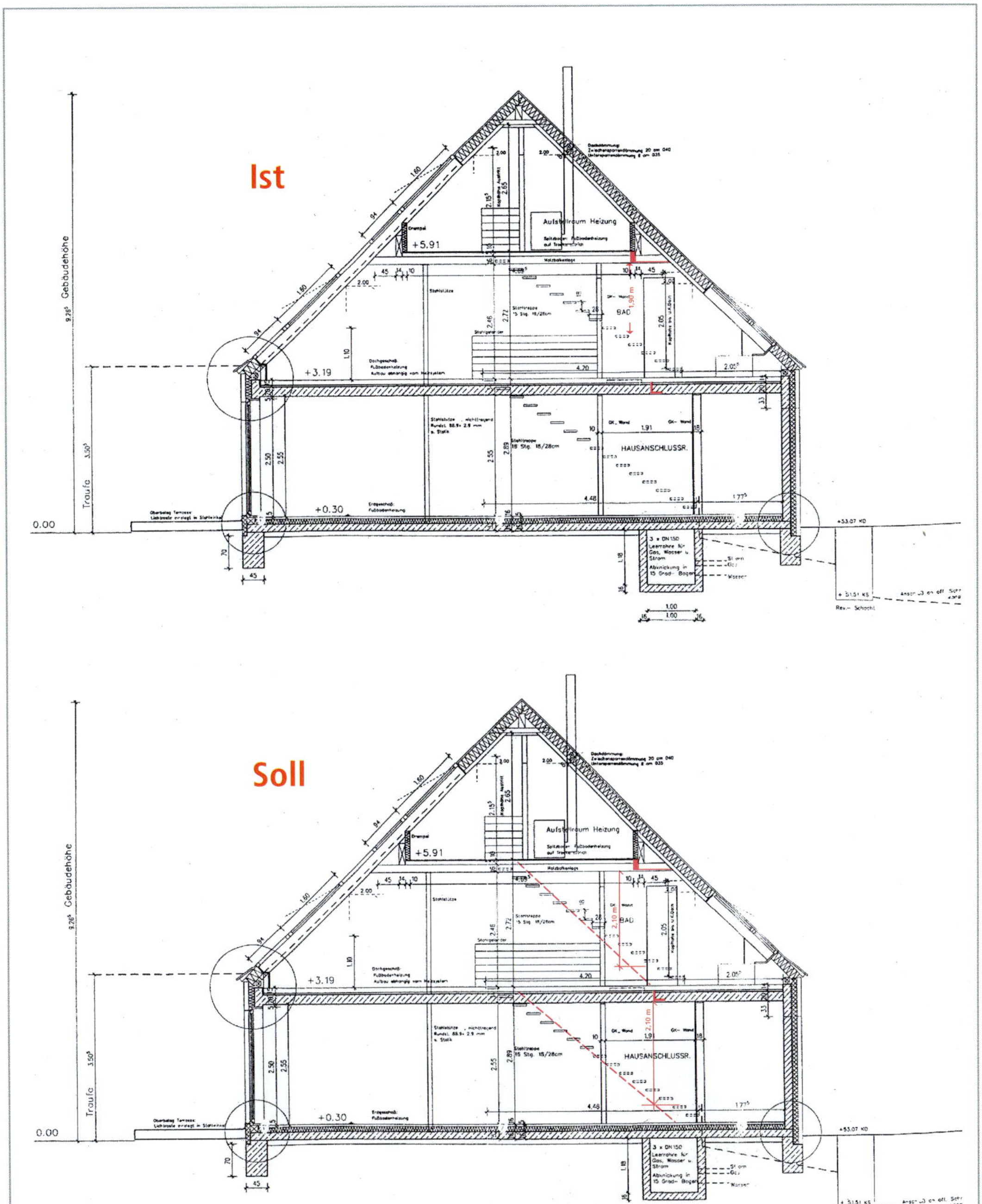

Abb. 2.175 ■ Ist-Zustand – Soll-Zustand

Weder Bauträger noch Treppenbauer hatten die bautechnisch nicht ausgebildeten Käufer auf die von Anfang an erkennbaren Probleme hingewiesen und von der Haftung freistellen lassen. Nachdem dem Bauträger von seinem Architekten die Richtigkeit der Folgerungen des Gutachters bestätigt wurde, erklärte er sich zur Nachbesserung bereit. Noch während der Nachbesserungsarbeiten ging er in die Insolvenz.

2.10 Münsterarkaden

Gebäudemasse erschlägt historische Nachbargebäude

Architektur fordert Kritik, jede Kritik kann nur subjektiv, niemals objektiv sein. Wenn, wie im folgenden Beispiel, die Kritik aus der Bevölkerung, egal ob Laien oder Fachleute, überwiegend gleich ausfällt, stimmt etwas nicht.

Stadtumbau ist eine planerische Höchstleistung

Der Umbau vieler Städte, entweder aus gestalterischen oder wirtschaftlichen Gründen, fordert von Stadtplanern und Architekten Höchstleistungen, besonders beim Einfügen neuer Bauten in den alten Baubestand. Dabei geht leider Vieles schief, besonders dann, wenn es sich um kommunale Bauherren oder Töchter von Kommunen handelt, wie in diesem Fall. War die Denkmalpflege, nur eine weisungsabhängige Abteilung der Stadtplanung ohne eigenen Biss?

In Westfalens Hauptstadt war die Hauptverwaltung der Stadtsparkasse im Hauptgeschäftszentrum angesiedelt. Wegen fehlender Erweiterungsmöglichkeiten und strukturellen Änderungen musste die

Plan 2.16 ■ Altbebauung aus dem Weltall (Quelle: Stadt Münster, Stadtplanung)

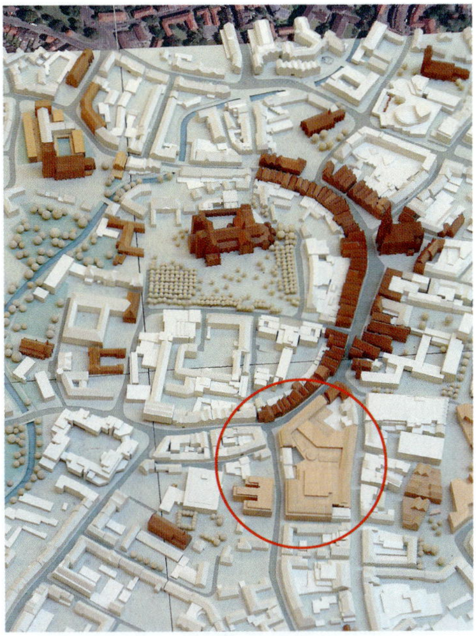

Plan 2.17 ▪
Neuer Baukörper im Stadtmodell

Verwaltung an den Stadtrand verlegt werden. Die alten Gebäude wurden frei, eine Chance für den Umbau einer großen innerstädtischen Fläche. Nach jahrelangen Diskussionen wurde entschieden, ein neues Einkaufsparadies als innerstädtische Arkaden mit vielen Einzelhandelsgeschäften, Gastronomie und Dienstleitung über mehrere Etagen zu bauen. Nach einem Architektenwettbewerb wurde ein besonders im Städtebau renommierter, international anerkannter Architekt beauftragt. Die Werbetrommeln wurden gerührt, Vorschusslorbeeren verteilt und auch Mieter, nicht nur die üblichen, stadtzerstörenden Kettenläden, gefunden. Es wurde gebaut und gestaunt, Fenster in den Bauzäunen gaben den in der Einkaufsstraße Flanierenden die Möglichkeit, den Baufortschritt von der Gründung an zu verfolgen. Doch als die Baukörper ihre endgültige Höhe erreichten, und die fertigen Fassaden erkennbar waren, gab es die ersten, immer mehr zunehmenden Kritiken an diesem Objekt. Besonders kritisiert wurden und werden:

- erdrückende Massigkeit
- eintönige Fassade
- Nachbargebäude zerdrückende Anschlüsse.

Sind diese Kritiken berechtigt? Ich meine, Ja. Historische Stadtkerne bestanden immer aus vielen, kleingliedrigen Gebäuden aller Bau-

Die stadtbildprägenden Gebäudeformen wurden über Jahrhunderte beibehalten

stile. Die stadtbildprägenden Gebäudeformen wurden über Jahrhunderte hinweg beibehalten. Gebäudebreiten und -höhen, Dachformen und -neigungen, wurden auch bei Neueinfügungen eingehalten, sicherlich wegen der Grundstückeigentumsverhältnisse, aber auch aus architektonischen Gründen.

In diesem Beispiel gehören die Grundstücke der Stadtsparkasse, lange Straßenfronten waren möglich. Kleingliedrige Fassaden sind teurer als lange, gleiche Fassaden mit einheitlichen Elementen. Masse statt Klasse.

Abb. 2.176 ■ Fassade Rothenburg (oben links)
Abb. 2.177 ■ Gebäudeanschluss Rothenburg (oben rechts)
Abb. 2.178 ■ Fassade Königstraße (unten links)

Abb. 2.179 ▪ Gebäudeanschluss 1 Picassomuseum

Abb. 2.180 ▪ Gebäudeanschluss 2 Picassomuseum

Nachfolgende Abbildungen zeigen Fassaden und Anschlüsse dieser Baukörper an Nachbargebäude. Dass es auch anders geht, zeigen Beispiele von anderen Bauten, allerdings von keinem Stararchitekten entworfen, sondern von einfühlsamen Kollegen.

Abb. 2.181 ▪ Gebäudeanschluss Ludgeristraße

Abb. 2.182 ▪ Fassade Regierungspräsidium

Abb. 2.183 ▪ Gebäudeanschluss Regierungspräsidium (o. links)
Abb. 2.184 ▪ Fassaden Alter Fischmarkt (oben rechts)
Abb. 2.185 ▪ Gebäudeanschluss Alter Fischmarkt (unten links)
Abb. 2.186 ▪ Fassade Münzstraße (mitte rechts)
Abb. 2.187 ▪ Diözesanbibliothek (unten rechts)

Abb. 2.188 ■ Von Altgebäude getrennter Neubaukörper

Und was lernt man daraus? Nicht alle Planungen renommierter Stararchitekten sind fehlerfrei und beispielhaft, in diesem Fall sicherlich ein Negativbeispiel.

Allerdings haben die Kritiken zu einer ganz kleinen Verbesserung beim zweiten Bauabschnitt geführt, die Anschlüsse an die Nachbargebäude wurden etwas milder ausgeführt.

2.11 Platz des Lichts

Dunkelheit statt strahlendem Licht

In fast allen Städten Deutschlands werden seit kurzer Zeit nicht nur bedeutende Gebäude oder Monumente, sondern auch unbedeutende Bauteile, Bäume oder Plastiken von Einbruch der Dunkelheit bis zum Morgengrauen angestrahlt. Diese Beleuchtung dient nicht dem Schutz vor Vandalismus oder Diebstahl, nein – es sollen von Nah und Fern für die Abend- und Nachtstunden zusätzliche Touristenscharen angezogen werden, **das** Argument der Verwaltung gegenüber dem Gemeinderat dieser Stadt! Ein auf Stadtbeleuchtung spezialisiertes Planungsbüro wurde beauftragt, ein Konzept zu erarbeiten. Der Stadtrat war begeistert und stimmte dem Verwaltungsvorschlag zu. So werden nun abends und nachts in der menschenleeren Altstadt einzelne Gebäudeteile, Dachreiter und Bäume angestrahlt, so wie hier:

Bäume werden angestrahlt

Der hier beschriebene Platz ist eine verbreiterte, mit rotem Porphyr gepflasterte Straßeneinmündung. Seitlich der Fahrbereiche sind öffentliche Parkplätze angeordnet, die fast ausschließlich von

Abb. 2.189 ■ Platzsituation

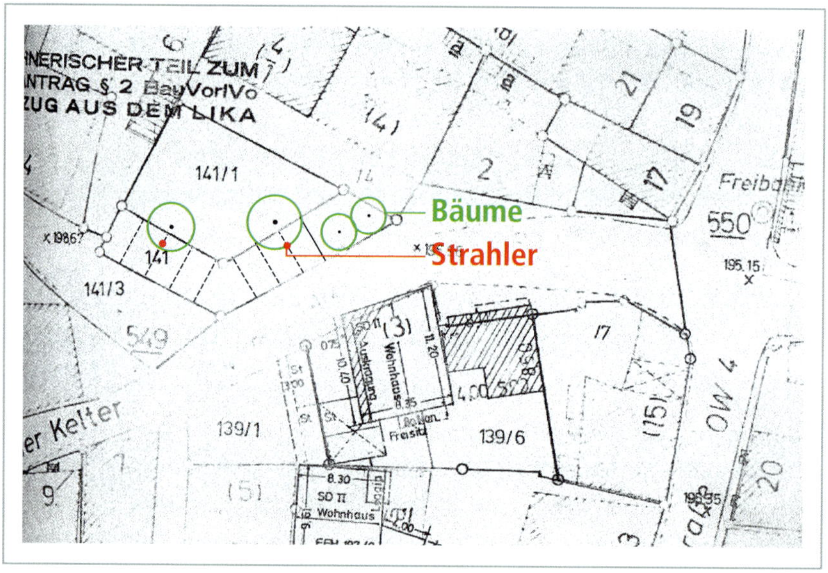

Plan 2.18 ■ Lageplan mit Lampenpositionierung

Anwohnern benutzt werden. Hinter dem nördlichen Parkbereich liegt ein Kinderspielplatz mit zwei großkronigen Bäumen, die illuminiert werden sollten. Im Herbst 2006 rückte eine Pflasterkolonne vom Bodensee an, entfernte stellenweise die Pflasterung der Parkplätze, hob einen Graben aus, verlegte Leerrohre, betonierte zwei Einbauleuchtengrundkörper ein und stellte die Pflasterung wieder her. Am nächsten Tag erschienen zwei Mitarbeiter der Stadtwerke, zogen Erdkabel in die Leerrohre, bauten die Beleuchtungskörper ein und schlossen diese an eine Straßenlaterne an. Nach drei Tagen war das Werk geschaffen und es hieß: »Licht an!« Und es kam wie es kommen musste. Manchmal sind die Bäume angestrahlt, meistens jedoch bleibt es teilweise oder völlig dunkel. Warum? Auf den Leuchten stehen parkende Autos.

Auf den Leuchten stehen parkende Autos

Was hat dieser Spaß gekostet? Geschätzt ca. 11.500 Euro. Die jährlichen Stromkosten liegen bei ca. 500 Euro.

Allerdings hat diese Fehlplanung auch etwas Gutes. Als Unterflurbeleuchtung wirken die Strahler auch als Standheizung der Motoren. Es gibt also für die über den Strahlern stehenden Autos keine Kaltstartprobleme. Wer zahlt? Wie immer der Steuerzahler.

Abb. 2.190 ▪ Angestrahlter Baum, Winter 2006

Abb. 2.191 ▪ Einbaustrahler mit Laubabdeckung

Abb. 2.192 ▪ Zugeparkter Einbaustrahler

Abb. 2.193 ▪ Angestrahlter Baum, Sommer 2007

2.12 Neubebauung am Neckar

Kommunale Baubrutalität als Negativbeispiel

keine Rücksichtnahme auf wertvolle, historische Bausubstanz

Wenn Kommunen, oder deren Baugesellschaften, neue Bauvorhaben in sensiblen Altstadtbereichen errichten wollen, spielt Rücksichtnahme auf wertvolle, historische Bausubstanz keine Rolle, so wie bei dieser Bebauung.

Diese kleine Stadt ist für seine wunderschöne Altstadt auf einem ganz schmalen Bergsporn über dem Neckar bekannt. Die erste Bebauung erfolgte vor über 1000 Jahren auf dem strategisch bedeutsamen Bergsporn. Kirche, Kloster, Spital, Rathaus und Bürgerhäuser von Händlern, Beamten und reichen Handwerkern bildeten die nur von einer Seite aus erreichbare Stadt. Hohe Wehrtürme und Mauern sicherten die Stadt vor Angriffen kriegerischer Heere ab. Unter der Oberstadt siedelten sich kleine Handwerker, Fischer und einfache Bürger an. Während die Häuser in der Oberstadt meist drei- und mehrgeschossig und prunkvoll errichtet waren, wurden die Häuser in der Unterstadt meist nur ein- oder zweigeschossig gebaut. Die Neckarvorstadt bestand aus der mit kleinen Häusern beidseitig bebauten schmalen Neckarstraße, auf der bis zum Bau neuer Verkehrsadern der ganze Nordsüdverkehr von Stuttgart zum Bodensee stattfand. Den südlichen Ortsabschluss bildeten mehrere hohe, bedeutende Fachwerkhäuser vor der Stadtmauer mit dem Ihlinger Tor. In den Dreißiger Jahren des vergangenen Jahrhunderts wurde vor dem Stuben'schen Schlösschen aus dem 15. Jahrhundert eine große Mühle

Abb. 2.194 ▪ Stadtansicht von Osten mit Neubebauung

Abb. 2.195 ■ Stadtansicht von Osten mit alter Bebauung

Abb. 2.196 ■ Rettenmeier'sche Mühle

mit eigenem Wasserkraftwerk anstelle einer kleinen Wassermühle gebaut. Diese Mühle wurde 1995 abgerissen.

Das Gelände hatte die kommunale Baugesellschaft erworben, um dort eine neue Bebauung im Rahmen der Stadtentwicklung durchzuführen. Mit der Planung wurde ein Architekturbüro aus der Landeshauptstadt beauftragt Dessen Planungen sahen vor, entlang des alten Mühlkanals eine traufständige Zeilenbebauung mit einem turmartigen Abschluss vor dem Stuben'schen Schlösschen zu errichten. Statt der traditionellen niedrigen Bebauung waren 4- bis 5-geschossige Häuser auf einem erdgleichen Garagengeschoss geplant. Der Turmabschluss sollte sogar 11 Stockwerke bekommen. Da es sich ja um eine Ersatzbaumaßnahme für die abgebrochene große Mühle

Abb. 2.197 ▪ Blick von oben auf die Neckarstraße mit Neubebauung (oben links)
Abb. 2.198 ▪ Neckarstraße mit Altbebauung, Blick nach Norden (oben rechts)
Abb. 2.199 ▪ Der neue Stadtturm (unten links)
Abb. 2.200 ▪ Neckarstraße mit Neubebauung, Blick nach Süden (unten rechts)

handelte, sahen weder Stadtbauamt, Regierungspräsidium noch das Landesdenkmalamt Gründe dafür, an dieser Stelle wieder die ehemals niedrige Bebauung zu fordern, zumal es sich um die kommunale Baugesellschaft handelte. Widerstände gegen diese Maßnahme bauten sich in Nachbar- und Bürgerschaft auf. In mehreren Anhörungen wurden alle Einwände von Architekt, Oberbürgermeister und Baugesellschaft mit Hinweis auf jahrelange aussichtslose Verwaltungsgerichtsverfahren und drohende Kostenbescheide abgebügelt. Da auch

Wohnungen geplant waren, wurden alle Einwendungen, auch eingereichte Klagen, ohne aufschiebende Wirkung zurückgewiesen. Die Einsprechenden wurden als Dank für die fehlgeschlagene Verhinderung einer alles erdrückenden Bebauung zusätzlich mit 40 € belastet. So wurde eine Bebauung durchgesetzt, die für die Zerstörung historischer Strukturen durch eine Kommune beispielhaft ist. Nicht nur die niedrige Zeilenbebauung, sondern besonders die ortsbildprägenden, sehr wertvollen hohen Fachwerkgebäude wurden durch die überdimensionierten Baumassen völlig erdrückt. Man bekommt den Eindruck, dass die 1995 regierenden Stadträte und die Gemeinde beweisen wollten, auch an dieser Stelle hervorragend gebaut zu haben.

2.13 Fachwerkhaus an der Donau

Fehlgeschlagene Gebäudeinstandsetzung durch Fehlentscheidungen eines bauunerfahrenen Baubetreuers

1984 stand in der Stuttgarter Zeitung ein Bericht über den desolaten Zustand dieses Gebäudes und den drohenden Einsturz unter der Überschrift: »*Niemand will die Sonne haben*«.

Dieses Fachwerkhaus wurde 1610 als ›*Gasthaus zur Sonne*‹ in einer kleinen Stadt an der Donau errichtet. Über Jahrhunderte wurde in

Abb. 2.201 ■
Alte Gebäudeansicht 1984

stadtbildprägendes und besonders wertvolles Kulturdenkmal

Einsturzgefahr der Giebelwand

diesem Haus Gastwirtschaft betrieben. Für die Stadt und die Denkmalschutzbehörde Tübingen war das Haus als stadtbildprägendes und besonders wertvolles Kulturdenkmal eingestuft worden. Das Gebäude gehörte damals einer über 90 Jahre alten Dame, die nicht mehr in der Lage dazu war, das Gebäude instand zu halten. Da weder Erben noch Andere das Objekt als Geschenk übernehmen wollten, hatte sie das Haus auch dem Land Baden-Württemberg angeboten, doch auch das reiche Baden-Württemberg wollte die ›Sonne‹ nicht. Wegen drohender Einsturzgefahr der Giebelwand hatte der Bürgermeister eine Notabstützung durch die Feuerwehr veranlasst. Somit kam das von Einsturz gefährdete Haus in den Besitz der Stadt. Auch die Stadt hatte weder Geld noch sonstige Möglichkeiten, das Gebäude zu erhalten. In seiner Not fragte der noch junge, unerfahrene Bürgermeister seinen Vorgänger um Rat, und dieser stellte eine Verbindung zur Stuttgarter Zeitung her. So kam es zu dem Bericht. Danach ging es ganz schnell. Fixe Jungs witterten ein gutes Geschäft, ließen sich von der Stadtverwaltung eine Schenkungsoption geben und begannen sofort mit der Vermarktung des Objektes. Treuhänder wurde ein Steuerberater aus dem Schwarzwald, der auch gegen besondere Honorierung das steuerliche Konzept entwickelt hatte und die Bauherren beraten sollte. Als gesetzlicher Vertreter der Bauherrengemeinschaft sollte ein junger, völlig bauunerfahrener ehemaliger Mitarbeiter eines Finanzamtes bei Stuttgart fungieren.

Der war von den fixen Jungs mit dem Versprechen des großen Geldes zur Aufgabe seiner Beamtenlaufbahn und Gründung einer Baubetreuungs- und Hausverwaltungsfirma überredet worden.

Der mit der Gebäudeuntersuchung beauftragte fachwerkerfahrene Architekt stellte fest, dass die Schäden an der Gebäudesubstanz zwar schwer waren, jedoch eine Instandsetzung der Originalsubstanz und Modernisierung des Gebäudes ohne große Schwierigkeiten zu akzeptablen Kosten möglich waren.

Nach Bestandsaufnahme durch einen örtlichen, später mit der Objektüberwachung beauftragten Architekten, wurde der Bauantrag für die Instandsetzung des Gebäudes und den Einbau von 20 Eigentumswohnungen eingereicht und innerhalb weniger Wochen genehmigt. Schon vor erteilter Baugenehmigung wurde eine Bauherrengemeinschaft gebildet. Diese beschloss, das Gebäude zuzüg-

Abb. 2.202 ▪ Dachstuhl (oben links)
Abb. 2.203 ▪ Sprengwerkschaden (oben rechts)
Abb. 2.204 ▪ Giebeldemontage (unten links)
Abb. 2.205 ▪ Ursprüngliches Deckengebälk von 1610 (unten rechts)

lich geschätzter Abrisskosten von ca. 25.000 Euro von der alten Eigentümerin zu übernehmen und nach den genehmigten Plänen zu sanieren. Die Dame war zwar ihr Gebäude los, doch dafür auch ihr sonstiges Vermögen. Sie lebte schon damals in einem Pflegeheim und hatte von der ganzen Sache nichts mehr mitbekommen, auch nicht, dass sie nun ein totaler Sozialfall geworden war. Der Geldbetrag von 25.000 Euro floss nicht der Bauherrengemeinschaft zu, sondern wurde von den Initiatoren (Steuerberater, Baubetreuer und Anlageaußerordentliches Verhandlungs- und Beratungshonorar

berater) als außerordentliches Verhandlungs- und Beratungshonorar bei den Grundstücksverhandlungen eingestrichen. Nach dem in der Gründungsversammlung der Bauherrengemeinschaft gefassten Baubeschluss wurde sofort mit den ersten Abrissarbeiten begonnen, denn dadurch floss das große Geld für die fixen Jungs, Baubetreuer und Treuhänder. Schon vor Baubeginn waren somit fast 50% der prognostizitierten Kosten weg.

Als besonders problematisch erwies sich für das Objekt der drohende Verlust der Mehrwertsteueroption zum 31.12.1985. Bei Nichtfertigstellung des Gebäudes zu diesem Termin drohte der Verlust dieses Steuervorteils in Höhe von fast 130.000 Euro.

Die Instandsetzungsplanung des Architekten sah folgenden Bauablauf vor:

- Sichern der gesamten Fachwerkkonstruktion
- Entleeren von Wänden und Decken
- Abfangen von Gebäudeteilen über abzutragenden Bauteilen
- neue Gebäudegründung
- Einbau von Stellplätzen in die ehemalige, einen Meter tiefergelegte Tenne mit darüber liegenden Nebenräumen
- Reparatur der vorhandenen Fachwerkkonstruktion und Holzdecken unter Last mit aus Teilabbau gewonnenen alten Wand- und Deckenbalken in der alten Zimmermannstechnik aus 1610 mit historischen Holzverbindungen ohne Blechverbinder oder Stahlteile
- Notwendiger Holzaustausch mit gleichaltrigen, trockenen Balken
- Einbau neuer Sparren und Biberschwanzdoppeldeckung als diffusionsoffenes Warmdach
- Einbau eines neuen Treppenhauses in Massivbauweise F 90
- Schließen der Außenwände mit dämmendem Mauerwerk
- Wiederfreilegung des Sichtfachwerks mit nachgewiesener Ursprungsfarbgebung
- Ausgleichen und Füllen der Decken mit Auffütterungen und luftschalldämmendem Einschub
- Trittschalldämmung durch schwimmenden Zement- oder Gussasphaltestrich
- Einbau aller neuen Wände und Deckenbekleidungen in Trockenbauweise
- Einbau neuer Holzsprossenfenster nach nachgewiesenem Bestand

- Neuer gebäudeverträglicher Innenausbau mit modernen Installationen.

Doch es kam ganz anders. Der mit dem Baubetreuer befreundete Abbruch- und Rohbauunternehmer geriet in Terminverzug. Der Zimmerbetrieb erklärte, wegen der Terminverschiebungen seinen Fixtermin nicht einhalten zu können. Noch während der Abbau- und Sicherungsarbeiten veranlasste daraufhin der Baubetreuer gemeinsam mit dem bauleitenden örtlichen Architekten ohne Abstimmung mit dem mit der Gesamtplanung beauftragten Büros, der Gesamtplaner war im Urlaub, das Abweichen vom vorgesehenen und vertraglich vereinbarten Bauablauf und Instandsetzungskonzept. Was passierte nun?

Die Fachwerkkonstruktion wurde nicht gesichert und abgefangen

- Die Fachwerkkonstruktion wurde nicht gesichert und abgefangen, sondern vom Zimmerbetrieb überwiegend abgebaut und abgefahren.
- Die Reparaturen erfolgten nicht durchgehend mit Altholz und in historischer Zimmermannstechnik, sondern lediglich die sichtbaren Fassadenhölzer wurden mit Altholz repariert oder restauriert.
- Alle alten, überwiegend intakten eichenen Deckenbalken wurden durch frisch geschlagene, nasse und unterdimensionierte neue Nadelholzbalken ersetzt.
- Alle inneren Fachwerkwände wurden aus frischem Nadelholz hergestellt.

Der Protest des Gesamtplaners gegen diese Abweichungen verhallte wirkungslos

Der Protest des Gesamtplaners gegen diese Abweichungen verhallte wirkungslos, denn der Baubetreuer hatte sich diese Abweichungen mit der Begründung von Kosteneinsparungen und Hinweis auf die entfallende Mehrwertsteueroption bei Überschreitung des Fertigstellungstermines zum 31.12.1985 von den Bauherren genehmigen lassen. So wurde der Terminverzug zwar aufgeholt, doch die Folgen waren verheerend.

Noch vor Abschluss der Zimmerarbeiten meldete sich der Baubetreuer in den gewollten Konkurs seiner Firma ab, warum? Sein Anwalt hatte von den von seinem Mandanten veranlassten Abweichungen erfahren und die sich daraus ergebenden Haftungsfolgen sofort erkannt. Allerdings wurde vor Konkursanmeldung eine Auffanggesellschaft mit neuer, bauunerfahrener, aber gefügiger Geschäftsführung gegründet, welche die Baubetreuung in denselben Geschäftsräumen wie vorher fortsetzte. Der ›*neue*‹ Geschäftsführer hatte als Immobilienverkäufer die meisten Bauherren gewonnen und besaß in diesem Haus auch mehrere Wohnungen. Auch der Treuhänder der Bauherren wurde Gesellschafter der neuen Baubetreuungsfirma.

Architekt war völlig überfordert

Das Chaos setzte sich auch bei den weiteren Ausbauarbeiten fort. Der örtlich bauleitende, eigentlich erfahrene Architekt war völlig überfordert und verlor die Übersicht. Alle Ausbautermine verzögerten sich so stark, dass die erforderlichen Trocknungszeiten für Rohbau, Putze und sonstige Ausbauarbeiten nicht eingehalten werden konnten. Notwendige Fußbodenausgleichsmaßnahmen durch Auffütterungen weniger verbliebener Deckenbalken entfielen, sie wurden durch Estrichmehrstärken von bis zu 15 cm ersetzt. Und als Krone wurde das nun überwiegend aus Wasser bestehende Gebäude trocken geheizt, und zwar an den Wochenenden mit Raumtemperaturen von bis zu über 50 °C. Alle neuen Hölzer, Mauerwerk, Putze, Trockenbauteile und Estriche rissen. Fliesen lösten sich wieder von Wänden und Böden. Fenster verzogen sich, eingebaute Wohnungsabschlusstüren ließen sich nicht abschließen, doch der steuerlich relevante Bezugfertigstellungs- und Übergabetermin 31.12.1985 wurde eingehalten. Schon im Januar 1986 begannen die Renovierungsarbeiten. Wand- und Deckenbekleidungen wurden zu großen Teilen erneuert, alle Fliesenbekleidungen mussten ebenso wie die Eingangstüren erneuert werden. Gerissene Estriche wurden mehrfach verklebt und verdübelt sowie nachgespachtelt. Verzogene Fenster wurden ausgetauscht. Das Gebäude wurde schließlich im Spätsommer 1986 bezogen, leerte sich doch schon bald darauf wegen gravierender Mängel und Folgeschäden. Und warum das Ganze? Sowohl die fixen Jungs als auch Baubetreuer und der als Treuhänder fungierende Steuerberater erhielten bei Übergabe der Wohnungen ihre Schlussraten bezahlt. Was kosteten die unnötigen Mehraufwendungen und Abweichungen? Ca. zusätzliche 40% der veranschlagten Baukosten und den Wegfall der zugesagten Zuschüsse des Landesdenkmalamtes. Wer musste zahlen? Die Bauherren, denn sie hatten die Abweichungen genehmigt.

Holzdecken durch Schwinden der Hölzer um bis zu 10 cm gesetzt

Doch das war noch nicht Alles. Innerhalb von ca. 3 Jahren hatten sich die mit neuen Balken hergestellten Holzdecken durch Schwinden der Hölzer um bis zu 10 cm gesetzt und sich zusätzlich wegen starker Überlastungen sehr stark durchgebogen. Zum massiven

Treppenhaus mussten von den Wohnungszugängen höhenverstellbare Rampen eingebaut werden. Alle Türen hatten sich verzogen, die Wände waren wieder gerissen, Fliesen abgefallen. Durch das Schwinden neuer durchlaufender Pfetten und Unterzüge hatten sich in Wohnungstrennwänden der Dachgeschosse offene Fugen gebildet mit der Folge, dass nun alle Geräusche in die benachbarten Wohnungen übertragen wurden. Das Haus wurde zur neuen Ruine, und ein Fall für die Gerichte. Und was geschah mit den Verantwortlichen?

höhenverstellbare Rampen

Der bauleitende Architekt erlitt zuerst einen Herzinfarkt, danach verlor er sein gesamtes Vermögen, denn wegen Abweichung von den Festlegungen der Baugenehmigung und Verstoß gegen die baurechtlich eingeführten Technischen Baubestimmungen wurde er zum Schadenersatz verurteilt. Dazu verweigerte seine Haftpflichtversicherung die Schadenregulierung.

Der Steuerberater hat sich aus seiner Verantwortung gestohlen mit dem Argument, er sei nur als Treuhänder für den Zahlungsverkehr verantwortlich gewesen.

Der für das Dilemma verantwortliche Baubetreuer war pleite und zog später nach Thüringen, um dort nach der Wende neues Unheil zu stiften.

Abb. 2.206
Wieder hergestellte Fassade 1986

Der neue Geschäftsführer der Baubetreuerin meldete Konkurs an, verlor seine vollständig bankfinanzierten Wohnungen, und ist auch heute noch wegen anderer Probleme gleicher Art völlig mittellos. Die fixen Jungs sind abgetaucht.

Der Gesamtplaner hat mit geringen Verlusten sein Honorar bekommen, Klagen wegen behaupteter Planungs- oder Bauaufsichtsfehler wurden in jahrlangen Prozessen von den Gerichten abgewiesen. Die Mehrwertsteueroption war schon im Dezember 1985 um 6 Monate verlängert worden.

2.14 Krankenhaus im Allgäu

Lebensgefahr durch Versagen von Bauleitung und Gebäudemanagement

Dieses Krankenhaus im Allgäu wurde zwischen 1980 und 1983 modernisiert und um einen neuen Operations- und Verwaltungstrakt erweitert.

Die Planung erfolgte durch ein auswärtiges Architekturbüro, mit der Objektüberwachung (örtliche Bauleitung) wurde ein örtliches Architekturbüro beauftragt. Ab 2000 wurde der vorbeugende Brandschutz den geltenden Vorschriften angepasst, die Planung führte das bei der Modernisierung von 1980 bis 1983 mit der Objektüberwachung beauftragte örtliche Architekturbüro aus. Bei den Freilegungen von Wänden und Decken 2002 bemerkte der mit dem Gebäudemanagement beauftragte Mitarbeiter des Krankenhausbetreibers nicht geschlossene Wanddurchbrüche und Kabeldurchführungen in Brandwänden. Daraufhin wurde ein Bausachverständiger mit der

Abb. 2.207 ■ Neubautrakt

Überprüfung und Dokumentation des Bauzustandes und einer ersten gutachterlichen Stellungnahme zur Sicherheit beauftragt.

Nach Aufnahme des vorhandenen Bauzustandes und der Überprüfung der Rauchdichtheit von Wänden und Decken in Operations- und Verwaltungsbereichen kam der beauftragte Gutachter zu folgendem Ergebnis:

»Die tragende Baukonstruktion besteht aus Stahlbetonfertig- und Stahlbetonmassivteilen sowie Mauerwerk. Die nichttragenden Zwischenwände wurden als leichte Trennwände in Trockenbauweise, bestehend aus Gipskartonplatten auf Metallständern mit Mineralwolleinlage, System Knauf, erstellt. Die Unterdecken wurden als abgehängte Decken mit unterschiedlichen Anforderungsprofilen ausgeführt. Die Decken in den OP-Bereichen wurden als geschlossene Decken mit Gipskartonplattenbeplankung, in sonstigen Räumen als durchlässige Decken mit herausnehmbaren Platten ausgeführt. Die Ausführung der Trockenbauarbeiten erfolgte 1982 durch die Arbeitsgemeinschaft xx.«

Ausschreibung – Planung

In der Leistungsbeschreibung der Architekten waren die Wandausführungsdetails und erforderlichen Angaben über die geforderten Feuerwiderstandsklassen F30 bis F90 mit gleitenden Deckenanschlüssen vollständig und allgemein verständlich beschrieben.

Wandanschlüsse

Gemäß Bauvertrag waren die Wände in Trockenbauweise mit Feuerwiderstandsklassen F30 bis F90 mit gleitenden Deckenanschlüssen

Abb. 2.208 ▪ Oberer Leichtwanddeckenanschluss F90 mit Dachlatten

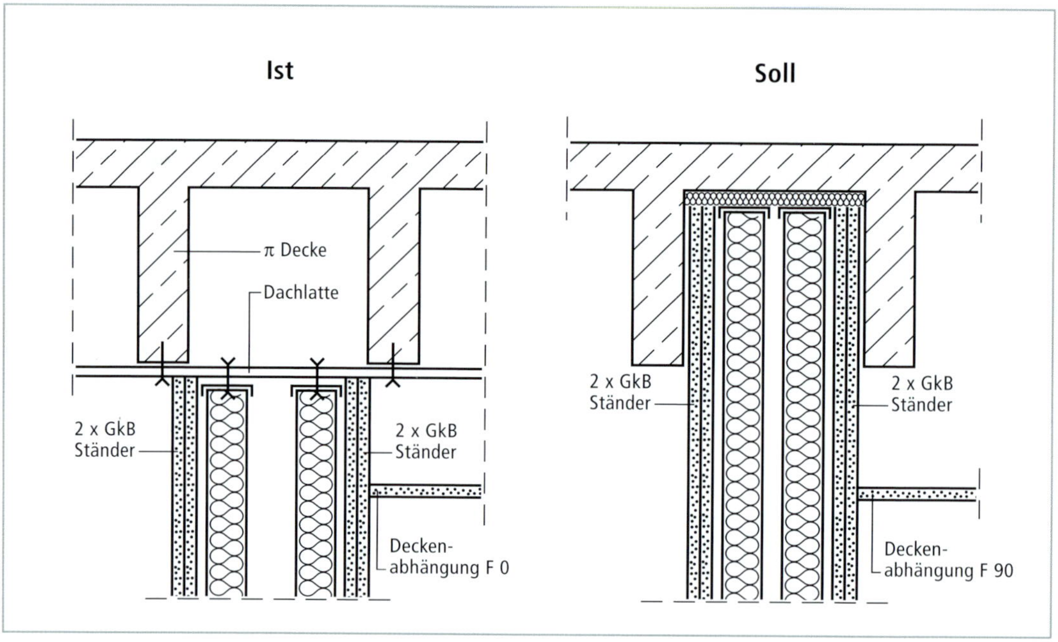

Abb. 2.209 ■ Ist-Zustand – Soll-Zustand Deckenanschluss

herzustellen. Diese Vereinbarung wurde an allen Deckenanschlüssen nicht eingehalten.

Obere Wandbefestigung

Die oberen Deckenschienen waren, soweit möglich, an den in die Deckenfertigteile eingelegten Halfenschienen befestigt. Bei parallel

Abb. 2.210 ■ Oberer Wandanschluss an π-Decken

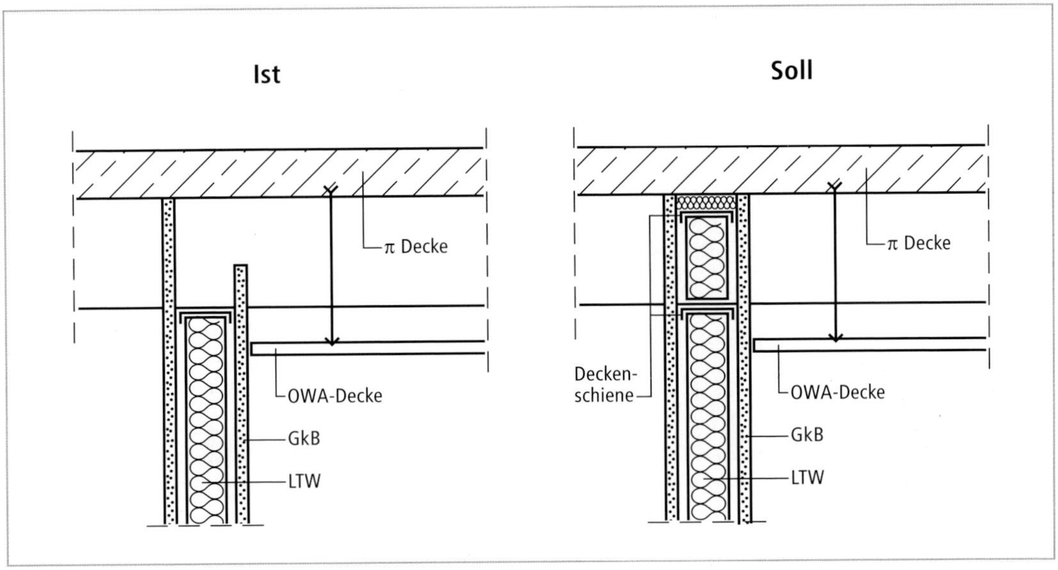

Abb. 2.211 ▪ Ist-Zustand – Soll-Zustand oberer Wandanschluss an π-Decken

zur Deckenspannrichtung außerhalb von Deckenstegen errichteten Wänden wurden die Deckenschienen stellenweise mit an den Deckenstegen befestigten oder zwischen Deckenstege gekeilten Dachlatten befestigt. Im Bereich der quer zur Deckenspannrichtung gestellten Wände wurden die Deckenschienen an den Deckenstegunterseiten angebracht. Soweit erkennbar, waren die Gipskartonbeplankungen an den Deckenschienen nicht angeschraubt. Die Gipskartonplattenanschlüsse waren überwiegend offen, z.T. nur angespachtelt.

Wanddurchbrüche, Leitungsdurchführungen

Die unter den Decken durch die Wände geführten Lüftungskanäle, Wasser-, Abwasser-, Heizungs- und Gasleitungen sowie elektrische Installationen waren nur teilweise ordnungsgemäß verschlossen. Hohlräume wurden stellenweise nur angespachtelt bzw. mit Mineralwolle lose ausgestopft. Zum Teil fehlten über Durchdringungen die oberen oder seitlichen Beplankungen.

Leitungsdurchführungen nur teilweise ordnungsgemäß verschlossen

Aus dem tatsächlichen Bauzustand ergaben sich nachfolgende Folgerungen:

- Ausschreibung: Die Leistungsbeschreibung der Ständerwände und Decken waren vollständig und allgemein verständlich.
- Werkplan Grundriss EG: Die Wanddicken waren eingetragen.

Abb. 2.212 ■ Wanddurchdringung

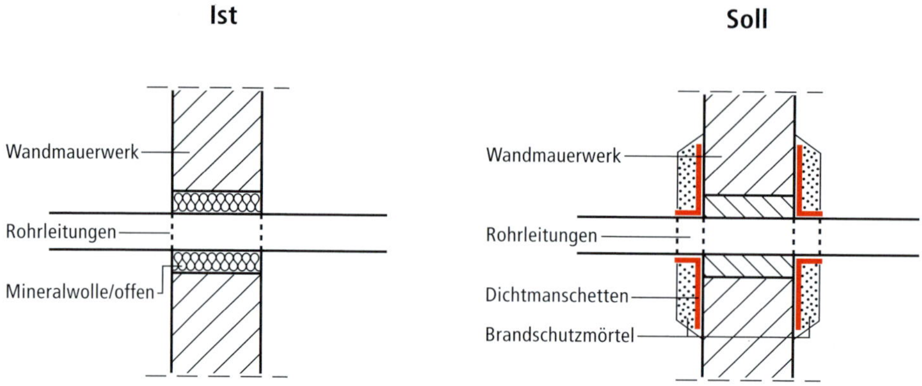

Abb. 2.213 ■ Ist-Zustand – Soll-Zustand

Erforderliche Angaben über besondere Wandausführungen wie z.B. Bleifolien waren raumweise für Wände, Decken und Böden enthalten. Detailpläne fehlten.

- Vertragserfüllung: Der Vertragsinhalt wurde von den Ausführenden und der Objektüberwachung nicht erfüllt.
- Standsicherheit: Soweit die Deckenschienen direkt an Stahlbetonkonstruktionen befestigt wurden, war die Standsicherheit der leichten Trennwände gewährleistet. Bei Befestigung der Deckenschienen an Dachlatten war die Standsicherheit besonders im Brandfall nicht gewährleistet.

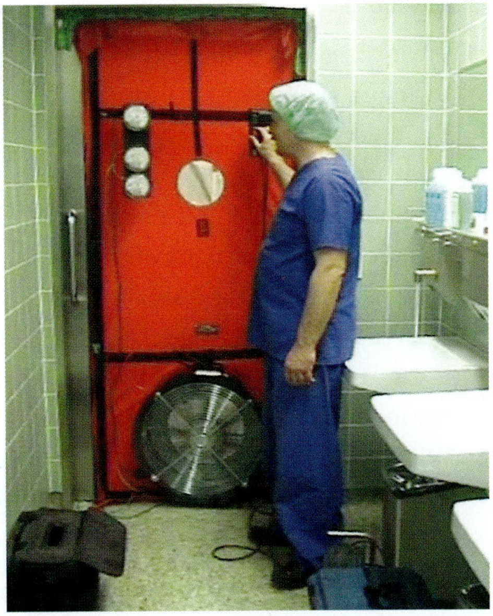

Abb. 2.214 ▪ Blower-Door-Luftdichtheitsprüfanlage

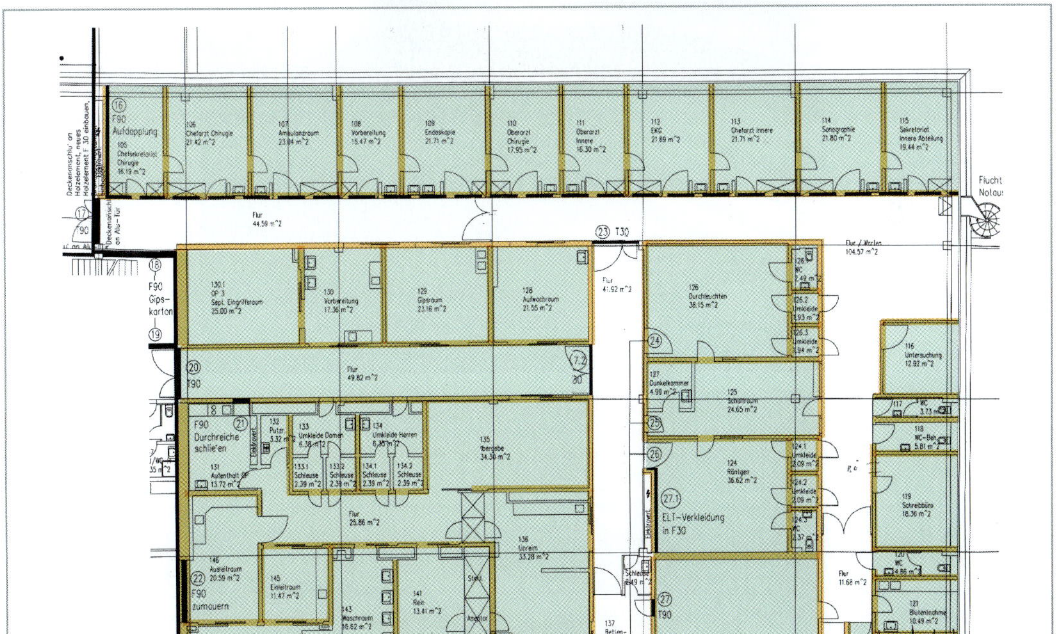

Abb. 2.215 ▪ Grundriss: farbig angelegte Wände und Decken mit gravierenden Brandschutzmängeln behaftet

- Brandschutz: Die vereinbarten und erforderlichen Brandschutzanforderungen wurden an den Deckenanschlüssen und den Durchbrüchen sowie Beplankungsfehlstellen nicht erreicht.
- Rauchaustritt: Rauchaustritte waren in allen Räumen zu erwarten.

Rauchaustritte waren in allen Räumen zu erwarten

Gefährdungspotenzial: Durch die teilweise stark beeinträchtigte Standsicherheit der Zwischenwände war besonders im Bereich hoher Einzellasten aus Türbefestigungen usw. eine Gefährdung durch Wandeinsturz nicht ausgeschlossen.

Gefährdung durch Wandeinsturz nicht ausgeschlossen

Durch die offenen Deckenanschlüsse der leichten Trennwände und die überwiegend nicht ordnungsgemäß abgeschotteten Durchdringungen waren Rauchvergiftungen im Brandfall zu erwarten.

Rauchvergiftungen im Brandfall zu erwarten

Wie ging es weiter? Aufgrund dieser Stellungnahme fand eine mündliche Erörterung der Gesamtsituation vor dem Sozialausschuss des Kreistages statt. Auf Befragen zur Gefährdung erklärte der Gutachter:

Abb. 2.216 ▪ Kabelbrandlast über OP-Raumdecke

Abb. 2.217 ▪ OP-Brandschutztürbefestigung ohne Brandschutz der Befestigung

»Besonders im OP-Bereich werden im Brandfall Patienten und Personal wegen der hohen Brandlast über den abgehängten Decken ersticken, wenn nicht, werden sie von den umstürzenden Brandwänden erschlagen.« Daraufhin wurde der Operationsbetrieb in dieser Klinik sofort eingestellt.

Meldung auf www.b4bschwaben.de vom 5.9.2002: *»Jahrhundert-Projekt am Krankenhaus I. Während der Sanierung des Krankenhauses I. werden als Übergangslösung für die Operationssäle zehn riesige vorgefertigte Raumzellen installiert... »Eine Baustelle diesen Ausmaßes hat es in I. noch nie gegeben«, beschreibt ..., für Krankenhäuser zuständiger Architekt des Landkreises, das Projekt, das nächste Woche in I. für Aufmerksamkeit sorgen wird. In einer Nacht werden die OP-Container am Krankenhaus angeliefert ... Insgesamt umfasst die Lieferung zehn Container: zwei OPs, ein Aufwachraum, Zentralsterilisation, Umkleiden und Geräteräume. Der Kleinste misst immerhin noch 3,5 mal 10,5 Meter. »Die OP-Container verfügen über die modernste Ausstattung. Sie halten jeden Vergleich mit konventionellen OP-Sälen stand... Wie bereits bekannt, wurden während der Sanierung des Krankenhauses I. Mängel am Brandschutz in den Operationssälen festgestellt. Die Patienten wurden zum Operieren an ein anderes Krankenhaus der Oberschwaben Klinik, nämlich nach L., gebracht. Durch diese hochmodernen OP-Container können nun die Patienten vor Ort wieder bestens versorgt werden.«*

Wer war für diesen Pfusch verantwortlich? Neben den ausführenden Firmen besonders die örtliche Bauleitung und die Projektleitung des Krankenhausträgers. Obwohl während der Baudurchführung und auch bei späteren Nachrüstungsarbeiten die gravierenden Mängel offensichtlich waren, haben sowohl Krankenhausträger als auch Bauleitung die Bauleistungen mangelfrei abgenommen.

Da der damalige verantwortliche Bauleiter verstorben war, wurden vom Krankenhausträger Schadenersatzansprüche gegen dessen Erben gestellt.

2.15 Wohnhaus bei Heilbronn

Planungspfusch mit Folgemängeln führt zum schnellen Ende eines Generalübernehmers

Im Januar 2007 wurde ein Bausachverständiger von einer Bauherrin beauftragt, sie bei der vom GÜ gewünschten Bauabnahme zu beraten. Was war passiert?

Abb. 2.218 ■ Gebäudeansicht

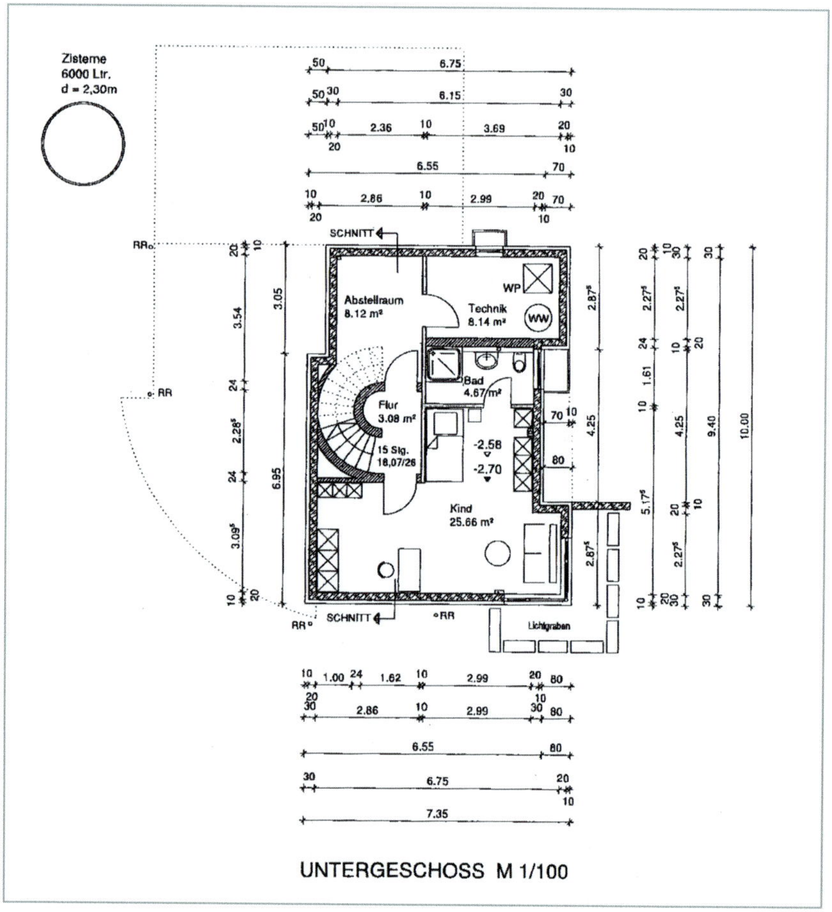

Plan 2.19 ■ UG-Grundriss

Die Bauherrin hatte einen Architekten, gleichzeitig Generalübernehmer (GÜ) für den Bau von anspruchsvollen Gebäuden, mit der Planung und schlüsselfertigen Errichtung eines besonders auf Wirkung bedachten, anspruchsvollen Einfamilienhauses beauftragt. Schon kurz nach Baugenehmigung und Baubeginn traten erste Probleme auf. Weder die Einhaltung der vereinbarten Termine noch die Qualität der ausgeführten Bauleistungen entsprachen den Vorstellungen der Bauherrin noch den Vertragsvereinbarungen. Es wurde gebaut, abgerissen, wieder gebaut, usw. Der vereinbarte Fertigstellungstermin Ende September 2006 verstrich. Der endgültige Fertigstellungstermin wurde zum Jahreswechsel vereinbart, doch auch dieser Termin war rein illusorisch. Doch plötzlich, kurz vor dem Jahreswechsel, verlangte der Generalübernehmer eine vorgezogene, fingierte Bau- fingierte Bauabnahme

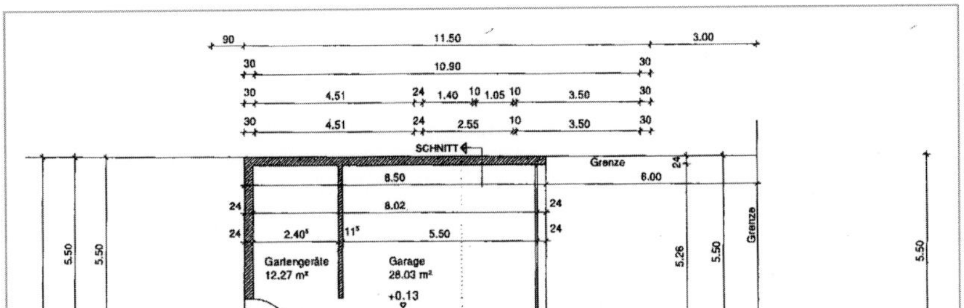

GRUNDRISS ERDGESCHOSS M 1/100

Plan 2.20 ■ EG-Grundriss

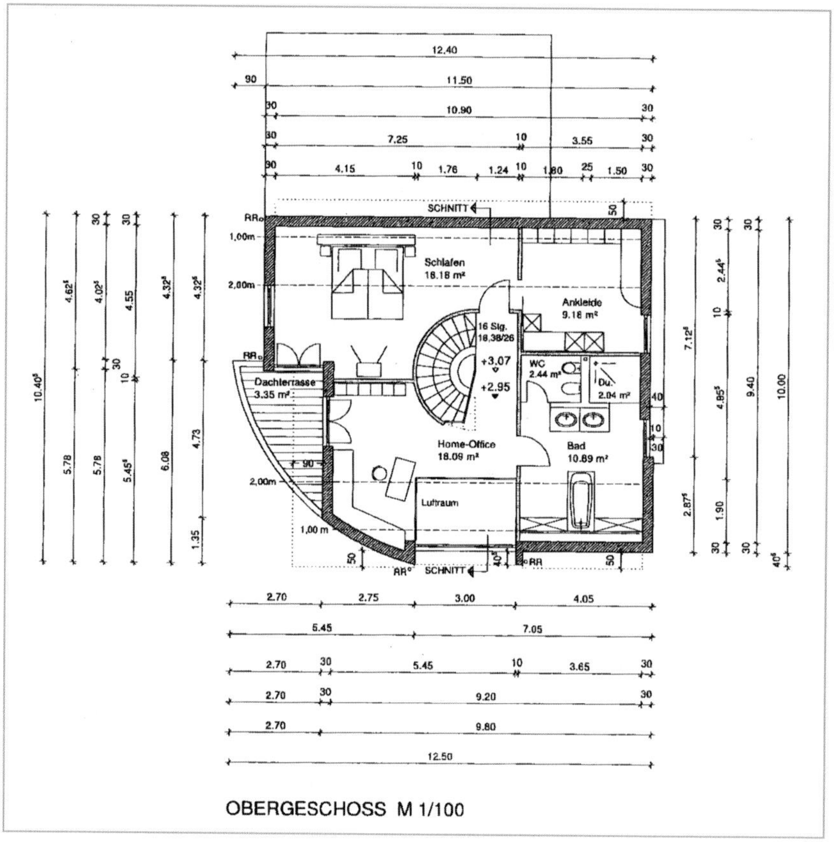

Plan 2.21 ■ DG-Grundriss

abnahme mit der Begründung, durch die Mehrwertsteuererhöhung würde sich das Objekt um 3% verteuern.

Der angesetzte Termin Anfang Januar 2007 wurde mit Unterstützung eines beigezogenen Bausachverständigen wahrgenommen, ein über 10 Seiten langes Mängelprotokoll aufgenommen und Estrichfeuchten unter Bodenfliesen und Natursteinbelägen gemessen. Die verlangte Abnahme wurde jedoch wegen schwerster Mängel und Nichtfertigstellung des Gebäudes abgelehnt. Der Bausachverständige fragte beiläufig nach der Bauwerksabdichtung. Der Architekt erklärte, alle erdberührten Bauteile seien ordnungsgemäß abgedichtet worden, außerdem sei eine Ringdränage verlegt worden. Da jedoch keine Revisions- oder Spülschächte sichtbar waren, bezweifelte der Sachverständige diese Angaben. Der Ehemann der Bauherrin, ein im Straßenbau tätiger Bauingenieur, bestätigte die Angaben des GÜ und wollte sich

10 Seiten langes Mängelprotokoll

sogar für die ordnungsgemäß ausgeführte Abdichtung und Dränage verbürgen. Die für eine Gesamtbeurteilung von Planung und Bauausführung vorgelegten Unterlagen wie Detailpläne, Tragwerksplanung, Planung der Gebäudeausrüstung, bauphysikalische Berechnungen, Baugrundgutachten mit Grundwasserständen, usw. fehlten. Der GÜ sagte zu, diese dem Sachverständigen vollständig innerhalb von fünf Tagen zu übergeben, sowie die Arbeitsräume an den Gebäudeecken zur Überprüfung von Abdichtungen und Dränagen freizulegen. Weiterhin versprach er, alle noch nicht fertiggestellten Bauleistungen innerhalb von vier Wochen mangelfrei abzuschließen.

Doch nichts geschah. Da die Bauherren wegen der Verzögerungen eine befristet angemietete Wohnung räumen mussten, hatte sie Mobiliar und alle Haushaltsgegenstände in der Garage deponiert und ein Hotel bezogen. Nach drei Monaten wurde Mitte März 2007 ein neuer Termin zur Abnahme und Übergabe des Hauses vom GÜ anberaumt. Kurz vorher wurden der Bauherrin Konstruktionspläne von Gründung, UG und EG ausgehändigt, mehr nicht. Der GÜ verweigerte die Offenlegung aller weiteren Planungen und Berechnungen.

Der GÜ verweigerte die Offenlegung aller weiteren Planungen und Berechnungen

Die Überprüfung der übergebenen Konstruktionspläne und vieler Fotos der Bauherrin von den Bauarbeiten ergab, dass sich nicht mehr behebbare Planungsmängel im Bauwerk verwirklicht hatten. Diese betrafen:

- Gründung
- Untergeschossbodenplatte
- Untergeschossaußenwände
- Bauwerksabdichtung erdberührter Bauteile
- Grundstücksentwässerung
- Wärmeschutz.

Der GÜ begründete die Nichtherausgabe der anderen zugesagten Unterlagen damit, dass er zum Beweis einer vollständigen und fehlerfreien Planung nicht verpflichtet sei. Weiterhin sei durch die Lagerung von Mobiliar und Haushaltsgegenständen im Gebäude die fiktive Abnahme des Hauses erfolgt. Der Bausachverständige erwähnte gegenüber dem GÜ kurz, dass nach seinen Erfahrungen bei Verweigerung der Herausgabe von Planungsunterlagen das Gefühl aufkommen müsse, der GÜ habe viel zu verbergen. Mit Sicherheit habe der GÜ die vertraglich vereinbarten Planungsleistungen nicht erbracht, sondern diese von den ausführenden Firmen verlangt. Bei solchem Verhalten würden nach seinen Erfahrungen oft kurz darauf die betreffenden Bauträger insolvent. Der GÜ tat sehr empört, seine Gesellschaft sei äußerst gewissenhaft und solvent, er empfand den Einwurf des Sachverständigen als unfair. Da das Haus weder fertig noch wegen fehlenden Wassers und fertig gestellter Sanitäreinrichtung benutzbar war, und die verlangten Pläne, Beschreibungen und Berechnungen nicht offen gelegt wurden, verweigerte die Bauherrin die vom GÜ verlangte Abnahme, das Haus wurde jedoch unter Vorbehalt übernommen, um bei der sich abzeichnenden und erwarteten Insolvenz im Haus wohnen zu können.

Einwurf des Sachverständigen

Daraufhin versprach der GÜ, innerhalb weniger Tage alle noch fehlenden Unterlagen, eigene Fotos der Bauarbeiten, Lieferscheine und Protokolle dem Sachverständigen zu schicken, die von ihm verlegte Dränage und die Arbeitsräume an den Untergeschossecken freizulegen, und alle noch bestehenden Mängel und Restarbeiten innerhalb von weiteren vier Wochen zu beseitigen und abzuschließen.

Und was passierte? Mitte April erhielt die Bauherrin, wie andere Bauherren auch, eine Zahlungsaufforderung eines Rechtsbeistandes in voller Höhe der Restsumme, ein untrügliches Zeichen für die unmittelbar bevorstehende Insolvenz des GÜ. Nach Angabe der Bauherrin wurde die Insolvenz des GÜ am 26.04.07 angemeldet, nachdem eine Auffanggesellschaft mit neuem Geschäftsführer im Handelsregister eingetragen war.

Zahlungsaufforderung eines Rechtsbeistandes

Worauf waren die schweren Baumängel und das Verhalten des Generalübernehmers zurückzuführen? Ausschließlich auf eigenes Planungs- und Überwachungsverschulden, fehlende Planungen und Berechnungen, Abweichen von der Tragwerksplanung, Nichteinhalten der öffentlich-rechtlichen Genehmigungsauflagen, Angst vor wegen seines Fehlverhaltens drohenden Ordnungswidrigkeitsverfahren und einer bemerkenswerten Ignoranz. Welche gravierenden Planungsfehler hatte der Generalübernehmer gemacht?

eigenes Planungs- und Überwachungsverschulden

Ordnungswidrigkeitsverfahren

Baugrunderkundung

Im Werkvertrag waren die vollen Planungsleistungen für alle erforderlichen Planungen wie Architektur, Tragwerksplanung, Bauphysik und Technische Ausrüstung durch den GÜ vereinbart.

Eine Baugrunderkundung mit Grundwasserständen war zwar im Werkvertrag ausgeschlossen, jedoch bei Erbringung der schlüsselfertigen Gesamtleistung einschließlich einer vollständigen Planung für die Beurteilung von Gründung und Bauwerksabdichtung zwingend erforderlich.

Baugrunderkundung mit Grundwasserständen war zwar im Werkvertrag ausgeschlossen

Der anstehende Baugrund besteht aus wasserdichtem Löß mit der Folge, dass eine Bauwerksabdichtung, je nach Wasserableitungsmöglichkeit durch Dränagen, entweder gegen Bodenfeuchte oder aufstauendes Wasser erforderlich ist.

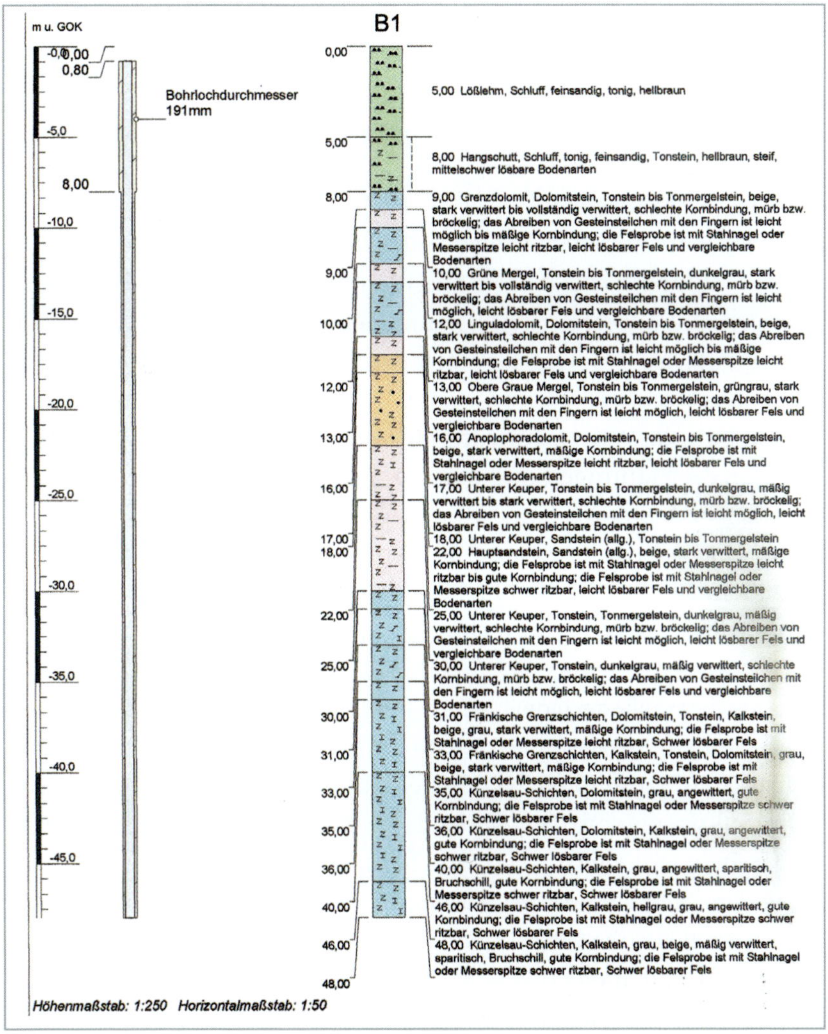

Abb. 2.219 ■ Bodenprofil der geothermischen Bohrung

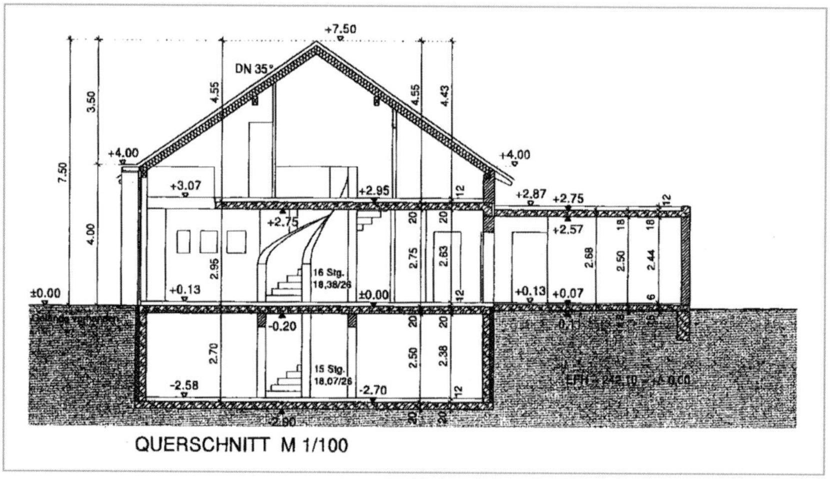

Plan 2.22 ■ Schnitt

Untergeschossbodenplatte

Nach eigenen Angaben in der Baubeschreibung sollte das Untergeschoss vollständig abgedichtet ausgeführt werden. Nach eigener Werkplanung und Konstruktionsplanung des Tragwerkplaners wurde die Bodenplatte als einlagig bewehrte, 15 cm dicke Stahlbetonplatte in der Betongüte CM 25/30 geplant. Nach Angabe des Architekten soll die Bodenplatte in WU-Ausführung hergestellt worden sein. Allerdings belegten die Planungen und die Aussagen des Rohbauunternehmers, dass die Bodenplatte einer WU-Ausführung nicht entsprach. Auch fehlte eine diffusionsdichte Abdichtung der Bodenplatte unter den Estrichen. Die kapillarbrechende Schicht war zu dünn, da teilweise durch Beton ersetzt.

Untergeschossaußenwände

Fugenbleche zur Abdichtung vorgesehen

nur 8 cm dicke Kernbetonfüllung

Alle Untergeschossaußenwände waren als 20 cm dicke, doppelt bewehrte Stahlbetonmassivwände geplant und statisch berechnet. Am Wandfuß waren vom Tragwerksplaner Fugenbleche zur Abdichtung vorgesehen. Ohne entsprechende Nachweise wurden die Außenwände als Dreifachwände mit 2x6 cm dicken Fertigteilschalen und nur 8 cm dicker Kernbetonfüllung mit Beton CM 25/30 vom Architekten umgeplant und auch eingebaut. Die Tragfähigkeit dieser Wände wurde bislang nicht nachgewiesen. Die vom Tragwerksplaner vorgesehenen Fugenbleche wurden auf Anweisung des GÜ weggelassen.

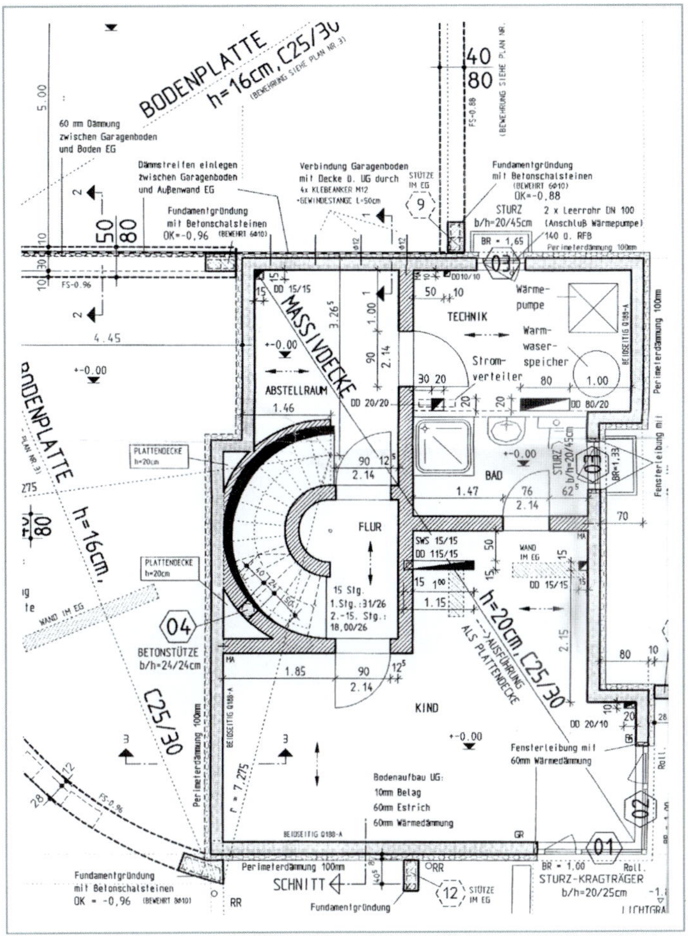

Plan 2.23 ▪ Untergeschosswände

Abb. 2.220 ▪ Untergeschossfertigteilwände ohne Kernbetonfüllung

Untergeschossabdichtung

Die Bodenplatte, ebenso die durchdringenden Abwasserleitungen, wurden weder gegen Bodenfeuchte noch aufstauendes Wasser nach DIN 18195 mit Flanschen abgedichtet. Die Außenwände waren zwar mit einer Bitumendickbeschichtung (KMB) beschichtet, Schichtdicke und Abdichtungsaufbau wurden aber verschwiegen. Diese Vertikalabdichtung war durch Lichtschachtbefestigungen und Nägel mehrfach perforiert. Die angeblich verlegte Dränage war weder geplant noch

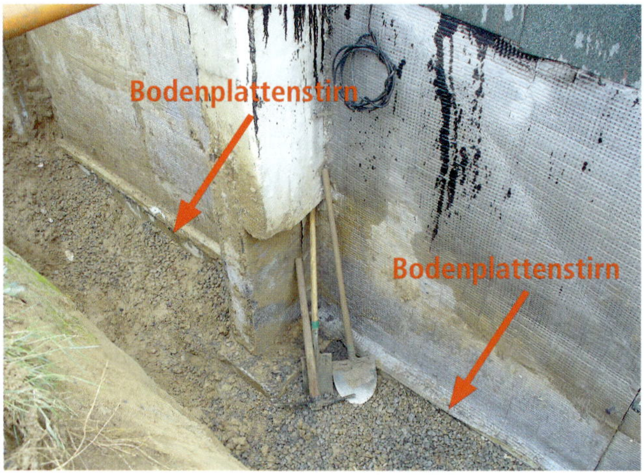

Abb. 2.221 ■ Nicht abgedichtete Bodenplattenstirn

Abb. 2.222 ■ Durch Lichtschachtbefestigung perforierte Wandabdichtung

eingebaut. Eine Dränage mit Versickerung auf dem Grundstück war nach Auskunft des zuständigen Ortsbauamtes zwar zulässig, wäre jedoch wegen nicht ausreichender Versickerungsmöglichkeit nicht dauernd funktionstüchtig gewesen.

Grundstücksentwässerung

Entwässerungsausführungspläne wurden nicht vorgelegt. Die Grundleitungen wurden ohne Revisionsöffnungen, Dichtheitsprüfungen verlegt. Rückstausicherungen für das mit Aufenthaltsräumen ausgebaute Untergeschoss fehlten. Von der Kommune verlangte Leitungsabnahmen und Betriebsfreigaben fehlten. Die Regenfallrohranschlüsse wurden mit unterschiedlichen Rohrtypen (KG und HT), mit 87° Bögen und ohne Revisionsstücke ausgeführt, nicht alle Leitungen waren an die Grundleitungen angeschlossen.

Abb. 2.223 ■ Entwässerungsdetail

Abb. 2.224 ■ Regenfallrohrdetail

Abb. 2.225 ■ Nicht angeschlossene Regenfallleitung

Balkon- und Vordachabdichtung

Balkonabdichtung war gefällelos

Flächenablauf nicht vorgesehen

Die Balkonabdichtung war gefällelos und ohne die erforderliche Mindestanschlusshöhe an den Balkontüren geplant, ein funktionierender Flächenablauf war nicht vorgesehen. Für das Vordach war keine Abdichtung geplant.

Abb. 2.226 ■ Balkonabdichtung mit Dauerwasserstand (oben links)
Abb. 2.227 ■ Nachträglicher Einbau eines Balkonablaufes (oben rechts)
Abb. 2.228 ■ Nicht abgedichtetes Vordach (unten links)

Abb. 2.229 ■ Verlegte Wasser- und Heizungsleitungen

Sanitärinstallation

Installationspläne gibt es nicht. Die beauftragte Firma hat die Installationen nach eigenem Gutdünken planlos eingebaut, Leitungen wurden planlos auf den Rohböden und -decken verlegt. Auch auf Revisionspläne wurde verzichtet.

Badabdichtungen

Die Abdichtungen der Bäder nach DIN 18 195-5 bzw. den Merkblättern des ZDB waren nicht vorgesehen. Der Architekt hatte entsprechende Forderungen des Fliesenlegers zurückgewiesen.

Abdichtungen der Bäder waren nicht vorgesehen

Abb. 2.230 ■ Fehlende Unterputzarmaturabdichtung

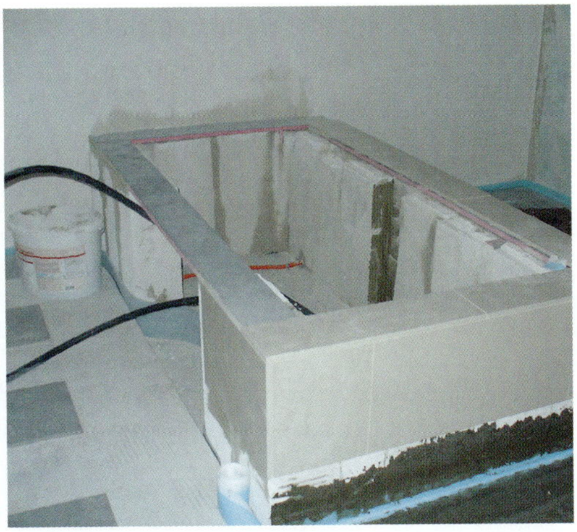

Abb. 2.231 ■ Nicht abgedichtete Decke unter der mittig angeordneten Badewanne

Abb. 2.232 ■ Hauptverteiler ohne FI-Schalter für die Außenauslässe

Heizungsinstallation

geothermische Anlage mit zwei Erdsonden

Installations- und Revisionspläne gab es nicht. Die Heizungsanlage wurde als geothermische Anlage mit zwei Erdsonden, Wärmepumpe und Fußbodenheizung gebaut. Lediglich für die Wärmepumpe lieferte der Hersteller Aufstell- und Anschlusspläne.

Elektroinstallation

Die Bauherrin wurde vom Elektriker auf die Baustelle gebeten, um dort ihre Wünsche anzugeben. Danach wurde installiert mit der Folge, dass wichtige Sicherungselemente, Schalter und Steuerungen fehlen.

Fußböden

Die Fußbodenaufbauten wurden nur mit Höhenangaben in den Plänen versehen. Eingebaut wurden in allen Räumen Fußbodenheizungen mit Anhydritheizestrichen und Oberbelägen aus Naturstein, Feinsteinzeug und Parkett. Notwendige Dehn- oder Feldbegrenzungsfugen wurden nicht geplant. Ebenso wenig die Abdichtungen in den Nassbereichen der Bäder. Trotz Weigerung des Parkettlegers, wegen fehlender Belegreife des Anhydritestrichs zu arbeiten, verfügte der

Architekt, dass alle Naturstein- und Keramikbeläge auf nicht ausreichend trockenen Anhydritestrichen verlegt wurden mit der Folge, dass diese Beläge (250 m²) entfernt und erneuert werden mussten. Folge: Inzwischen knallen bei Inbetriebnahme der Heizung und Nachtabsenkung die Estriche und die Natursteinbeläge reißen.

Naturstein- und Keramikbeläge auf nicht ausreichend trockenen Anhydritestrichen verlegt

Abb. 2.233 ▪ Abgelöste Natursteinplatte

Abb. 2.234 ▪ Feinsteinzeugplatten ohne Kleberhaftung

Abb. 2.235 ▪ Mörtelkontakt zwischen Natursteinbelag und Mauerwerk

Wärmeschutz
Angaben und Berechnungen für den gesamten Wärmeschutz von Untergeschossbodenplatte und Gebäudehülle fehlten.

Alle Planungsfehler und die sich daraus ergebenden Folgeschäden aufzuzählen würde sicherlich ein Buch füllen. Wie ging es weiter? Nach Anmeldung der Insolvenz kündigte die Bauherrin den Bauvertrag und beauftragte auf eigene Kosten Nachfolgefirmen mit der Mängelbeseitigung und Fertigstellung der Arbeiten. Die zurückbehaltenen Mittel sollen nach Schätzung der Bauherrin für die Kosten der Mängelbeseitigung und Fertigstellung ausreichen, hoffentlich. Wegen der Abdichtungsproblematik beauftragte sie sofort einen Bauunternehmer mit der Freilegung der erdberührten Außenwände. Dabei offenbarten sich schwere Mängel an den vertikalen Wandabdichtungen, auch die angeblich hundertprozentig verlegte Dränage fehlte. Da das Gebäude nur teilunterkellert ist, und die überbauten erdberührten UG-Wände nicht zugänglich sind, kann in diesen Bereichen nachträglich keine Dränage eingelegt werden. Auch ist eine Versickerung des Dränage- oder Stauwassers nicht möglich. Die Maßnahme ist noch nicht abgeschlossen.

2.16 Vogelkotschutzanlage bei Stuttgart

Preisverdächtige Architektenplanung

Stadtplanungsämter müssen vielfältige Planungsaufgaben übernehmen und manchmal auch unliebsame Probleme lösen, so wie hier.

Abb. 2.236 ■ Marktplatz mit Arkadengebäude

Plan 2.23 ▪ Lageplan mit altem und neuem Standort

Unter der Decke des Arkadenganges eines städtischen Verwaltungsgebäudes hatten seit vielen Jahrzehnten Mauersegler und Mehlschwalben ihre Nester gebaut, die in jedem Sommer wieder bezogen werden und zur Aufzucht neuer Schwalben dienen. Bis vor wenigen Jahren gab es wegen des Vogelkotes keine Probleme, frühmorgens wurde er von den Straßenkehrern mit beseitigt. Doch dann musste die Deutsche Bundespost den auch seit Jahrzehnten am gegenüberliegenden Rathaus hängenden Briefkasten entfernen. Als Ersatzstandort bot die Stadtverwaltung den Arkadengang gegenüber dem Rathaus an.

Schwalbennest über Briefkasten

Dort wurde unter einigen Schwalbennestern ein neuer Standbriefkasten aufgestellt. Die Schwalben nahmen von diesem weder Kenntnis, noch Rücksicht auf die neue Situation. Sie entleerten sich aus ihren Nestern ungehindert weiter, wie seit Jahrzehnten. Das störte die Post, denn der Briefkasten musste täglich gereinigt werden. Da ja die Kommune für alle Wildschäden in der Stadt aufkommen muss, Schwalben sind ja keine Haustiere, verlangte die Post die Beseitigung der Schwalbennester. Das war jedoch aus Naturschutzgründen unmöglich, so dass das städtische Planungsamt den Auftrag für eine Vogelkotschutzanlage erhielt. Diese sollte nicht nur den Briefkasten vor Verschmutzungen schützen, sondern möglichst auch selbstreinigend sein. Es wurden mehrere Varianten geplant und 1:1 in Situ unter den Nestern angebracht. Waagerecht angebrachte Kotauffangbretter waren besonders wirksam, jedoch nicht selbstreinigend. Nur schwach geneigte Bretter schieden ebenfalls aus. Die nun angebrachten Schutzbretter entsprachen den Vorgaben, sie schützten den Briefkasten vor Verschmutzungen und reinigten sich selbst. Allerdings rutscht der Vogelkot so ab, dass er unmittelbar vor, leider auch noch auf der Vorderkante des Briefkastens landet. Kurz um, die Vogelkotschutzanlage ist noch zu schmal und muss verbreitert wer-

Abb. 2.232 ■
Briefkasten mit Vogelkotschutzanlage

den. Allerdings wird dann auch der Kot wie bisher morgens von den Straßenkehrern entsorgt werden. Jedoch nicht in Kleinmengen, sondern als große Fladen, denn diese rutschen nur durch das die Adhäsion überwindende Eigengewicht ab. Dass besonders die Post einwerfenden Benutzer ständig den Kotbomben ausgesetzt sind, haben die Planer noch nicht mitbekommen. Und wer zahlt, wenn so ein Kotfladen einen Post einwerfenden Passanten trifft und dessen Frisur und Kleidung verschmutzt? Für diesen Fall muss sicherlich noch ein Rechtsgutachten eingeholt werden, denn vorausschauende Planer hätten dieses Problem sicherlich erkannt und eine Schaden vermeidende Lösung gefunden.

Doch wen wundert´s, wenn vielleicht diese Vogelkotschutzanlage wieder entfernt und der Briefkasten vor dem Gebäude frei bewittert aufgestellt wird? So werden Reinigungsprobleme, Kosten und Schadenersatzansprüche sicherlich vermieden, denn dort nisten keine Schwalben. Und wenn es regnet, wird der Briefkasten abgewaschen. Aber für eine solche Maßnahme ist eine denkmalschutzrechtliche Genehmigung erforderlich, denn die gesamte Altstadt steht unter Denkmalschutz. Um diese zu bekommen, sind Anträge mit Lageplan, in dem der neue Standort eingetragen ist, eine Fassadenansicht mit Briefkasten, vielleicht auch noch ein Schnitt, erforderlich. Mehrere Ortstermine mit Vertretern der Post, dem Vertreter des Denkmalamtes, dem Vertreter der unteren Denkmalbehörde, dem Leiter des Stadtentwicklungsamtes, der Bauverständigen des Baurechtsamtes und dem planenden Architekten der Stadt werden stattfinden, denn über diese das Stadtbild verändernde Situation, besonders die Farbgestaltung, muss ja ausgiebig vor Ort diskutiert werden. Vielleicht müssen ja auch noch verschiedene Farbmuster angesetzt werden? Danach, frühestens nach einem Jahr, oder auch später, wird die denkmalschutzrechtliche Genehmigung erteilt. Und wenn sich dann Stadtverwaltung und Post über die Kostenübernahme geeinigt haben, kann der Briefkasten vielleicht nach fünf Jahren versetzt werden.

denkmalschutzrechtliche Genehmigung für Vogelkotschutzanlage

3 Allgemeine Hinweise zur Vermeidung von Pfusch am Bau

Wie kann Pfusch am Bau von Auftraggebern, ob Laien oder mit dem Bauen Vertrauten, und auch ausführenden Firmen rechtzeitig erkannt und verhindert werden? Durch Vorsicht und striktes Einhalten und Anwenden nachfolgender Empfehlungen.

3.1 Empfehlungen für klassische Bauherren

Nur vollständige Planungsaufträge an Architekten und Ingenieure erteilen

Um überhaupt bauen zu können, sind vollständige Pläne erforderlich. Der Architekt plant das Haus nach den Vorstellungen seiner Bauherren. Er ist der Ansprechpartner für seine Bauherren bei allen das Bauobjekt betreffenden Fragen. Er zeichnet alle erforderlichen Pläne, berechnet die Flächen, ermittelt die Baukosten. Er muss seine Bauherren ausführlich beraten und auf notwendige Fachplanungen, Baugrunduntersuchungen usw. hinweisen. Im Rahmen seiner Tätigkeit hat er die notwendigen Koordinierungsaufgaben zu erfüllen. Zu seiner Tätigkeit als Bauleiter muss er die Baustelle überwachen, erkennbare Mängel sofort beseitigen lassen, Abnahmen mit Unternehmern und Bauherren begleiten, Rechnungen prüfen und vor allem ein mangelfreies Bauwerk übergeben.

nur vollständige Planungsaufträge

Ingenieure werden als so genannte Sonderfachleute benötigt. Ingenieure sind keine Erfüllungsgehilfen des Architekten, sondern von Bauherren zu beauftragen. Ingenieure sind erforderlich für die Tragwerksplanung und die Planung der technischen Gebäudeausrüstung mit Wasser, Heizung, Elektrizität. Besonders wichtig sind Ingenieure für die Entwicklung der Energiekonzepte und Planung der bauphysikalischen Konzeption. Ingenieure und Architekten müssen eng zusammenarbeiten, wobei der Architekt die Koordinierungsaufgaben übernehmen muss.

Ingenieure sind keine Erfüllungsgehilfen von Architekten

Vollständige Planungsleistungen sind für die mangelfreie Erstellung von Gebäuden erforderlich. Das Leistungsbild der erforderlichen Planungen ist in der *Honorarordnung für Architekten und Ingenieure (HOAI)* aufgeführt. Grundsätzlich sind alle zu erbringenden Leistungen vertraglich zu vereinbaren.

HOAI

Referenzen von mindestens 5 Jahre alten Objekten einholen

Vor der Entscheidung über die Vergabe von Planungsaufträgen wird das Einholen von Referenzen immer wichtiger. Nicht gerade fertiggestellte Objekte, sondern ca. 5 Jahre alte oder ältere Bauten geben Auskunft über die Ausführungs- und Betreuungsqualitäten der Planer. Innerhalb dieser Zeit stellen sich entweder keine, vielleicht wenige, aber leider auch immer öfter besonders viele und schwere Mängel ein. Für den Bauherrn sind diese Informationen wichtiger, als gerade fertig gestellte Neubauten zu besichtigen. Mängelfreie Bauten zeugen von guten Planern und guten Firmen. Mängelbeseitigungsmaßnahmen kosten viel Nerven und Geld.

Betreuungsqualität der Planer

Versicherungsbestätigungen vor Auftragserteilung einholen

Kein Mensch ist unfehlbar, auch kein Planer. Bauleitende Architekten und Ingenieure müssen ihren Auftraggebern ein mangelfreies Werk übergeben. Bei der heutigen Ausführung ist dies nur schwer möglich. Eine lückenlose Überwachung der Firmen und deren Ausführungen ist unmöglich. Bei Aufsichtsfehlern und darauf zurückzuführenden Mängeln ist der Bauleiter in der Regel versichert. Auch Kostenüberschreitungen sind versicherbar. Nicht die Versicherungspolice, sondern die Deckungszusage der Haftpflichtversicherung für das jeweilige Objekt gibt die dringend erforderliche Sicherheit. Nur so können die versicherten Risiken und der Versicherungsschutz im Vertag geregelt werden.

Deckungszusage der Haftpflichtversicherung

Faire Honorare nach HOAI vereinbaren

Planer müssen Geld verdienen

Alle Planer müssen nicht nur überleben können, sondern auch Geld verdienen. Freiberufler sind weder durch Arbeitslosen- noch Konkursausfallgelder abgesichert. Sie müssen ihre Sozialversicherungs- und Krankenkassenbeiträge in voller Höhe ohne Arbeitgeberbeiträge entrichten. Dieses ist jedoch nur bei fairen Honorarvereinbarungen möglich. Grundlage für die Architekten- und Ingenieurhonorare ist die *Honorarordnung für Architekten und Ingenieure (HOAI)*. Honorare sind nach der HOAI zu vereinbaren, und zwar vor Vertragsabschluss. Die in der HOAI festgelegten Honorarsätze und Leistungsbilder sind gesetzlich geregelt, und Gesetze sind einzuhalten. Bauherren, die ganz massiv die Honorare bis auf ein Minimum drücken, werden in der Regel

faire Honorarvereinbarungen

mit unvollständigen, mangelhaften Planungen mit vielen Ausführungsmängeln bis zum Totalverlust belohnt. Strafe muss sein.

Totalverlust als Belohnung

Eindeutige Planungsverträge abschließen

In den Verträgen müssen alle vom Planer zu erbringenden Leistungen vollständig erfasst und vereinbart werden. Dies betrifft vor allem zusätzliche, nicht in den Grundleistungen der HOAI aufgeführte Planungs-, Aufnahme- und Sonderleistungen. Die Honorare, Zahlungsvereinbarungen, Haftungsfragen usw. sind vor Vertragsunterzeichnung zu regeln. Wenn diese Punkte nicht vertraglich vor Leistungsbeginn geregelt sind, steht meistens Ärger vor der Tür.

Deckungszusagen in Verträge aufnehmen

Forderungsabtretungsvereinbarungen

Deckungszusagen mit möglichen Forderungsabtretungsvereinbarungen müssen unbedingt in Planungsverträge mit aufgenommen werden. Dieses hat Auswirkungen auf die Zurückhaltungsmöglichkeiten im Schadensfall. Es ist keinem damit gedient, durch schlecht abgeschlossene Verträge Kopf und Kragen zu riskieren. Freiberufler haften im Gegensatz zu Firmen oder juristischen Personen (eine Gesellschaft ist eine juristische Person) mit ihrem vollen Vermögen. Insolvent gewordene Planer helfen im Schadensfall nicht weiter.

Schriftliche Festlegung aller Planungsaufträge und Planungsschritte

Immer wieder entstehen Streitigkeiten, Kostenüberschreitungen, Terminverzögerungen, Folgemängel und Schäden, weil die Planungsaufträge und Planungsschritte nicht ausreichend schriftlich vereinbart oder dokumentiert wurden. Schriftliche Vereinbarungen oder gegengezeichnete Protokolle, Planfreigaben usw. sind in kaufmännischen Bereichen oder bei Industrieobjekten obligatorisch. Nur im gesamten privaten Baubereich werden noch immer mündliche Vereinbarungen, die später niemand mehr kennt, getroffen. So lange nichts passiert, mag dieses noch gelten, doch wo passiert nichts?

schriftliche Vereinbarungen

Planungsergebnisse schriftlich formulieren lassen

Auch wenn schriftliche Formulierungen als Text zuzüglich zu Zeichnungen oder Skizzen von Planungsergebnissen unüblich sind, können im Streitfall gerade solche Aufzeichnungen ausschlaggebend sein.

Die Planer sind nach der HOAI (§15) zu solchen Erläuterungen verpflichtet.

Alle Pläne sorgfältig auf Inhalt und Vollständigkeit prüfen

Pläne prüfen

Neben den für die Bauausführung erforderlichen Maßen und sonstigen Angaben, werden in die Pläne auch Flächen und Umfänge eingetragen. Zu unterscheiden ist zwischen den tatsächlichen Flächen und den Wohn-, Nutz- und Nebenflächen, die nach der DIN 283 (alt) oder der II. Berechnungsverordnung zu ermitteln sind. Diese Flächen müssen verbindlich in den Flächenberechnungen und Genehmigungsplänen enthalten sein. Diese Flächen sind neben der Kubatur mit die wichtigsten Grundlagen für die Finanzierung, die Besteuerung und auch einen späteren Verkauf. Diese Angaben sind unbedingt zu prüfen.

Baumängel und Schäden durch Pfusch der Planer

Welcher Bauherr ist dazu in der Lage? Die Beauftragung eines Bausachverständigen, alle Pläne vor Freigabe auf Inhalt, Vollständigkeit und mögliche Planungsmängel zu überprüfen, ist gut angelegtes Geld. Leider ist heute bei fast allen Planungen eine solche Überprüfung erforderlich, denn der überwiegende Teil der Baumängel und -schäden ist auf Planungs- bzw. Objektüberwachungsfehler zurückzuführen. Bei den vom Autor bearbeiteten Schadensfällen lag dieser Anteil bei über 95%.

Unklarheiten sofort klären

dreidimensionale Planungen

Unklarheiten dürfen nicht auf die lange Bank geschoben werden. Alle Fragen schriftlich zu formulieren und schriftlich beantworten zu lassen ist der richtige Weg, Unklarheiten zu beseitigen. Da den meisten Baulaien das räumliche Vorstellungsvermögen fehlt, sind dreidimensionale Planungen oder visuelle Gänge durch das geplante Gebäude eine hervorragende Sache. Die heutigen Zeichenprogramme sind dafür ausgestattet.

Alle Empfehlungen und Ratschläge schriftlich bestätigen

wer schreibt der bleibt

Das alte Sprichwort »*Wer schreibt der bleibt*« hat sich immer bewährt. Warum sollen schriftliche Bestätigungen ein Zeichen von Misstrauen sein? Im normalen Geschäftsverkehr ist dieses absolut üblich.

Alle Besprechungen lückenlos protokollieren

Während der Planungs- und Entscheidungsphasen wird viel gesprochen, später aber noch viel mehr vergessen. Gesprächsprotokolle sind eine bewährte, absolut übliche Dokumentationsart, die besonders bei drohenden Auseinandersetzungen zur Vermeidung unnötiger Streitigkeiten hilfreich sein kann.

Verbindliche Kostenberechnungen fordern

Immer wieder wird von erheblichen Baukostenüberschreitungen, besonders bei öffentlichen Bauvorhaben berichtet. Baukostenüberschreitungen können bis zum Ruin der Bauherren führen.

Baukostenüberschreitungen

Die Planer sind nach der HOAI dazu verpflichtet, Kostenschätzungen und -berechnungen zu erstellen. In *§ 15 Leistungsbild für Gebäude, Freianlagen und raumbildende Ausbauten* sind folgende Leistungsphasen erforderlich:

Kostenberechnungen

- *Lph. 2. Vorplanung: Kostenschätzung nach DIN 276 oder nach dem wohnungsrechtlichen Berechnungsrecht*
- *Lph. 3. Entwurfsplanung: Kostenberechnung nach DIN 276 oder nach dem wohnungsrechtlichen Berechnungsrecht, Kostenkontrolle durch Vergleich der Kostenberechnung mit der Kostenschätzung.*
- *Lph. 7. Mitwirkung bei der Vergabe: Kostenanschlag nach DIN 276 aus Einheits- oder Pauschalpreisen der Angebote, Kostenkontrolle durch Vergleich des Kostenanschlags mit der Kostenberechnung*
- *Lph. 8. Objektüberwachung: Kostenkontrolle durch Überprüfen der Leistungsabrechnung der bauausführenden Unternehmen im Vergleich zu den Vertragspreisen und dem Kostenanschlag.*

Verbindliche Termine vereinbaren

Alle Beteiligten sollten an einer zügigen Maßnahmendurchführung interessiert sein. Deshalb ist es unbedingt ratsam, für beide Parteien verbindliche Terminvereinbarungen auch in die Planungsverträge mit aufzunehmen. Daran haben sich nicht nur die Planer, sondern auch die Bauherren zu halten. Durch oftmals fehlende Entscheidungsfreude der Auftraggeber werden Planungen und Baubeginn unnötig verzögert. Solche Verzögerungen können zu Kostensteigerungen und Schadenersatzforderungen führen.

verbindliche Termine

Nur nach baurechtlich genehmigten Plänen und Berechnungen bauen; die Genehmigungs- und Bauaufsichtsbehörden haften mit

Bei kleineren Wohnungsbaumaßnahmen besteht die Möglichkeit, auf das normale Baugenehmigungsverfahren zu verzichten und nach dem Freistellungs- oder Kenntnisgabeverfahren [22] zu bauen. In diesem Fall haben Bauherr und Planer die alleinige Verantwortung für die Einhaltung des öffentlichen Baurechts und der a.a.R.d.T. Die Baugenehmigungsbehörde überprüft dann weder Pläne noch Berechnungen. Die Bauvorhaben werden auch nicht auf Einhaltung der öffentlichrechtlichen Baubestimmungen und a.a.R.d.T. vor Ort überprüft. Es gibt sicherlich Bauvorhaben, die ungeprüft errichtet werden können. Die immer mehr zunehmenden Fehler bei Planungs- und Überwachungsleistungen, besonders bei schlüsselfertigen Baumaßnahmen, können bei der Überprüfung durch die Baugenehmigungsbehörde zwar nicht vollständig vermieden, jedoch zum Teil verhindert werden. Wenn dann durch mangelhafte oder oberflächliche Arbeitsweise der Behörden Schäden auftreten, haften die Behörden mit. Dieses kann bei Bauwerksabdichtungen und Entwässerungsanlagen besonders wichtig sein, die beschriebenen Schadensfälle sind dafür ein Beweis.

nur nach baurechtlich genehmigten Plänen bauen

Kenntnisgabe Freistellung; Behörden haften mit

Keine Freistellungen für Tragwerksplanungen akzeptieren

Freistellungserklärungen

Durch Freistellungserklärungen gegenüber der Baurechtsbehörde können Bauherren und Tragwerksplaner auf die Prüfung der Tragwerksplanung durch Prüfingenieure verzichten. Welcher Fachmann stellt dann fest, ob überhaupt eine richtige oder vollständige Tragwerksplanung vorhanden ist? Keiner, und Bauherren sind dazu nicht in der Lage.

Prüfung aller Baubeschreibungen und Leistungsverzeichnisse auf Übereinstimmung mit eigenen Vorstellungen, den a.a.R.d.T., Vollständigkeit und Vertragsbedingungen

Baubeschreibungen und Leistungsbeschreibungen prüfen

Baubeschreibungen sind für den Baulaien nur verständlich, wenn alle geplanten Ausführungsstandards vollständig und allgemein verständlich beschrieben und ggf. mündlich erläutert werden. Besonders bei schlüsselfertigen Objekten sind Baubeschreibungen sehr oft undurchsichtig und schwammig verfasst. Besonders vernachlässigt werden regelmäßig: Grundstücksentwässerung, tragende Bauteile Bauwerksabdichtung, Wärme-, Feuchte- und Schallschutz, alle erdberührten Bauteile und auch später unsichtbare Bereiche. Leistungsverzeichnisse sind oft unvollständig oder für die geplante Maßnahme nicht verwendbar. Viele Architekten benutzen noch immer überalterte eigene »Standard-

undurchsichtig und schwammig verfasste Baubeschreibungen

leistungsverzeichnisse«, die den geltenden Regeln nicht mehr entsprechen. Durch die Einschaltung eines Sachverständigen können Missstände aufgedeckt werden, nicht zur Freude der Verfasser. Freude und Vertrauen können nur bei fehlerfreier Leistung aufkommen, doch daran fehlt es leider in sehr vielen Fällen.

Leistungsverzeichnisse sind unvollständig

Angebote akribisch überprüfen

Angebote werden oft bewusst so unvollständig abgegeben, dass spätere Nachtragsangebote erforderlich werden. Ursächlich dafür sind meistens falsche oder unvollständige Bau- und Leistungsbeschreibungen. Geschäftsbedingungen sind für Baulaien und rechtlich unerfahrene Bauherren nicht übersehbar. Gerade beim schlüsselfertigen Bauen werden Bauherren oft mit unberechtigten Forderungen über den Tisch gezogen, oder es werden Bauausführungen vereinbart, die mit den a.a.R.d.T. oder dem Stand der Technik nicht übereinstimmen.

Angebote sind oft bewusst unvollständig

Keine Planungsänderungen verursachen (Mehrkosten drohen)

Jede geänderte Planung hat Kostenänderungen zur Folge, meistens nach oben. Wenn während der Bauphase geändert wird, können, je nach Abweichen von der genehmigten Planung, vollständige Neuplanungen, Änderungsgenehmigungen, zusätzliche oder neue statische Berechnungen, Änderungen bei der technischen Ausrüstung usw. und Baustillstand auftreten. Bei Pauschalverträgen entfällt bei Planungsänderungen die Vertragsgrundlage, bei Einheitspreisverträgen sind Nachtragsvereinbarungen zu meist höheren Preisen die Folge. Amerikaner planen lange und gründlich, Deutsche wollen bereits nach der ersten Idee das Gebäude beziehen. Der amerikanische Weg ist der bessere.

Mehrkosten durch Planungsänderungen

Vertragsgrundlage entfällt bei Pauschalverträgen durch Planungsänderungen

Rechtliche Beratung vor Vertragsabschlüssen einholen, rechtliche Betreuung vereinbaren

Besonders beim Privatbau sind die Vertragsparteien in der Regel unterschiedlich ausgebildet, auf der einen Seite technische Fachleute, oft auch rechtlich geschult oder unterstützt, auf der anderen Seite technische und rechtlich unerfahrene Laien. Durch die Einschaltung von Rechtsbeiständen von Anfang an werden mit Sicherheit mögliche Übervorteilungen oder unliebsame Folgen aus ungünstigen Verträgen vermieden.

Rechtsberatung gegen Übervorteilung

Bauherrenhaftpflicht- und Bauleistungsversicherungen abschließen

Bauherren sind gegenüber Dritten erst einmal immer die Verursacher von möglichen Schadensereignissen, auch wenn die Schäden nicht von ihnen selbst, sondern von beauftragten Firmen verursacht wurden, Käufer dagegen nicht. Bauherren haften deshalb immer zuerst bei allen von der Baumaßnahme ausgehenden Schadensfällen, später können diese vielleicht an die eigentlichen Schadensverursacher durch Schadenersatzforderungen weitergegeben werden. Bei Abschluss einer Bauherrenhaftpflichtversicherung muss sich der Bauherr damit nicht ohne Rechtsbeistand oder Versicherungsschutz herumschlagen, das macht dann die Versicherung. Bauleistungsversicherungen schützen die eingebauten Leistungen der Unternehmer vor der Abnahme gegen Elementarschäden, Beschädigung und Diebstahl. Bei Umbauten oder Instandsetzungen kann sogar das Einsturzrisiko mit versichert werden. Mit den Prämien für die Bauleistungsversicherung können die ausführenden Firmen belastet werden, wenn diese keine eigenen Versicherungen abgeschlossen haben: Diese Frage muss vor Vertragsabschluss geklärt werden.

Bauherren haften immer zuerst

Einsturzrisiko versichern

Referenzen über Firmen einholen, besonders über Mängel und Mängelbeseitigung

Geplante Baumaßnahmen können vor der Errichtung nicht besichtigt oder überprüft werden. Referenzen geben Auskunft über die Zuverlässigkeit, Ausführungsqualität, Termintreue und auch das Verhalten der Planer und Firmen beim Auftreten und Beseitigen von Mängeln und Schäden. Bei gerade fertig gestellten Bauten können zumindest keine Auskünfte in Verbindung mit Baumängeln erteilt werden. Dieses ist jedoch besonders wichtig, denn Bauten sollen keine kurzlebigen, sondern langlebige Wirtschaftsgüter sein. Schließlich zahlen die meisten Bauherren meist 25 Jahre und länger. Katzen werden auch nicht im Sack gekauft, Bauten leider überwiegend.

Referenzen

Bonitäts-, Liquiditäts- und Versicherungsauskünfte einholen

Der Pfusch am Bau fordert immer mehr Opfer, leider aber auch die Bauherren selbst. Wegen der meist zu schwachen Kapitaldecke der Baufirmen sind Insolvenzfälle auf der Tagesordnung, besonders bei Mängeln an nicht zugänglichen Bauteilen wie Bauwerksabdichtungen

Auskünfte einholen

und Entwässerungsleitungen. Treten solche Mängel mit besonders hohen Folgekosten auf, müssen sich viele Firmen in die Insolvenz oder den Konkurs abmelden. Die betroffenen Bauherren sind dann die wirklich Geschädigten. Gegenseitige Absicherungen durch Bankbürgschaften sind möglich und immer öfter erforderlich. Unternehmer lassen sich die Finanzierungsbestätigungen von ihren Auftraggebern vorlegen und verlangen oft auch Forderungsabtretungen gegen die finanzierenden Banken. Durch Erfüllungsbürgschaften der Firmenbanken können Verluste für Bauherren verhindert werden, bei Insolvenz oder Pfusch muss die Bank zahlen. Deckungszusagen der Firmenversicherungen für die jeweiligen Bauvorhaben geben nicht nur den Bauherren oder Käufern, sondern auch den Firmen Sicherheit. Bei öffentlichen oder Industriebauvorhaben oder gewerblichen Wohnungsbauten sind solche gegenseitigen Absicherungen grundsätzlich üblich, beim privaten Wohnungsbau leider noch nicht.

Forderungsabtretungen
Erfüllungsbürgschaften

Aufträge nur an regionale oder örtliche, renommierte Firmen vergeben

Durch den verschärften Wettbewerb am Bau versuchen fast alle Firmen, Aufträge durch besonders billige, meist nicht kostendeckende Angebote zu bekommen. Dass dabei die Qualität auf der Strecke bleibt, geben Firmeninhaber offen zu. Mit eigenem Personal sind die meisten Firmen nicht mehr dazu in der Lage, angenommene Aufträge annähernd kostendeckend auszuführen. Alte Firmen gehen, neue Firmen, manchmal nur alte unter neuem Mantel, kommen, doch woher? Aus allen Ländern Europas und dem Rest der Welt. Die Spreu vom Weizen zu trennen ist selbst Fachleuten nicht mehr möglich.

nicht kostendeckende Angebote

Regional oder örtlich agierende mittelständische Firmen, meist noch im Familienbesitz und unter Eigentümerleitung. geben die beste Gewähr für die Erbringung der vertraglich vereinbarten Leistung in guter Ausführung, wenn eigenes Personal oder zuverlässige, bekannte Partner oder Subunternehmer mit eingesetzt werden. Diese Firmen sind auf ihren guten Ruf angewiesen. Kein seriöser Unternehmer kann es sich leisten, dass auf ihn wegen Pfuschs am Bau mit dem Finger gezeigt wird. Er wird immer versuchen, zufriedene Kunden zu bekommen und zu pflegen. Fliegende Kolonnen oder Firmen aus der Ferne stehen mit Sicherheit bei Baumängeln und Schäden nicht mehr zur Verfügung, der Auftraggeber hat dann mal wieder Pech.

fliegende Kolonnen

Unbekannte oder Subunternehmer aus Billiglohnländern ausschließen

Subunternehmer aus Billiglohnländern

Dieser Rat ist leichter ausgesprochen und geschrieben, als ausgeführt. Die meisten Bauunternehmer sind auf Personal oder Subunternehmer aus Billiglohnländern angewiesen. Auf vielen Baustellen, besonders Großbaustellen, herrscht ein Sprachengewirr wie beim Turmbau zu Babel. Viele Subunternehmer beschäftigen keine ausgebildeten Fachkräfte, sondern alles was Beine hat. Wenn schon Subunternehmer eingesetzt werden müssen, müssen deren qualitative Leistungen besonders sorgfältig überprüft werden, bevor eine Zustimmung gegeben oder ein Vertrag unterschrieben wird. Immer mehr öffentliche oder große Auftraggeber erteilen wegen der Mängelbeseitigungsprobleme großen Baukonzernen keine weiteren Aufträge, denn nach der Leistungserbringung sind die Subunternehmer weg oder pleite. Große Baukonzerne haben kein eigenes gewerbliches Fachpersonal mehr, sie kaufen die Bauleistungen zum billigsten, meist für die Subunternehmer unauskömmlichen Preis ein.

Baukonzerne kaufen Bauleistungen ein

Bei Vergabe an Generalüber- oder -unternehmer Subunternehmer und Objektüberwachung vertraglich festlegen

Bei schlüsselfertigem Bauen mit Generalübernehmer gibt der Auftraggeber alle Leistungen, auch die Planungs- und Überwachungsaufgaben, aus der Hand. Generalübernehmer erbringen in der Regel keine eigenen Leistungen, sondern kaufen diese beim billigsten Bieter ein. Generalunternehmer beschäftigen manchmal noch teilweise eigenes Personal, kaufen aber auch die Bauleistungen bei Billigstanbietern ein. Im Gegensatz zur Vergabe an Generalübernehmer erbringt der Bauherr bei Vergabe an Generalunternehmer die oder einen Teil der Planungsleistungen. Generalunternehmer überwachen das Objekt, der Bauherr gibt auch hier die Kontrolle aus der Hand. Deshalb ist es besonders wichtig, die eingesetzten Subunternehmer namentlich zu kennen, vorher zu überprüfen und im Vertrag festzulegen. Bei Vergabe an Generalüber- oder -unternehmer sollte man niemals die Objekt-überwachung aus der Hand geben.

Objektüberwachung mehr aus der Hand geben

Pauschalverträge nur bei Vollständigkeit des gesamten Leistungsumfanges und nach Vergleichsberechnungen abschließen

Pauschalverträge bieten dem Auftraggeber Sicherheiten, jedoch nur, wenn alle Planungsleistungen und Objekt- und Leistungsbeschreibungen vollständig sind und Vertragsgrundlage werden. Vor der Vergabe sollte durch Vergleichsberechnungen unbedingt überprüft werden, ob eine Pauschalvergabe die erhofften Vorteile, nämlich eine Komplettleistung zum Festpreis zu erhalten, auch wirklich bringt. Viele Bauunternehmer nutzen jede Abweichung von der vertraglich vereinbarten Pauschalleistung, z.B. bei Planungsänderungen, zu ihren Gunsten aus. Die abgeschlossenen Verträge werden in vielen Fällen wegen Wegfall der Geschäftsgrundlage gekündigt oder durch Nachträge zu meistens weit höheren Einheitspreisen, als bei der Grundkalkulation angesetzt, aufgestockt.

Wegfall der Geschäftsgrundlage

Bauüberwachung nicht aus der Hand geben, Bauüberwachung ggf. vom Planer trennen (vier Augen sehen mehr, doppelte Haftung)

4-Augen-Prinzip

Das wichtigste Glied in der Baukette ist und bleibt der Objektüberwacher (Bauleiter). Bauleiter müssen absolut zuverlässig und erfahren sein und wirklich alle Tricks am Bau kennen. Letztlich hängt vom Bauleiter ab, ob die vereinbarte Leistung in der vereinbarten Qualität, zum vereinbarten Preis und zum vereinbarten Termin mängelfrei abgeliefert wird. Der Bauleiter muss nicht nur die Bauausführung überwachen, sondern er muss alle Pläne auf Richtigkeit und Vollständigkeit überprüfen. Er muss sich nicht nur gegenüber den Firmen, sondern auch bei mangelhaften oder unvollständigen Planungen gegenüber den Planern durchsetzen. Auch bei widersinnigen Anweisungen der Auftraggeber hat er auf die Folgen hinzuweisen und sogar die Bauordnungsbehörde einzuschalten, wenn durch solche Anweisungen die Sicherheit am Bau oder die Einhaltung der a.a.R.d.T. gefährdet sind. Interessenkollisionen können auftreten, wenn Planer unvollständige oder mangelhafte Planungen verwenden und dann selbst oder mit eigenen Mitarbeitern die Bauüberwachung durchführen. Bewährt hat sich die Trennung von Planung und Objektüberwachung. Für den Auftraggeber ergibt sich ein gewaltiger Vorteil: Beide, Planer und Bauleiter, haften für Fehlleistungen und Unterlassungen.

Trennung von Planung und Objektüberwachung hat sich bewährt

Baustelle täglich überwachen lassen

Früher war es grundsätzlich üblich, heute ist es zwingend erforderlich, die Baustellen mindestens täglich einmal oder mehrmals zu überwachen. Bei den von Bauherren und Bauträgern geforderten viel zu kurzen Bauzeiten und dem Preisdruck können die vereinbarten Qualitäten nur abgeliefert werden, wenn durch eine ständige Kontrolle und Überwachungsdruck die Unternehmer keine Möglichkeiten zum Pfusch erhalten. Zulässige Toleranzen sind sowohl im Rohbau als auch im Ausbau einzuhalten. Besonders im Innenausbau, aber auch bei Bauwerksabdichtungen, Außenputzen usw. sind Trocknungs-, Verarbeitungs- und Standzeiten einzuhalten, bevor mit weiteren Arbeitsgängen begonnen werden kann. Besonders sorgfältig zu überwachen sind alle Bauwerksabdichtungen, Entwässerungen, Wärme- und Schalldämmungen. Ohne tägliche Kontrolle mit ausreichenden Zeiten ist dieses nicht möglich.

Baustellen müssen täglich oder mehrmals täglich überwacht werden

Vollständiges Tagebuch führen

Bautagebuch

Das Bautagebuch ist vom Bauleiter lückenlos zu führen. Aufzunehmen sind: Datum, Wetter, Belegschaft und Arbeitsgänge der einzelnen Firmen, alle Anweisungen, Besprechungen, Behördenforderungen, Änderungen, Abnahmen und der Leistungsstand. Bautagebucheinträge sollten immer täglich dem Auftraggeber übermittelt werden, so ist dieser stets informiert. Gerade bei Streitigkeiten ist das Bautagebuch eine wichtige Urkunde beim Nachvollziehen des Bauablaufes usw. Da auch bei Tagebüchern manchmal getrickst wird, kann ein eigenes Gegenbuch manchmal sehr hilfreich sein.

Lückenlose Fotodokumentation führen

Fotos und Filme als Dokumentationen

Mit Fotos oder Filmen können der jeweilige Baustand, die Lage von Leitungen für Wasser, Abwasser und Strom usw. dauerhaft dokumentiert werden. Gerade beim Aufhängen von Bildern, Befestigen von Möbeln und späteren Reparaturen usw. sind diese Informationen besonders wichtig. Ein Foto zu wenig kann bei Streitigkeiten zu Problemen führen, ein Foto zu viel nicht. Fotos oder Film-/Videoaufnahmen sind die besten Beweismittel bei Mängeln, Ablaufstörungen und auch bei der Ursachenforschung von Bauschäden. Außerdem sind solche Dokumentationen eine gute Erinnerung an das persönliche *»Einmal im Leben«*.

Alle Leistungen, auch Teilleistungen, gemeinsam mit dem Bauleiter abnehmen

Die wichtigste Handlung des Bauherrn (Besteller) ist die Abnahme.

Bei der Abnahme übernimmt der Besteller die Leistung, sei es vorbehaltlos oder unter Vorbehalt. Vorbehalte sind z.B. Mängeleinreden, Geltend machen von Konventionalstrafen aus Verzug, Gegenforderungen usw. Vorbehalte müssen bei der Abnahmeverhandlung vorgetragen und in das Abnahmeprotokoll wörtlich aufgenommen werden. Die Abnahme bedeutet für den Besteller die Beweislastumkehr. Vor der Abnahme hat der Lieferant die vertragsgemäße, mängelfreie Leistung zu beweisen, nach der Abnahme liegt die Beweislast für nicht vertragsgemäße und mangelhafte Leistungen beim Besteller. Nach der Abnahme ist die Schlusszahlung fällig. Bauherren sind meistens technisch und juristisch nicht soweit ausgebildet, um Bauabnahmen oder Teilabnahmen ohne Unterstützung durchzuführen. Für die technische Beratung muss entweder der eigene Bauleiter oder ein Sachverständiger, für die juristische Beratung ein Rechtsbeistand Hilfe leisten. Viele Bauunternehmer, aber auch manche Planer, nutzen die Unkenntnis der Besteller schamlos aus und vertuschen alle nicht sichtbaren Mängel, obwohl alle Vertragsabweichungen wie Planungs- und Ausführungsmängel, auch verdeckte, bei der Abnahme offenbart werden müssen. Um dieses zumindest teilweise zu verhindern, sind auch Abnahmen fertiggestellter Teilleistungen unbedingt erforderlich. Früher regelten das die Handwerker untereinander und mit dem Bauleiter. Doch die Zeiten haben sich leider geändert, zumal Bauleiter ohne besondere Vollmacht nicht abnahmeberechtigt sind.

Abnahme ist die wichtigste Handlung

Beweislast

Schönreden von Mängeln zurückweisen

Bauunternehmer, alle Handwerker, aber auch Architekten und abhängige Bauleiter versuchen immer, gerügte Mängel herunterzureden oder zu beschönigen. Oft werden geringe Minderungsbeträge angeboten und von den Bestellern angenommen, besonders dann, wenn die Kasse leer ist. Baulaien können weder ins Bauwerk eingeflossene Planungsmängel, verdeckte Mängel oder alle für den Fachmann offensichtlichen Mängel erkennen. Tapeten, Fliesen und Farben decken den Pfusch zu. Alles Sichtbare ist meistens auch in Ordnung, doch der Teufel lauert im Verborgenen, so auch die meisten Mängel. Gerügte Mängel sind zu protokollieren. Fachleute sollen ggf. später klären, ob Mängeleinreden berechtigt sind oder nicht.

Der Teufel lauert im Verborgenen

Achtung: Mit vereinbarten Minderungen wird unter Umständen jede diesen Punkt betreffende Nachbesserungspflicht aufgehoben. Der Besteller muss mit dem Pfusch leben.

Bei Mängeln Abnahmen verweigern

Abnahme bei gravierenden Mängeln für das ganze Haus verweigern

Bei mangelhaften Bauleistungen muss die Abnahme für das mangelhafte Bauteil, bei gravierenden Mängeln wie z.B. Grundstücksentwässerung, Bauwerksabdichtung, Wärme-, Feuchte-, Schall- und Brandschutz usw. für das gesamte Bauwerk verweigert werden. Gleiches gilt für Abweichungen von baurechtlich genehmigten Plänen und Auflagen bis zur Übergabe einer unwiderruflichen Baugenehmigung. In einem solchen Fall muss der Mängelverursacher diese Nachgenehmigung auf seine Kosten besorgen. Auch bei Abweichung von vertraglich vereinbarten Ausführungen sollte vorsorglich die Abnahme verweigert werden, einigen kann man sich danach noch immer. Baukostenüberschreitungen ohne eigenes Verschulden des Bauherrn oder Insolvenzen von beauftragten Firmen stellen einen gravierenden wirtschaftlichen Mangel dar. Für diesen ist unter Umständen der Architekt verantwortlich. Wenn z.B. keine vollständigen oder aktuellen Pläne bei der Abnahme vorliegen, ist das ein Grund dafür, die Abnahme der Architektenleistung zu verweigern.

Bei Abnahmen Bausachverständige einschalten

Bei konventionell errichteten Bauten überprüft der Bauleiter während der gesamten Bauzeit die einzelnen Bauleistungen und stellt Mängel hoffentlich sofort ab. Die Schlussabnahme findet dann meistens als gemeinsame Objektbegehung statt, in der eventuell noch letzte Mängel festgestellt und dokumentiert werden. Auf eine förmliche Abnahme mit Abnahmeprotokoll wird oft verzichtet, meistens wird das Haus dem Bauherrn nur übergeben, und zwar ohne eine ausdrückliche Abnahme. Wenn der Bauherr die Verträge auf Grundlage der VOB abgeschlossen hat, gilt nach VOB/B § 12 das Objekt sechs Tage nach Benutzung als abgenommen. Ebenfalls gelten nicht förmlich abgenommene Leistungen zwölf Tage nach Meldung der Fertigstellung oder Übergabe der Schlussrechnung durch die Firmen als abgenommen, wenn nichts anderes vereinbart wurde (fiktive Abnahme). Grundsätzlich muss deshalb bei auf Grundlage der VOB abgeschlos-

fiktive Abnahme nach VOB

senen Verträgen für alle Gewerke die förmliche Abnahme vertraglich vereinbart werden. Das Werkvertragsrecht nach BGB (§§ 631 ff) kennt die fiktive Abnahme nicht, es gibt nur die förmliche Abnahme. Wenn trotz einer vom Unternehmer gesetzten angemessenen Frist die förmliche Abnahme nicht erfolgt ist, gilt das Werk als abgenommen, wenn der Besteller zur Abnahme verpflichtet ist.

förmliche Abnahme

Bei schlüsselfertigen Bauten, die nach Werksvertragsrecht errichtet wurden, sind Bauunternehmer und auch Architekten und deren Bauleiter immer bestrebt, die Bauabnahmen in kürzester Zeit durchzuziehen. Notwendige Überprüfungen von z.B. inneren Abdichtungen in Spritzwasserbereichen von Bädern usw. werden in den seltensten Fällen durchgeführt, warum auch? Der Bauherr ist ja Laie und hat keine Ahnung vom Bau. In solchen Fällen dauern Bauabnahmen erfahrungsgemäß zwischen wenigen Minuten bis maximal einer Stunde, dann gibt es die Flasche Sekt, Blumen für die Dame und die Schlüssel.

Blumen und Sekt für die Dame

Schlüssel gibt es bei schlüsselfertigen Objekten meistens aber nur nach bestätigter Zahlung der zur Abnahme und Übergabe fälligen Rate. Mängeleinreden und Zurückbehaltungsrechte in dreifacher Höhe der Mängelbeseitigungskosten werden meist nicht akzeptiert. Es ist besser, vor der Abnahmebegehung den Unternehmer auf alle bekannten Mängel hinzuweisen und ggf. eine Sicherheitsleistung bis zur vollständigen Mängelbeseitigung zu fordern, wenn der Unternehmer die gerügten Mängel nicht bis zur Abnahme beseitigen kann oder will. Wenn der Unternehmer weiß, dass möglicherweise die Abnahme und auch dringend benötigte Zahlungen verweigert werden, wird er bemüht sein, seine Kunden zufrieden zu stellen.

Zahlungsverweigerungsrecht

Durch Unterstützung von Bausachverständigen bei Bauabnahmen haben unerfahrene Bauherren eine Möglichkeit, alle Leistungen auf Übereinstimmung mit den vertraglichen Vereinbarungen, den Regeln der Technik und den Bauauflagen bei der Abnahmeverhandlung zu überprüfen. Von Sachverständigen vorgetragene Beanstandungen oder gar der Rat, die Abnahme des Bauvorhabens zu verweigern, werden von den Unternehmern und Architekten meistens sehr ernst genommen, denn neben möglichem Ärger und vielleicht drohenden Prozessen kommt kein Geld aufs Konto. Wenn Sachverständige allerdings nur zur Abnahme kommen, nicht jedoch schon vorher die Verträge, Planungen und das Objekt kennen, kommen sie meistens zu spät.

Bausachverständige bei Bauabnahmen einschalten

3.2 Empfehlungen für Käufer

Käufer kaufen entweder komplette schlüsselfertige Gebäude inkl. Grundstück oder Teileigentum an Eigentumsanlagen beim Bauträger. Der Bauträger baut immer auf eigene Rechnung.

Angebote, Pläne und Baubeschreibungen durch neutrale Fachleute vor Vertragsabschluss prüfen lassen

Hochglanzprospekte und Bilder

falsche Flächenangaben für bewusste Täuschung

Fachleute mit der Überprüfung der Unterlagen beauftragen

Bei Bauträgerobjekten wird das Objekt fertig oder teilweise fertiggestellt gekauft. Bauträger sind bestrebt, die Ware möglichst billig einzukaufen und so teuer wie möglich wieder zu verkaufen. Die Kaufinteressenten erhalten meistens farbige Hochglanzprospekte mit sehr oft nicht ausreichenden Beschreibungen, unvermaßten Plänen, aber wunderschönen Bildern von eingerichteten Räumen, Bädern und Ansichten mit Gartenanlagen. Konkrete Pläne und Beschreibungen für alle Bauteile gibt es in sehr vielen Fällen bewusst nicht. Besonders bei den Flächenangaben werden immer öfter nicht die Wohn- oder Nutzflächen nach II. Berechnungsverordnung oder DIN 283 (alt) eingetragen, sondern die Fußbodenflächen. Kaufinteressenten werden somit gerade bei den Flächenangaben bewusst getäuscht. Alle unsichtbaren Bauteile werden meistens nur vage und unvollständig beschrieben, alle sichtbaren Gegenstände wie z.B. Steckdosen, Fliesen, Sanitäreinrichtungen und -ausstattungen werden dagegen exakt aufgelistet. Den Kaufinteressenten wird bewusst etwas vorgegaukelt, was dann in der Praxis leider ganz anders aussieht. Sehr viele Kaufinteressenten lassen sich gerne von solchen Bildern und als besonders hochwertig beschrieben Ausführungen blenden. Wenn dann der Kaufvertrag unterschrieben ist und mit dem Bau begonnen wurde, tritt oft ganz plötzlich die Ernüchterung ein, der Ärger beginnt. Zum eigenen Schutz vor unseriösen Geschäften – Immobilien sind ja nicht gerade billig – müssen Fachleute mit der Überprüfung aller Unterlagen beauftragt werden. Testieren diese das geprüfte Objekt als gut und das Gegenteil tritt ein, haften die beauftragten Prüfer für ihre Versäumnisse.

Verträge juristisch überprüfen lassen

Immobilienkaufverträge sind sehr oft so schwammig und unverständlich aufgesetzt, dass eine vorherige Überprüfung durch einen Fachanwalt unabdingbar geworden ist. Wer wirklich glaubt, dass alle Notare neutral sind und die Interessen aller Vertragspartner gleichwertig berücksichtigen, erlebt manchmal schon bei ersten Mängeln betreffenden Auseinandersetzungen ein blaues Wunder. Die Teilungserklärungen, Kaufverträge und Verwalterbestellungen für die ersten fünf Jahre werden immer vorab vom Bauträger und seinem Hausanwalt oder Notar (oft sogar in Personalunion) formuliert. Oft haben diese Juristen auch die allgemeinen Geschäftsbedingungen und juristischen Passagen der Objektbeschreibungen mit formuliert, und zwar im ausschließlichen Interesse des Bauträgers. Nicht juristisch ausgebildete Kaufinteressenten können diese Finten nicht erkennen, da sind Juristen gefragt.

juristische Überprüfung erforderlich

Keine mündlichen Vereinbarungen treffen, Vereinbarungen nur mit schriftlich Bevollmächtigten treffen

Obwohl in allen Verträgen Nebenabreden ausgeschlossen werden, glauben viele Erwerber noch immer an die Wirksamkeit von Versprechungen und mündlichen Vereinbarungen. Zugesagt wird viel, besonders von nicht bevollmächtigen Verkäufern oder Bauleitern. Gehalten werden solche Versprechungen oder Vereinbarungen meistens nicht, die Enttäuschung ist groß, der Krach beginnt. Grundsätzlich sind nur schriftliche Vereinbarungen mit den Geschäftsführern oder bevollmächtigten Vertretern der Bauträger verbindlich und justiziabel. Diese müssen in den Kaufverträgen benannt sein. Wer dieses nicht beachtet, hat leider selbst Schuld, wenn solche Situationen eintreten.

Versprechungen sind wertlos

Alle Planungen und Berechnungen auf Inhalt und Vollständigkeit durch Sachverständige überprüfen lassen

Bei kleineren Objekten wird verstärkt nur nach Entwurfsplänen im Maßstab 1:100 gebaut, Ausführungs- und Detailpläne sind zu teuer. Tragwerks- und auch Werkplanungen werden verstärkt von Fertigteilwerken kostenlos mitgeliefert. Planungen der Heizungs-, Sanitär-, Elektro- und Klimaanlagen sollen von den beauftragten Firmen geliefert werden, doch meistens gibt es vor Vertragsabschluss keine solchen Planungen. Entwässerungspläne fehlen, wenn nicht vor Planungsbeginn entsprechende Planungsaufträge erteilt wurden. Die Wärmeschutznachweise sind schon wegen der unzureichenden Gesetzesgrundlagen unvollständig. Schallschutzberechnungen fehlen regelmäßig. Kein Baulaie weiß, welche Unterlagen erforderlich sind. Deshalb müs-

Pläne fehlen meistens vor Vertragsabschluss

unabhängige Fachleute beauftragen

sen heute verstärkt vom Bauträger unabhängige Fachleute mit der Überprüfung der gesamten Planung vor Vertragsabschluss beauftragt werden, wenn spätere Überraschungen vermieden werden sollen. Auch der Erwerber hat Anspruch darauf, dass für sein Eigen- oder Teileigentum alle erforderlichen Planungen vollständig und fehlerfrei vorliegen, und zwar vor Baubeginn.

Fehlende oder unvollständige Planungen monieren

fehlende Pläne monieren; Verträge nicht unterschreiben

Durch die vor Vertragsabschluss durchgeführten Überprüfungen der Pläne und Berechnungen können fehlende oder fehlerhafte Planungen und Berechnungen moniert und die Vorlage dieser Unterlagen vor Baubeginn vertraglich geregelt werden. Weigert sich der Bauträger, auf diese berechtigten Forderungen einzugehen, kann dies ein mögliches Indiz dafür sein, dass keine vollständigen Planungen vorgesehen sind. Der Bauträger möchte dann auch nicht alle Karten auf den Tisch legen. In einem solchen Fall sollte kein Kaufvertrag abgeschlossen werden.

Baugenehmigungen vorlegen lassen und überprüfen

Baugenehmigungen überprüfen

Bauträgerobjekte müssen baurechtlich unwiderruflich genehmigt sein, auch kleine. In den Genehmigungen sind alle öffentlich-rechtlichen Auflagen aufgeführt. Dieses ist besonders für Grundstücksentwässerungsanlagen und Bauwerksabdichtungen von besonderer Bedeutung. Erwerber haben grundsätzlich Anspruch auf Einsicht in die Bauakten, sei es beim Bauträger oder bei der Genehmigungsbehörde. Wenn sich der Bauträger hier verschließt, ist Vorsicht geboten. Dann sollte ggf. vom Kauf abgesehen werden.

Keine Bauten ohne Baugenehmigung akzeptieren

Baugenehmigungen kosten Geld. Bauträger sind bemüht, alle vermeintlich unnötigen Kosten zu vermeiden, auch Genehmigungsgebühren. Soweit wie möglich werden Bauten im Kenntnisgabeverfahren errichtet.

Niemand prüft den Bau

Niemand prüft die Pläne, Berechnungen und den Bau auf Übereinstimmung mit den öffentlich-rechtlichen Baubestimmungen, dem Nachbarschaftsrecht, den a.a.R.d.T. und Einhaltung bei der Ausführung. Alles wird dem Architekten bei unvollständigem Planungsauftrag übertragen. Dann wird ein Generalunternehmer beauftragt und niemand überprüft den Bau. Wenn von den Banken Schlussabnahmescheine vor der Auszahlung der Schlussrate verlangt werden, treten große Probleme auf, denn Schlussabnahmescheine werden bei Bauten ohne Baugenehmigung nicht ausgestellt. Ein Kaufvertrag sollte in solchem Fall nicht abgeschlossen werden, bevor diese Frage geklärt ist.

Schlussabnahmescheine für Banken

Tragwerksplanung ohne Prüfung durch Prüfingenieur ablehnen

Für alle tragenden Bauteile werden statische Nachweise benötigt. Rohbauten werden nicht nach den Architektenplänen, sondern nach den Schal- und Bewehrungsplänen der Tragwerksplaner gebaut. Schalpläne kosten auch Geld, deshalb wird von Bauträgern immer öfter auf solche verzichtet. In die Architektenpläne M 1:100 werden die Positionsnummern aus der Statik eingetragen, und danach soll dann gebaut werden. Durch Freistellungserklärungen können Bauträger von der Prüfung der Tragwerksplanung durch Prüfingenieure befreit werden. Gegenüber der Baurechtsbehörde ist zu erklären, dass eine vollständige Tragwerksplanung vorliegt, der Tragwerksplaner eine mindestens fünfjährige Erfahrung besitzt und haftpflichtversichert ist.

Freistellungserklärung

Prüfingenieure stellen bei der Prüfung alle fehlerhaften oder unvollständigen Tragwerksplanungen fest, überprüfen die Wärme- und Schallschutznachweise. Erst bei vollständigen, fehlerfreien Unterlagen wird die Baufreigabe erteilt. Wenn die Bauüberwachung durch das Baurechtsamt mit beauftragt wird, dürfen Stahlbetondecken erst nach Bewehrungsabnahme und Freigabe durch den Prüfingenieur betoniert werden. Bei der heutigen Planungs- und Bauqualität darf auf solche Prüfungen nicht verzichtet werden. Sollte der Bauträger die Notwendigkeit herunterspielen, ist die Abnahme des Bauobjektes zu verweigern. Dann muss nachträglich überprüft werden, ob die Standsicherheit gewährleistet ist, und das ist teuer, besonders bei nachträglich erforderlichen Änderungen oder Verstärkungen von tragenden Bauteilen oder Gründungen bei falschen Berechnungen.

Prüfingenieure müssen die Tragwerksplanung überprüfen

Baugrundgutachten vorlegen lassen und prüfen (Grundwassergefahr)

Überschwemmte Untergeschossräume und nasse Kellerwände sind für alle Beteiligten immer wieder wenig Grund zur Freude. Davon ausgenommen sind Juristen und Sachverständige sowie Trocknungsunternehmen. Zur Beurteilung der erforderlichen Gründungs- und Abdichtungsmaßnahmen sind genaue Kenntnisse von Baugrund und

Baugrundgutachten

Abdichtungsfehler durch fehlende Baugrundgutachten

Grundwasserverhältnissen zwingend erforderlich. Bei größeren und großen Bauvorhaben sind Baugrunduntersuchungen obligatorisch, bei kleinen Bauten die Ausnahme. Die meisten Abdichtungsfehler und Folgeschäden sind für erdberührte Bauteile auf fehlende Baugrunduntersuchungen und dadurch entstandene Planungsfehler zurückzuführen. Gleiches gilt für Setzungsschäden an Gebäuden. Wenn der Bauträger keine Baugrundgutachten vorlegen kann, kann eine Bauwerksabnahme nur unter Vorbehalt erfolgen oder ist sogar bei schwierigen Situationen abzulehnen, denn mögliche Planungsfehler haben sich dann im Bau verwirklicht.

Schallschutz- und Wärmeschutznachweise anfordern und prüfen lassen

Schallschutznachweise sind bei Geschossbauvorhaben, Wärmeschutznachweise bei allen Baumaßnahmen erforderlich. Die stark zunehmenden Feuchteschäden und Schimmelpilzbildungen in Neubauten sind sicherlich oft auf den ungenügenden Wärmeschutz von Bauten zurückzuführen. Schallschutznachweise werden meist nur durch Auflistung der Wand- und Deckenaufbauten geführt. Diese Auflistungen geben jedoch keine klare Aussage über Schallnebenwege, Schalllängsleitung bei leichten Wänden und Decken oder bei Altbauten. Wenn Bauten fertiggestellt sind und der Schallschutz nicht stimmt, sind Änderungen entweder nur zu erheblichen Kosten und möglichen Flächenverlusten oder gar nicht mehr möglich. Zusätzlich stehen jahrelange Prozesse mit unbefriedigendem Ausgang bevor, auch ein erheblicher Wertverlust. *»Vorbeugen ist besser als Heilen«* sagt ein altes Sprichwort.

Schallnebenwege und Schalllängsleitung

Vollständige Handwerkerliste anfordern, Handwerker vertraglich festlegen

Handwerkerliste

Wichtig ist vor Vertragsabschluss zu wissen, wer am Bau beteiligt wird oder ist. Die zu erwartende Ausführungsqualität kann durch Überprüfen der beauftragten oder vorgesehenen Firmen erkannt werden. Renommierte Firmen liefern überwiegend gute Qualitäten ab, andere dagegen nicht immer. Zuverlässigkeit, Ausführungsqualitäten und vor allem Mängelanfälligkeit der von diesen Firmen bereits fertiggestellten Objekte können leicht erfragt werden. Auch ist es wichtig zu wissen, ob Mängel anstandslos oder erst nach langwierigen Auseinandersetzungen beseitigt werden. Wenn Bauträger diese Auskünfte verweigern oder die angegebenen Firmen in den Verträgen nicht aufführen wollen, ist Vorsicht geboten.

Gewährleistungsabtretungen vereinbaren (Insolvenzgefahr von Bauträgern)

Gewährleistungsabtretungen geben Sicherheit

Bauträger sind durch ihre Stellung stark gefährdet. Bauleistungen werden eingekauft und weiter verkauft, die volle Haftung liegt jedoch beim Bauträger. Wenn wegen Mängeln Zahlungen verweigert werden, kann dieses immer öfter zur Zahlungsunfähigkeit des Bauträgers führen. Gute Bauträger treten vorsorglich ihre Gewährleistungsansprüche gegen die an den Bauvorhaben beteiligten Planer und ausführenden Firmen an die Käufer ab. Bei Insolvenz oder Untätigkeit des Bauträgers können Ansprüche besser durchgesetzt werden, besonders bei ausreichend versicherten Bauleitern.

Nur der Makler- und Bauträger-Verordnung (MaBV) entsprechende Zahlungsvereinbarungen gegen Erfüllungsbürgschaft abschließen

Zahlungen nur nach Makler- und Bauträger-Verordnung

Makler und Bauträger dürfen Kundenzahlungen nur gegen Sicherheit nach dem festgelegten Zahlungsplan entgegennehmen. Bei Vorliegen von Mängeln dürfen die angeforderten Raten verweigert werden, da erst nach vertragsgemäßer Leistung (mangelfrei) Zahlungen angefordert werden dürfen. Viele Bauträger umgehen diese gesetzliche Regelung durch manchmal geschönte Bautenstandsbestätigungen ihrer Bauleiter oder Architekten. Ohne Erfüllungsbürgschaft einer Bank ist im Insolvenzfall die Fertigstellung des Objektes fraglich, die bezahlten Raten sind jedoch meistens verloren.

Teilzahlungen nur nach Mängelfreiheitsbestätigung durch neutralen Sachverständigen leisten

Bei Bautenstandsanzeigen wird getrickst

Viele Bauträger tricksen oft bei den Bautenstandsanzeigen ihrer Architekten und Bauleiter. Auch diese geben verständlicherweise eigene Planungs- oder Aufsichtsmängel ebenso wenig zu, wie mangelhafte oder nicht abgeschlossene Teilleistungen bekannt. Da kann nur die Kontrolle durch einen eigenen unabhängigen Sachverständigen helfen, der mit dem Bauträger keine Geschäftsbeziehungen unterhält oder unterhielt.

Bauleistungen ständig durch eigenen Fachmann überprüfen und dokumentieren lassen

Eigene Qualitätsüberwachung durchführen lassen

Viele Bauträger versuchen durch zusätzliche baubegleitende Qualitätskontrollen die Ausführungsqualitäten zu verbessern. Aber statt die Kontrolleure zu fördern, werden diese immer öfter sowohl von Planern, Firmen und auch oft von Mitarbeitern der Bauträger bekämpft oder sogar weg gemobbt, aber warum? Versierte, unabhängige baubegleitende Qualitätskontrolleure stellen alle Planungs- und Ausführungsmängel fest und geben diese auch sofort bekannt. Das kann Pfuschern nicht gelegen sein. Viele Prüforganisationen arbeiten schon lange mit ihren Kunden zusammen. Dass dabei auch zur Klimapflege manches übersehen oder schön geredet wird, besonders bei später verdeckten Bauteilen, liegt auf der Hand. Jede Unterbrechung des Planungs- oder Bauablaufes erzeugt Ärger und Kosten. Die Überprüfung durch eigene Kontrolleure des Käufers muss vertraglich geregelt werden, sonst hat der Bauträger durch sein Hausrecht die Möglichkeit, den Prüfer vom Bau zu weisen.

Bauwerksabdichtungen, Schall- Wärme- und Brandschutz an Bauleistung prüfen lassen

Teilleistungen während der Bauzeit überprüfen lassen

Die meisten Mängel treten an später nicht einsehbaren Bauteilen auf, nämlich unter der Erde, unter Fußböden, in und hinter Wandbekleidungen und Putzen, in Dächern, kurz in den Bereichen, die bei der üblichen Abnahme nicht mehr zerstörungsfrei überprüft werden können. Bei Einfamilien-, Doppel- oder Reihenhäusern betreffen Mängel an diesen Bauteilen die einzelnen Eigentümer, anders ist es bei Geschossbauten mit mehreren Eigentumseinheiten. Alle diese Bereiche gehören bei diesen Objekten zum späteren Gemeinschaftseigentum. Die Abnahme des Gemeinschaftseigentums erfolgt in der Regel durch einen Vertreter des Bauträgers, 2-3 Mitgliedern der Wohnungseigentümergemeinschaft und den Architekten oder Bauleiter. Oft wird auch schon im Kaufvertrag festgelegt, das ein vom Bauträger bestimmter und bezahlter öffentlich bestellter und vereidigter Sachverständiger das Gemeinschaftseigentum abnimmt, und dessen Gutachten verbindlich ist (rechtlich unzulässig). Das alte Spiel beginnt. Nach deren Feststellungen sind bei der Abnahme die unsichtbaren Bauteile mängelfrei, bzw. sind keine Mängel bekannt. Nicht bekannte Mängel können auch nicht gerügt werden, also werden die nicht einsehbaren Bauteile abgenommen. Zur Vermeidung von späteren Auseinandersetzungen müssen die Bauteile zwingend vor und nach der Ausführung durch unabhängige Fachleute überprüft werden.

Protokolle amtlicher Abnahmen und der Dichtheitsprüfung der Grundleitungen und der Luftdichtheit des Gebäudes (Blower Door Prüfung) vorlegen lassen, bei fehlenden Protokollen oder Zertifikaten Abnahmen unbedingt verweigern

Protokoll amtlicher Abnahmen, Dichtheitsprüfungen

Bei amtlichen Abnahmen und der Überprüfung der Grundstücksentwässerungsleitungen werden von den Bauüberwachern Abnahmescheine oder Zertifikate ausgestellt. Bei vorhandenen Mängeln werden bis zur Mängelbeseitigung die Abnahmen verweigert. In den meisten örtlichen Entwässerungssatzungen der Gemeinden ist festgelegt, dass Grundleitungen vor Verfüllen der Rohrgräben durch die Gemeinde auf Dichtheit und Lage zu prüfen sind. Da die wenigsten Bauunternehmer oder Bauträger die Überprüfung anfordern, werden Grundleitungen in den wenigsten Fällen amtlich überprüft. Wenn später nach Übergabe des Bauvorhabens Undichtheiten an den Abwassergrundleitungen und Grundwasserschäden auftreten, haften die Betreiber, nicht die Erbauer. Grundwasserschadenbeseitigungskosten sind in der Regel sehr hoch, undichte Grundleitungen nachträglich abzudichten ist sehr aufwendig und teuer. Deshalb darf bei fehlenden amtlichen Abnahmen und fehlenden amtlichen Freigaben der Grundstücksentwässerungsanlage keine vorbehaltslose Bauwerksabnahme erfolgen. Mit den Bauträgern muss im Kaufvertrag vereinbart werden, dass vor Betonieren der Bodenplatten diese amtlichen Abnahmebestätigungen und Freigaben auf jeden Fall einzuholen und unaufgefordert vorzulegen sind. Nach der Energieeinsparverordnung (EnEV) [19] ist nun festgelegt, dass die äußeren Gebäudewand-, Decken-, und Dachflächen auf Luftdichtheit zu prüfen sind. Wegen der hohen Kosten sträuben sich viele Bauträger und ausführenden Firmen, diese Prüfungen durchführen zu lassen. Bei undichten Gebäuden erhöhen sich die Heizkosten um ein Vielfaches. Die muss aber später der Käufer bezahlen, nicht der Bauträger. Die Luftdichtheitsprotokolle müssen also Vertragsbestandteil sein.

Betreiber haften bei Grundwasserschäden

Bei undichten Häusern zahlen die Käufer, nicht die Bauträger die Heizkosten

Alle Abnahmen nur in Begleitung eines eigenen Sachverständigen und auch ggf. Anwalts durchführen. Angebote des Bauträgers, einen Sachverständigen zu bestellen und zu bezahlen, ablehnen

Hier gelten die Empfehlungen auf **S. 250 und 251** uneingeschränkt.

Bei Mängeln nicht zahlen

Mängelbeseitigungskosten und Druckzuschlag

Nach geltendem Recht haben Erwerber und Bauherren das Recht, entweder die mangelhafte Leistung zurückzugeben, einer Mängelbeseitigung zuzustimmen, oder eine Minderung zu vereinbaren. Auf jeden Fall besteht das Recht, den dreifachen Betrag der zu erwartenden Mängelbeseitigungskosten einzubehalten. Also auf gar keinen Fall zahlen, sondern einen Sachverständigen und/oder einen Anwalt einschalten.

3.3 Empfehlungen für den Bauträger

Vollständige Planungsaufträge erteilen

Bauträger sitzen zwischen den Stühlen, sie müssen ihren Kunden die vereinbarte Qualität zum vertraglich vereinbarten Festpreis zum zugesagten Fertigstellungstermin übergeben. Ist keine Beschaffenheit ausdrücklich vertraglich vereinbart, sind Leistungen nach den a.a.R.d.T. auszuführen. Bauträger müssen sich aber immer mehr mit den Handwerkern und Planern wegen des Pfuschs am Bau herumstreiten. Wenn die Käufer Zahlungen, aus welchem Grund auch immer, verweigern, drohen Probleme. Wenn Handwerker bei – wegen mangelhafter Leistungen zu Recht – verweigerten Zahlungen nicht mehr kommen, entstehen auch Probleme. Oft sind die Bauträger an diesen Miseren nicht unschuldig, besonders wenn sie alle erforderlichen Planungen auf ein Minimum zurückfahren, nur die billigsten Planer zu Hungerhonoraren beauftragen und dann noch Generalunternehmer zum Pauschalpreis, natürlich auch oft noch unauskömmlich, einschließlich Bauüberwachung mit der Objekterstellung beauftragen. In solchen Fällen haben die Bauträger selbst Schuld, wenn Probleme auftreten. Bei vollständig erteilten Planungsaufträgen für alle Fachbereiche liegen zwar manchmal die Honorare über den kalkulierten Kosten, doch ist mit Sicherheit die Ausführungsqualität erheblich besser, besonders dann, wenn die Planungen vor Freigabe zur Ausschreibung vollständig sind und überprüft wurden. Die Bauüberwachung aus der Hand zu geben ist der größte Fehler, den man machen kann, schon allein wegen der

Bauträger bekommen oft Probleme, sie sind daran oft nicht unschuldig

Haftung des Bauleiters. Bei Einsatz eines haus- oder firmeneigenen Bauleiters mag zwar Honorar eingespart werden können, doch was ist mit der Haftung? Die bleibt im vollen Umfang beim Bauträger.

Vollständige Baugenehmigungen einholen

Bei kleineren Bauvorhaben ist es sicherlich verlockend, die Kosten und den Zeitaufwand für das Baugenehmigungsverfahren einzusparen. Die gesamte Verantwortung für alle von der Behörde durchzuführenden Prüfungen und Überwachungen liegt dann beim Bauträger und/oder seinem Architekten. Eigene Untersuchungen haben bestätigt, dass gerade bei ohne Baugenehmigung errichteten Bauvorhaben die Mängelhäufigkeit um ein Vielfaches höher liegt als bei baurechtlich genehmigten Bauten.

Mängelhäufigkeit bei baurechtlich genehmigten Bauten oft geringer

Nur erfahrene Planer und Firmen beauftragen

Jeder Planer fängt mal an und braucht Aufträge. Im Gegensatz zu früher haben heute die meisten jungen Architekten und Ingenieure keine abgeschlossene Berufsausbildung in einem Bauhaupt- oder Nebenberuf. Wegen der angespannten Auftragslage werden junge Absolventen nicht eingestellt, und wenn, dann als freie Mitarbeiter zu Hungerlöhnen, bei Stararchitekten auch oft nur für die Ehre. Erfahrungen kann man nur durch lange Anleitungen oder durch eigene Fehler machen. Wenn dann solche Fehler ins Bauwerk einfließen, ist es zu spät. Es gibt jedoch genügend erfahrene Planer, die sich zwar zur Ruhe gesetzt haben, jedoch gegen geringe Honorare Planungen junger Kollegen auf Vollständigkeit und Fehlerfreiheit überprüfen. Somit ist allen geholfen. Bei der heutigen Bauqualität und Philosophie vieler Firmen ist es zwingend erforderlich, nur allerbeste renommierte Firmen, am besten aus der näheren Umgebung, zu beauftragen. Deren Erfahrungen mit dem regionalen Baugeschehen, Behörden und am selben Objekt beauftragten Kollegen sind für eine erfolgreiche Baudurchführung sehr hilfreich, auch für Bauträger und Bauleiter. Es ist und war schon immer gut, seine Pappenheimer zu kennen.

Erfahrungen sind alles

Alle Planungsleistungen und Berechnungen vollständig vergeben

Welche Planungsleistungen sind erforderlich? Alle, die zur mangelfreien Errichtung eines Bauwerkes benötigt werden. Sicherlich muss bei einfachen Bauten nicht jedes allgemein übliche Detail geplant und zeichnerisch dargestellt werden, doch reicht es auch nicht aus, den ausführenden Firmen die Ausführung allein zu überlassen. Zwingend erforderlich sind alle Ausführungspläne von Grundrissen, Schnitten, Ansichten im Maßstab 1:50 und größer, alle Details für mit Wasser und Feuchte berührte Bauteile, den Wärme- , Schall- und Brandschutz betreffende Bereiche, und natürlich alle für Installationen erforderlichen Leitungstrassen und Durchbrüche. Statische Berechnungen müssen vollständig sein, für alle Bauteile und nicht nur für Decken und Unterzüge. Die meisten Setzungsschäden entstehen wegen nicht vollständiger Nachweise aller Fundamente. Tragwerksplaner müssen alle Schal- und Konstruktionspläne mit notwendigen Details und Schnitten in den üblichen Maßstäben zeichnen, in der Regel M 1:50 bis 1:5.

erforderliche Planungen

Scheinbar in Vergessenheit geraten sind oft die Pläne für die Technische Ausrüstung (Elektro-, Sanitär-, Heizungs- und Lüftungsanlagen, Verteilerbelegungen, Strangschemen, Hydrauliksysteme). Schon zum Entwurfsstadium müssen spätestens beim Bauantrag die Grundstücksentwässerungspläne vorliegen, und zwar vom Fachplaner, nicht nur vom Architekten. Die bauphysikalischen Anforderungen sind heute so hoch, dass nicht speziell dafür ausgebildete Architekten und Tragwerksplaner damit überfordert sind. Vollständige, nicht nur den gesetzlichen Forderungen genügende Berechnungen von Wärme- und Schallschutz sind sehr aufwendig und kosten auch Geld, dafür sind drohende Schadenersatzansprüche wegen Mängeln oder Mietminderungen weitgehend ausgeschlossen. Wer Prozesse verhindern möchte, lässt vollständig und gut planen, wer nicht, zahlt dafür Anwälte, Sachverständige und Gerichte. Minderungen und Imageschäden verbleiben dann auch noch beim Bauträger.

Planung der Technischen Ausrüstung

Bauphysik ist besonders wichtig

Alle Pläne vor Baubeginn auf Inhalt und Mangelfreiheit prüfen

Pläne prüfen

Pläne müssen vollständig sein. In Architektenplänen übliche Hinweise »nach Angabe der Bauleitung« können nicht ausreichen, wenn der Planer keine Bauleitungsaufgaben übernimmt. Ohne rechtzeitige Fachplanungen gibt es z.B. auch keine Angaben für Schlitze und Durchbrüche. Der Planungslaie kann auch beim besten Willen keine Planungsmängel oder Unvollständigkeiten in den Plänen feststellen, dafür gibt es Fachleute.

Faire Honorare und Vergabepreise vereinbaren

Während Kaufleute ihre Waren zu am Markt durchsetzbaren Preisen ohne Begrenzung nach oben verkaufen können, sind die Planer an die HOAI gebunden. Die Honorare der Planer sind seit mehr als acht Jahren nicht mehr novelliert worden, werden aber zurzeit von allen Auftraggebern ganz massiv nach unten gedrückt. Die HOAI scheint jedoch immer öfter für Bauträger, aber auch für öffentliche Auftraggeber nicht mehr zu gelten. Die Gebührenordnung ist zum Bettvorleger verkommen. Die Bundesregierung überlegt deshalb, die HOAI in vorliegender Form abzuschaffen. Wen wundert es, wenn deshalb viele Planer ihre Pläne von Kollegen aus allen Teilen der Welt zeichnen lassen, mit allen Fehlern und Unvollständigkeiten, um am Markt bestehen zu können. Globalisierung ist sicherlich nötig und gut, nicht jedoch in allen Fällen.

HOAI- Bettvorleger oder nicht?

Alle Bau- und Leistungsbeschreibungen vollständig und verständlich verfassen

Die Prospekten und Kaufverträgen zugrunde liegenden Baubeschreibungen sind in der Regel unvollständig, oft nicht übereinstimmend mit den Regeln der Technik, und leider auch sehr oft bewusst falsch. Weder Baulaien noch Juristen können die Beschreibungen ohne sachverständige Prüfung beurteilen. Gerichte bewerten, was vereinbart wurde, egal ob mit den a.a.R.d.T oder dem Stand der Technik vereinbar oder nicht. Der Laie bleibt immer auf der Stecke. Warum gibt es gerade bei Baubeschreibungen von nicht einsehbaren Bauteilen keine Offenheit und Vollständigkeit? Bauträger könnten sich manchen Ärger und viele Prozesse ersparen, wenn mehr Fairness und Ehrlichkeit gerade bei den Baubeschreibungen Anwendung fände. Vorwürfe des bewussten Betruges gehörten dann der Vergangenheit an. Auch ist es Unsitte geworden, Bauleistungen bewusst unvollständig zu beschreiben oder Massen entweder falsch oder gar nicht zu ermitteln. Zum Zeitpunkt der Angebotsabgabe liegen dann auch keine vollständigen Pläne vor, so dass die Bieter das volle Risiko tragen müssen. Wen wundert es, dass sowohl die Baukosten explodieren als auch der Pfusch am Bau zunimmt und die Gerichte durch jahrelange Bauprozesse überlastet sind. Viele Insolvenzverfahren sind auf diese Bauträgerpraxis und Unsitten zurückzuführen.

Durch vollständige Bau- und Leistungsbeschreibungen entstehen Kostenexplosionen und Pfusch am Bau

Bauleistungen täglich überwachen lassen

Bauleistungen müssen entsprechend dem Baufortschritt überwacht werden, und zwar mindestens täglich. Bei der heutigen Zusammensetzung der Baustellenbelegschaften mit meist geringen Qualifikationen der Arbeiter und zusätzlichen Verständigungsschwierigkeiten bleiben Mängel nicht aus. An Abdichtungen, Grundleitungen und Dränagen treten die meisten Baumängel und Folgeschäden auf. Bei ständiger Überwachung und Teilabnahmen gerade dieser besonders sensiblen Bereiche werden Mängel und Folgeschäden mit Sicherheit stark reduziert. Jeder am Bau Beteiligte weiß das, doch warum wird nichts unternommen? Nicht entdeckter Pfusch ist immer billiger als eine korrekte Ausführung. Mehr als 95% aller verdeckten Baumängel bleiben unentdeckt. Scheinbar sind Pfusch und Prozesse gewollt.

Nicht entdeckter Pfusch ist immer billiger als eine korrekte Bauausführung

Übliche Ausreden, eine vollständige Bauüberwachung könne bei den heutigen Honoraren und Kosten nicht mehr erfolgen, sind absolut unzutreffend. Spätesten beim Mangelprozess erfahren solche Bauträger, Planer und Bauleiter, welche Überwachungsaufgaben zu erbringen sind. Viele bauen noch immer auf ihren Versicherungsschutz, aber wie lange noch?

Lückenloses Bautagebuch mit Fotodokumentationen führen

Bautagebuch

»Wer schreibt, der bleibt«, dieses Sprichwort hat seine Gültigkeit nie verloren. Bauleiter sind nach HOAI, § 15.8 zur Führung des Bautagebuches verpflichtet. Dass bei den heutigen Möglichkeiten alle Baufortschritte, Mängel, Installationen usw. auch visuell dokumentiert werden, dient Allen. Gerade bei Streitigkeiten ist ein vollständig geführtes Tagebuch mit allen notwendigen Bildern ein gutes Mittel, Prozesse zu vermeiden oder zu gewinnen. Bautagebücher müssen den Auftraggebern immer sofort vom Bauleiter übermittelt werden, allein schon zur aktuellen Information.

Alle Bau-, auch Teilleistungen abnehmen

Bau- und Teilabnahme

Bauträger und deren Bauleiter werden bei Bauabnahmen durch versierte Kunden oder solche mit Sachverständigenunterstützung immer wieder in Verlegenheit gebracht oder auch als Pfusch Akzeptierende vorgeführt, wenn bei Abnahmen Mängel aufgedeckt werden. Gerade bei verdeckten Bauteilen wie Bauwerksabdichtungen oder sonstigen nicht erkennbaren Bauteilen sind unterlassene Teil- oder Leistungsabnahmen beim Vorliegen von Mängeln für Bauträger und Bauleiter, aber auch für die Subunternehmer, verhängnisvoll. Die Qualitätskontrolle muss am Bau die gleiche Bedeutung bekommen, wie sie in der Industrie schon jeher obligatorisch ist. Und das kann nur durch Kontrolle und Abnahmen oder Abnahmeverweigerungen erreicht werden, allerdings nicht erst durch die Käufer, sondern durch eigene Institutionen. Baubegleitende Qualitätskontrollen sind hier besonders hilfreich, wenn die Kontrolleure nicht als Spione und Denunzianten, sondern als hilfreiche Partner von Anfang an mitwirken und willkommen sind.

Qualitätskontrolle muss obligatorisch sein

Bei GU-Vergabe Bauüberwachung nicht aus der Hand geben

Vertrauen ist gut, Kontrolle ist besser. Wer bei Beauftragung von Bauleistungen seine Kontrollmöglichkeiten aus der Hand gibt, hat selbst Schuld, wenn Mängel auftreten. Es ist durchaus menschlich, dass für Laien nicht erkennbare Mängel verschwiegen werden. Der Besteller soll doch mal bei verdeckten Bauteilen suchen.

Keine Bauüberwachung aus der Hand geben

Doch es gibt auch bestens informierte Besteller, die bei täglichen Baustellenbesuchen alle Mängel dokumentiert haben und diese nach der üblichen Erklärung des Bauträgers oder Bauleiters, es gäbe keine verdeckten Mängel, in umfangreichen Fotodokumentationen vorlegen und die Abnahme wegen arglistiger Täuschung verweigern.

Gewährleistungsansprüche mit an Käufer abtreten

Finanzielle Engpässe sind niemals vermeidbar, besonders nicht im Bauträgergeschäft. Bauträger und Käufer müssen vertauensvoll als Partner zusammenarbeiten. Dem Käufer sofort Gewährleistungs- und auch eventuell Erfüllungsansprüche gegen die am Objekt beteiligten Planer und Ausführenden abzutreten, schafft Vertrauen und hilft vor allem bei Krisen den Käufern weiter. Planer und auch Bauleiter sind in der Regel haftpflichtversichert, und das kann weiterhelfen, wenn die Pleite droht.

Gewährleistungs- und Erfüllungsansprüche sofort an Käufer abtreten

Bei Mängeln sofort vollständige Mängelbeseitigung schonungslos betreiben

Es ist Unsitte geworden, Mängel schön zu reden oder als unberechtigt zurückzuweisen. Auch einige Veröffentlichungen oder Sachverständigengutachten haben dazu beigetragen. Sicherlich wird oft die Mängel-

Keine Mängel schönrechnen, sondern beseitigen

Schwäbische Hypothek

einrede dazu benutzt, Finanzierungslücken (»schwäbische Hypothek«) zu schließen. Es ist dem eigenen Image dienlicher, das berechtigte Verlangen auf mängelfreie Leistung zu unterstützen und ggf. unberechtigte Mängel durch wirklich unabhängige Fachleute zu erläutern und wenn nötig zurückweisen zu lassen, als sich grundsätzlich zu verweigern.

Mangelhafte Leistungen nicht abnehmen und/oder übergeben

Die Abnahme mangelhafter Leistungen und Weitergabe dieser Leistungen an die Käufer ist seit Generationen bei vielen Bauträgern leider üblich. Bauträger sind für den Pfusch am Bau nur dann verantwortlich, wenn sie durch unterlassene Planung und Überwachung mit dazu beigetragen haben. Es muss grundsätzlich obligatorisch werden, mangelhafte Leistungen zurückzuweisen und den Käufern nur ein mangelfreies Werk zu übergeben. Das ist sicherlich nicht einfach, meistens auch fast unmöglich. Wenn der Kunde den Willen seines Bauträgers zur mangelfreien Bauausführung spürt, gibt es sicherlich auch vernünftige Lösungen, bei nicht beseitigbaren leichten Mängeln einen Konsens zu finden. Der Kunde hat heute das Recht, die Annahme eines mangelhaften Werkes zu verweigern und sein Geld zurückzuverlangen, zuzüglich Schadenersatz. Dann ist es einfacher und billiger, dem Käufer ggf. für einige Zeit einen Urlaub zu spendieren oder ihn ins Hotel zu schicken, bis das Werk übergabefähig ist, als mit ihm zu prozessieren.

Spendierter Urlaub bei Mängeln ist billiger als ein Prozess

3.4 Empfehlungen für die ausführenden Firmen

Ausführende Firmen stehen vor immer größeren Problemen. Einerseits sind sie dazu verpflichtet, die vereinbarte Leistung zu vereinbartem Preis und Termin abzuliefern. Andererseits müssen wegen konkreter Vorgaben und Planungen Leistungen mangelfrei nach dem jeweiligen Stand der Technik erbracht werden. Aus Gründen, die überwiegend nicht von den Firmen, sondern von Politik und gesellschaftlicher Entwicklung bestimmt sind, können Firmen nicht mehr ausreichend ausgebildetes Fachpersonal bekommen, welches in der Lage dazu ist, gewinnbringend oder kostendeckend die Leistungen mangelfrei zum vereinbarten Termin zu erbringen. Durch den Preiskampf am Bau werden Preise immer weiter nach unten gedrückt und Firmen somit in den Ruin getrieben.

Politik und ausgebildetes Fachpersonal

Preiskampf am Bau

Durch berechtigte oder unberechtigte Mängeleinreden werden vereinbarte Zahlungen hinausgeschoben oder gar verweigert. Wie sollen Firmen dann noch in der Lage dazu sein, Bauleistungen zu erbringen und zu überleben?

Durch Mängeleinreden Zahlungstermine verschieben

Nachstehend aufgeführte Vorschläge können und sollen dazu beitragen, den Pfusch am Bau zu verhindern, die Kunden zufrieden zu stellen, das Überleben der Firmen zu sichern und auch zukünftig Arbeitsplätze zu erhalten und anzubieten.

Angebotsabgabe

Verbindliche Angebote können nur abgegeben werden, wenn alle auszuführenden Leistungen vollständig beschrieben sind und Leistungsbeschreibungen mit vollständigen Plänen übereinstimmen. Angebotsabgaben auf Grundlage schwammiger Leistungsbeschreibungen oder fehlender bzw. unvollständiger Pläne sollten unterbleiben.

Keine Angebotsabgabe bei schwammigen oder fehlenden Unterlagen

Angebotspreise

Der Unternehmer lebt nicht vom Umsatz, er lebt vom Gewinn. Nur mit auskömmlichen und auch gewinnbringenden Preisen kann ein Unternehmen überleben. Niemand ist so reich, dass er auf Dauer sein Vermögen verschenken kann.

Der Unternehmer lebt vom Gewinn

Vertragsverhandlungen

Vor Abschluss von Verträgen sind alle Unterlagen, besonders die Leistungsbeschreibungen und Massenangaben, auf Übereinstimmung mit den Plänen und dem Stand der Technik zu überprüfen. Bei fehlenden Plänen und/oder Unstimmigkeiten dürfen keine Verträge, besonders keine Pauschalverträge abgeschlossen werden.

Verträge sind zu verhandeln

Zahlungstermine

Verbindliche Zahlungstermine sind unabdingbar, diese müssen vor Vertragsabschluss verbindlich vereinbart werden. Die Absicherung der berechtigten Forderungen durch Bankbürgschaft ist heute notwendiger denn je.

Zahlungstermine

Baubeginn

Baubeginn erst nach vollständigen Genehmigungen

Mit den Arbeiten darf erst begonnen werden, wenn alle Planungen vollständig sind, alle notwendigen Genehmigungen erteilt und die verbindlichen Weisungsbefugnisse geklärt sind. Bauleiter sind in der Regel nicht weisungsbefugt, es sei denn, sie haben ausdrückliche Vertretungsvollmachten. Diese Vollmachten müssen vorher geklärt und ausgehändigt werden.

Vorleistungen

Vorleistungen prüfen

Alle Vorleistungen Dritter – auch Planungen – müssen auf Vollständigkeit und Mangelfreiheit überprüft werden, bei unvollständigen oder mangelhaften Vorleistungen müssen sofort Bedenken und die Behinderung der Leistung angemeldet werden. Auch wenn Planer, Bauleitung oder Auftraggeber sauer sind – es geht um Geld.

Abnahmen

Abnahme

Teilabnahmen bzw. Abnahmen der Leistungen sind rechtzeitig zu beantragen und durchzuführen. Sichergestellt werden muss, dass der Abnehmende auch abnahmeberechtigt ist. Nach der Abnahme beginnen Beweislastumkehr und Gewährleistung. Rechnungen sind nach der Abnahme zahlungsfähig.

Aufmaß – Abrechnung

nur gemeinsames Aufmaß

Sofern keine Pauschalpreise vereinbart sind, müssen die Leistungen gemeinsam mit einem zeichnungsberechtigten Vertreter aufgemessen und die Aufmaße von allen Parteien unterschrieben werden. Dadurch werden spätere Unstimmigkeiten bei der Abrechnung vermieden.

Sauberkeit am Arbeitsplatz

Sauberkeit fördert das Image

Es gibt noch viele Firmen und besonders viele Mitarbeiter, die Sauberkeit am Arbeitsplatz als unnötiges Übel sehen. Besonders die Handwerker am Bau halten sich für das Sauberhalten des Arbeitsplatzes, das Aufräumen und das Beseitigen von Schmutz, vor allem bei Renovierungsarbeiten, für zu fein. Sauberkeit am Arbeitsplatz fördert das Image der Firma und stellt grundsätzlich die Kunden, besonders bei Arbeiten im Innern, zufrieden. Dass bei Renovierungs- oder Instandsetzungsmaßnahmen im Privatbereich die Reinigungsarbeiten meistens auf Nachweis abgerechnet und gut bezahlt werden, sollte nicht außer Acht gelassen werden.

Pünktlichkeit

»Pünktlichkeit ist eine Zier, doch es geht auch ohne ihr!« Diese Meinung scheint heute noch im Handwerk weitgehend verbreitet zu sein, denn das Nichteinhalten vereinbarter Arbeitstermine ist leider noch immer weit verbreitet. Wenn von vornherein Auftraggeber bis zur Weißglut gereizt werden sollen, muss diese Praxis beigehalten werden. Der Erfolg stellt sich mit Sicherheit ganz von allein ein, denn irgendwann bekommen solche Firmen keine Aufträge mehr.

Pünktlichkeit ist ein absolutes Muss

Mängelbeseitigung

Jeder Mangel kratzt am Image der Firma und die Beseitigung von Mängeln kostet Geld, meistens ist schon bei einem Mangel der Gewinn weg. Gerügte Mängel müssen auf Berechtigung überprüft und, wenn sie berechtigt sind, sofort beseitigt werden. Unberechtigte Mängel sollten mit entsprechenden Belegen zurückgewiesen werden. Langes Streiten ist meist unnötig und beschädigt nicht nur den Ruf der Firma, sondern kostet in der Regel ein Vielfaches der tatsächlichen Mängelbeseitigungskosten, nämlich Kosten für Anwälte, Sachverständige und die Gerichtskosten.

Berechtigte Mängel sofort beseitigen

Schulung der Mitarbeiter

Gut geschulte Mitarbeiter sind das Kapital jeder Firma, auch wenn Schulungen teuer sind und gut geschulte Mitarbeiter oftmals abgeworben werden. Durch gut geschulte, verantwortungsbewusste Mitarbeiter kann dem Pfusch am Bau entgegengetreten werden. Eine gute Leistung zahlt sich aus.

Gut geschulte Mitarbeiter sind das Kapital aller Firmen

Eigenüberwachung

Jeder Mitarbeiter muss überwacht werden, auch der Beste. Bevor dem Auftraggeber eine Leistung übergeben wird, müssen die Leistungen überprüft werden. So können von Anfang an Reklamationen vermieden werden.

Eigenüberwachung ist unabdingbar

3.5 Empfehlungen für die Planer

Welche Pläne sind für ein Bauvorhaben erforderlich? Alle zur mangelfreien Erstellung des Bauwerks erforderlichen Pläne ohne Rückfragen bei Planern und Auftraggeber.

Diese Notwendigkeit bestand schon immer und besteht auch heute und zukünftig noch. Das große Problem für die Planer sind die Veränderungen des gesamten Bauablaufes in den vergangenen Jahren. Nicht mehr die klassischen Auftraggeber (Bauherren), sondern Bauträger, Generalunternehmer und große Projektentwickler bestimmen das Baugeschehen. Architektenwettbewerbe für öffentliche Bauvorhaben werden nur noch selten ausgelobt, die öffentlichen Auftraggeber beauftragen für Prestigebauten fast nur noch Professoren mit großen Büros. Da im Baugeschehen ein gnadenloser Preiskampf tobt, müssen die Planer, besonders die kleinen und mittleren Architektur- und Ingenieurbüros, diese Preiskämpfe mitmachen und bestehen. Renommierte Spezialisten oder solche Büros, die Nischen abdecken, haben es viel leichter, denn sie werden gebraucht. Die Gebührenordnung HOAI spielt, obwohl seit 1976 als Gesetz eingeführt, seit vielen Jahren für die Honorare nur noch eine Nebenrolle. Der billigste Bieter erhält den Auftrag. Dass bei nicht mehr auskömmlichen Honoraren auch von den Planern gespart werden muss, zeigt sich leider bei sehr vielen Planungen, besonders aber bei der Objektüberwachung von kleinen oder mittleren Bauvorhaben. Wie können die Planer ihre Leistungen verbessern und das Haftungsrisiko verringern?

Architekten und Bauleiter

- Detaillierte Festlegung des konkreten Leistungsbildes und -umfanges mit Festlegung des Planungshonorars
- Keine Vergabe- oder Vertretungsvollmacht fordern oder annehmen
- Akribisch genaue Grundlagenermittlung mit vollständiger Beratung des Auftraggebers über die Hinzuziehung von Fachplanern zur rechtzeitigen Beschaffung von vom Auftraggeber zu liefernden Informationen und Planungen; kein Zulassen, dass später Fachplanungen von Ausführenden beigebracht werden; vollständige Dokumentation des Ergebnisses und weiterer Freigaben mit Gegenzeichnung des Auftraggebers

- Vollständige Vorplanungen mit allen geschuldeten Leistungen einschließlich detaillierter Kostenschätzungen; bei fehlenden oder verweigerten Auftraggeberleistungen wie Fachplanungen oder Gutachten die Behinderung anzeigen und nicht weiterarbeiten; bei weiterer Verweigerung dieser Leistungen vom Auftrag zurücktreten, denn der spätere Schadenersatzprozess deutet sich an; Finanzierungsplan vorlegen lassen und überprüfen
- Detailliert ausgearbeitete Entwurfsplanung mit detaillierter Kostenberechnung vorlegen
- Weitergehende Beratung für spätere Ausführungsdetails mit Materialfestlegungen und Gestaltungsfestlegung; vollständige Dokumentation mit Gegenzeichnung und Freigabe des Auftraggebers
- Vollständige, über das geschuldete Leistungsbild nach HOAI hinausgehende Ausführungs- und Detailplanung; genaueste Planfortschreibung während der Bauausführung mit Angabe der Ursachen für die Planungsänderungen; bauphysikalisch relevante Punkte von Bauphysiker vorzeitig freigeben lassen; Überprüfen der Ausführungsplanung mit der Kostenberechnung, bei Abweichungen Auftraggeber informieren; alle Ausführungs- und Detailpläne vom Auftraggeber freizeichnen lassen
- Alle Massen und Ausführungspositionen gewerksweise vollständig ermitteln, auch bei funktionalen Leistungsbeschreibungen, und sei es nur zur Selbstkontrolle
- Klare Vertragsvorbereitung durch einfache, den gewollten Vertragsgrundlagen (VOB oder BGB) entsprechenden Vorbemerkungen
- Keine rechtlichen Formulierungen verwenden, dafür gibt es Juristen
- Eine möglichst lückenlose, weit über die Mindestanforderungen hinaus reichende Objektüberwachung mit technischen Teilabnahmen durchführen, auch bei nicht auskömmlichen Honoraren
- Planüberprüfung vor und während der Ausführung; Rügen von Planungsfehlern oder erkennbaren Folgeschäden gegenüber dem Auftraggeber
- Mängel sofort schriftlich mit sofortiger Kenntnisgabe an den Auftraggeber sowie Fristsetzung zur Beseitigung mit Ablehnungsandrohung rügen
- Bei Nichteinhaltung der gesetzten Termine den Auftraggeber zu entsprechenden Maßnahmen schriftlich auffordern; bei nicht

Tätigwerden des Auftraggebers die Objektüberwachung kündigen; bei Bestellung zum Bauleiter die Bauleitung niederlegen
- Lückenloses Bautagebuch mit erläuternden Fotos und täglicher Kenntnisgabe an den Auftraggeber führen
- Ständige Kostenüberprüfung durchführen, bei Überschreitungen den Auftraggeber sofort unterrichten.

Tragwerksplaner

- Detaillierte Festlegung des konkreten Leistungsbildes und -umfanges mit Festlegung des Planungshonorars
- Vollständige oder scharf abgegrenzte Teilplanungen übernehmen
- Vollständige Grundlagenermittlung beim Auftraggeber, nicht beim Architekten durchführen
- Mehrere Tragwerksvarianten für unterschiedliche Nutzungen und Umbauten vorschlagen und erläutern
- Bei fehlenden Planungsvorgaben Behinderung anzeigen
- Vollständige Berechnungen abliefern
- Vollständige Konstruktionspläne, einschließlich aller Durchbrüche, Schlitze und Gefälleangaben, liefern
- Bauglieder vollständig detaillieren
- Auf eigene Rohbaukontrollen und Bewehrungsabnahmen bestehen
- Bautagebuch oder Protokolle lückenlos mit sofortiger Information des Auftraggebers führen
- Mängel sofort schriftlich mit sofortiger Kenntnisgabe an den Auftraggeber sowie Fristsetzung zur Beseitigung mit Ablehnungsandrohung rügen
- Bei Nichteinhaltung der gesetzten Termine den Auftraggeber schriftlich zu entsprechenden Maßnahmen auffordern, bei nicht Tätigwerden des Auftraggebers die Objektüberwachung kündigen.

Fachingenieure für Technische Gebäudeausrüstung

- Detaillierte Festlegung des konkreten Leistungsbildes und -umfanges mit Festlegung des Planungshonorars
- Keine Vergabe- oder Vertretungsvollmacht fordern oder annehmen
- Bei Grundlagenermittlung Variationsmöglichkeiten bei Umnutzungen besprechen und erläutern
- Vor Planungsbeginn alle Ausstattungen konkret festlegen

- Leitungstrassen nur in festgelegten Installationszonen, nicht auf Rohflächen unter Oberböden planen, ausgenommen sind Hohl- oder Doppelböden.
- Ausführungen ständig überwachen
- Teilabnahmen mit Druckproben bei Wasser oder Gas führenden Leitungen durchführen
- Bautagebuch oder Protokolle lückenlos mit sofortiger Information des Auftraggebers führen
- Mängel sofort schriftlich mit sofortiger Kenntnisgabe an den Auftraggeber sowie Fristsetzung zur Beseitigung mit Ablehnungsandrohung rügen
- Bei Nichteinhaltung der gesetzten Termine den Auftraggeber zu entsprechenden Maßnahmen schriftlich auffordern, bei nicht Tätigwerden des Auftraggebers die Objektüberwachung kündigen.

Dass der Pfusch am Bau überwiegend auf Planungs- und Überwachungspfusch zurückzuführen ist, liegt nicht nur an Planungsfehlern, sondern besonders an falschem Verhalten vieler Planer gegenüber ihren Auftraggebern. Beauftragte Planer sind keine Allmosenempfänger, sondern beim Bauen die wichtigsten Partner der Auftraggeber. Gegenseitiges Vertrauen muss die Grundlage einer gedeihlichen und erfolgreichen Zusammenarbeit sein und bleiben, auch bei unterschiedlichen Auffassungen. Planer haben einen Anspruch auf eine in den Gebührenordnungen festgelegte Honorierung. Wenn Planer Aufträge zu nicht auskömmlichen Honoraren akzeptieren, müssen sie davon ausgehen, dass viele Auftraggeber die Notlage der Planer ausnutzen und spätestens bei Vorlage de Honorarschlussrechnung die Abnahme der Planungsleistungen verweigern, und somit die Rechnung nicht fällig ist. Vielen, besonders jungen, berufsunerfahrenen Planern ist nicht bekannt, dass die Planungsleistungen von den Auftraggebern auf Antrag abgenommen werden müssen. Manche Auftraggeber, gewerbliche aber auch öffentliche, nutzen diese Unkenntnis aus.

Nicht grundlos haben die Haftpflichtversicherer von Architekten und mit Bauvorhaben befassten Ingenieuren die Notbremse gezogen und viele Verträge gekündigt, da die Schäden explodiert sind. Ich habe an fast allen von mir überprüften Bauvorhaben Planungsfehler aller Art, unzureichende oder fehlende Objektüberwachungen und fehlende Informationen der Auftraggeber festgestellt. Diese Fehler oder Unregelmäßigkeiten mit Preisdruck und nicht auskömmlichen Honoraren zu begründen ist für die Planer ein Eingeständnis eigener Unfähigkeit. Wer von Anfang an weiß, dass seine Leistungen nicht ausreichend bezahlt werden, sollte den Mut aufbringen, unter diesen Umständen eine Leistungserbringung zu verweigern.

3.6 Fazit

Was für Neubauten gilt, muss auch für Gebäudeinstandsetzung und -modernisierungen gelten. Niemand hat etwas zu verschenken, auch die ausführenden Firmen nicht. Wenn nichts verdient wird, kann keine Firma überleben. Alle Gewährleistungsvereinbarungen sind dann Makulatur.

Die Auftraggeber müssen dieses beherzigen und nicht nur den billigsten Bieter beauftragen. Pfusch am Bau ist für die Betroffenen ein Fluch, für Sachverständige und Anwälte ein Segen. Die Betroffenen müssen zusätzlich zahlen, die Anderen verdienen.

Pfusch am Bau ist kein Kavaliersdelikt, welches durch Minderungen oder nur geringe Schadenersatzbeträge geahndet werden kann. Wenn dann noch in möglichen Prozessen der Richter einen Sachverständigen fragt, ›ob diese mangelhafte Ausführung üblich ist‹, und der Sachverständige dies leider bejaht, hat der geschädigte Bauherr, Bauträger oder Käufer keine Chance, seine Forderungen durchzusetzen und zahlt noch obendrein die gesamten Kosten.

Darauf bauen leider gerade bei Bauinstandsetzungs- und Modernisierungsmaßnahmen sehr viele Bauträger und auch ausführende Firmen. Grundsätzlich müssen Pfuscher dazu gezwungen werden, den Vertragsgegenstand vertragsgerecht und mängelfrei abzuliefern, unabhängig von den Kosten der Mängelbeseitigung.

Der Gesichtspunkt der Unverhältnismäßigkeit darf gerade bei Baumängeln nicht mehr die Richtschnur für Pfuscher und Gerichte sein. Die Schädiger müssen zum vollen Schadenersatz verurteilt werden. Es darf nicht sein, dass die Geschädigten auch noch die Betrogenen sind und auf dem Pfusch sitzen bleiben, die Pfuscher dagegen als Sieger den Gerichtssaal verlassen. Besonders die unteren Gerichte wenden noch immer nicht die Leitsätze der höchstrichterlichen Rechtsprechung an. Ob das die Rechtsprechung möchte, ist fraglich.

Literaturverzeichnis

[1] Jürgens, Karsten; Zahn, Bernhard: Leserbriefe in Deutsches Architektenblatt 10/2007 S. 10. corps. Corporate Publishing Services GmbH; Düsseldorf

[2] HOAI – Honorarordnung für Architekten und Ingenieure in der Fassung 2002 vom 10. November 2001 (BGBl. I S. 2992)

[3] Bürgerliches Gesetzbuch mit zugehörigen Gesetzen und EG-Richtlinien. Textausgabe mit Verweisungen und Sachverzeichnis. 106., neubearb. Auflage. München: C.H. Beck, 2003

[4] Vergabe- und Vertragsordnung für Bauleistungen (VOB) Teil B: Allgemeine Vertragsbedingungen für die Ausführung von Bauleistungen (VOB/B), Ausgabe 2006

[5] Ansorge, Dieter: Bauwerksabdichtung gegen von außen und innen angreifende Feuchte. 3., durchges. Aufl. (Pfusch am Bau; 1). Stuttgart: Fraunhofer IRB Verlag, 2005

[6] Ansorge, Dieter: Dachdeckungs-, Dachabdichtungs- und Klempnerarbeiten. 2. Aufl. (Pfusch am Bau; 2). Stuttgart: Fraunhofer IRB Verlag, 2005

[7] Ansorge, Dieter: Bäder – Planung, Ausführung, Nutzen. (Pfusch am Bau; 3) ISBN 3-8167-6711-7. Stuttgart: Fraunhofer IRB Verlag, 2005

[8] Ansorge, Dieter: Wärmeschutz-, Feuchteschutz-, Salzschäden. (Pfusch am Bau; 4). Stuttgart: Fraunhofer IRB Verlag, 2006

[9] Ansorge, Dieter: Gebäudeinstandsetzung und -modernisierung. (Pfusch am Bau; 5). Stuttgart: Fraunhofer IRB Verlag, 2006

[10] Bauleitender Architekt hat primäre und sekundäre Verkehrs sicherungspflichten. BGH, Urteil vom 13.03.2007 - VI ZR 178/05

[11] DIN 18195:2000-08: Bauwerksabdichtungen Teile 1-6

[12] DIN 1986-100:2002-03: Entwässerungsanlagen für Gebäude und Grundstücke – Teil 100: *Zusätzliche Bestimmungen zu DIN EN 752 und DIN EN 12056*

[13] Zentralverband Sanitär Heizung Klima: Richtlinien für die Ausführung von Metalldächern, Außenwandbekleidungen und Bauklempnerarbeiten (Fachregeln des Klempner-Handwerks), St. Augustin. Stand 2003

[14] Landesbauordnung Baden-Württemberg (LBO-BW) – vorherige Fassung vom 8. August 1995 (GBl. S. 617) zuletzt geändert durch Gesetz vom 19. Dezember 2000 (GBl. S. 760)

[15] Ansorge, Dieter; Gölz, Heinz; Lentz, Andrea: Fachlexikon Bautechnik und Baurecht. Stuttgart: Fraunhofer IRB Verlag, 2008

[16] DIN 4109 Beiblatt 2:1989-11: Schallschutz im Hochbau; *Hinweise für Planung und Ausführung; Vorschläge für einen erhöhten Schallschutz; Empfehlungen für den Schallschutz im eigenen Wohn- oder Arbeitsbereich*

[17] DIN 4108-1:1981-08: Wärmeschutz im Hochbau; *Größen und Einheiten*

[18] DIN 4108-3:2001-07: Wärmeschutz und Energie-Einsparung in Gebäuden – Teil 3: *Klimabedingter Feuchteschutz; Anforderungen, Berechnungsverfahren und Hinweise für Planung und Ausführung*

[19] Verordnung über den energiesparenden Wärmeschutz und energiesparende Anlagentechnik bei Gebäuden (Energieeinsparverordnung – EnEV) vom Juli 2007 (BGBl I S. 1519)

[20] Verordnung über einen energiesparenden Wärmeschutz bei Gebäuden – Wärmeschutzverordnung vom 16.08.1994

[21] Verein Deutscher Ingenieure (Hrsg.): VDI 4100. Schallschutz von Wohnungen – Kriterien für Planung und Beurteilung. Ausgabe: 2007. Ersatz für: VDI 4100 (1994-09); Berlin. Beuth Verlag GmbH

[22] DIN 4108-7:2001-08: Wärmeschutz und Energie-Einsparung in Gebäuden – Teil 7: Luftdichtheit von Gebäuden, Anforderungen, Planungs- und Ausführungsempfehlungen sowie -beispiele

[23] DIN 4095:1990-06: Baugrund; Dränung zum Schutz baulicher Anlagen; Planung, Bemessung und Ausführung

[24] Wissenschaftlich-Technische Arbeitsgemeinschaft für Bauwerkserhaltung und Denkmalpflege e.V. (WTA) (Hrsg.): Nachträgliches Abdichten erdberührter Bauteile. WTA-Merkblatt 4-6-05/D, Deutsche Fassung. Stand 11.03.2005

[25] DIN 68364: Ausgabe 2001-12: *Kennwerte von Holzarten – Rohdichte, Elastizitätsmodul und Festigkeiten*

[26] DIN EN 350-2:1994-10: Dauerhaftigkeit von Holz und Holzprodukten – Natürliche Dauerhaftigkeit von Vollholz – Teil 2: *Leitfaden für die natürliche Dauerhaftigkeit und Tränkbarkeit von ausgewählten Holzarten von besonderer Bedeutung in Europa; Deutsche Fassung EN 350-2:1994*

[27] Arbeitsstättenverordnung vom 12. August 2004 (BGBl. I S. 2179), zuletzt geändert durch Artikel 2 des Gesetzes vom 20. Juli 2007 (BGBl. I S. 1595)

[28] Straßenverkehrsgesetz (StVG) in der Fassung des Inkrafttretens vom 01.08.2007 vorherige Ausgabe. Letzte Änderung durch: Gesetz zur Einführung eines Alkoholverbots für Fahranfänger und Fahranfängerinnen vom 19. Juli 2007 (Bundesgesetzblatt Jahrgang 2007 Teil I Nr. 33 S. 1460, ausgegeben zu Bonn am 25. Juli 2007).

[29] DIN 18 065:2000-01: Gebäudetreppen – Definitionen, Meßregeln, Hauptmaße

Stichwortverzeichnis

A

B

Bauwerksabdichtung gegen von außen und innen angreifende Feuchte

Dieter Ansorge
Pfusch am Bau, Band 1
3. durchgesehene Auflage,
2005, 253 S., 188, meist farb. Abb., Kart.
ISBN 978-3-8167-6880-

Der erste Band der Reihe befasst sich mit den Bauteilen, die üblicherweise am fertiggestellten Gebäude unsichtbar sind, den erdberührten Bereichen der Kellerwände und Fundamente, sowie den Abdichtungen von Badwänden, Balkonen und Terrassen. Der ständige Kontakt mit Erdreich und Wasser macht sie besonders sensibel für eine richtige und sorgfältige Planung und Ausführung ihrer Abdichtung, das Unsichtbarsein aber ebenso für Schlamperei und Pfusch. Aufgezeigt werden die unterschiedlichen Anforderungen und Belastungen, die verschiedenen Abdichtungssysteme und technischen Möglichkeiten, und welche Schäden und Mängel in der Praxis gerade an diesen wichtigen Bauteilen auftreten können.

Dachdeckungs-, Dachabdichtungs- und Klempnerarbeiten

Dieter Ansorge
Pfusch am Bau, Band 2
2. überarbeitete und erweiterte Auflage,
2005, 256 S., 180 meist farb. Fotos, zahlr. Detailzeichnungen und Tab., Kartoniert
ISBN 978-3-8167-6840-1

Band 2 der Reihe »Pfusch am Bau« zeigt auf, was rund um das komplexe Bauteil Dach typischerweise falsch gemacht wird, sei es bei der Planung der Konstruktion, der Materialwahl, oder bei der Ausführung durch die Handwerker. Neben Pfusch, Fehlern und Pannen bei den Gewerken Dachdeckungs- und Abdichtungsarbeiten werden auch Klempnerarbeiten von der Dachrinne bis zur Blechverwahrung behandelt.

Bäder – Planung, Ausführung, Nutzung

Dieter Ansorge
Pfusch am Bau, Band 3
2005, 243 S., 226, meist farb. Abb., 11 Tab., 23 Pläne, Kartoniert
ISBN 978-3-8167-6711-4

Band 3 der Reihe zeigt auf, was rund um das Badezimmer baulich falsch gemacht werden kann. Es beginnt bei Fehlern in der Planung, sowohl durch den planenden Architekten als auch aufgrund verwegener Vorstellungen oder übertriebener Sparsamkeit des Bauherrn. In der Bauphase sind es vor allem konstruktive Fehler, Abdichtungsmängel und unfachgemäße Ausführung durch die Handwerker. Und schließlich stellt auch die Nutzung modern gestalteter Bäder heute besondere Anforderungen an die Bewohner.

Wärmeschutz-, Feuchteschutz-, Salzschäden

Dieter Ansorge
Pfusch am Bau, Band 4
2006, 312 S., 315 meist farb. Abb., 6 Tab., kartoniert
ISBN 978-3-8167-7010-7

In Band 4 der Reihe »Pfusch am Bau« zeigt der Autor typische Planungs- und Ausführungsfehler beim Wärme- und Feuchteschutz von Gebäuden auf und erläutert, wie es bei alten, aber auch bei neuen Gebäuden immer wieder zu hässlichen Salzschäden kommt. Von der unterlassenen Instandhaltung über die falsche konstruktive Ausbildung der Bauteile und die mangelhafte Ausführung bis zur Wahl ungeeigneter Materialien reicht das Ursachenspektrum für die hier gezeigten Schäden. Besonderes Augenmerk richtet er auf Salzschäden durch den Eintrag von Tau- und Düngesalzen bei Pflasterbelägen.

Gebäudeinstandsetzung und -modernisierung

Dieter Ansorge
Pfusch am Bau, Band 5
2006, 260 S., zahlr., meist farb. Abb., Tab., Kartoniert
ISBN 978-3-8167-7172-2

Bei der Instandsetzung und Modernisierung alter Bausubstanz sind aktuelle Normen und Vorschriften oft nicht einzuhalten, bauphysikalische Aspekte heikel, moderne Baustoffe ungeeignet, Handwerker mit den alten Techniken nicht vertraut oder überfordert und heutige Wohnvorstellungen nicht realisierbar. Wie man mit diesen spezifischen Problemen umgeht, erfahren Sie in diesem Buch.

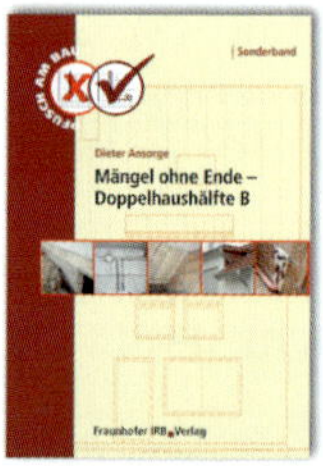

Mängel ohne Ende – Doppelhaushälfte B

Pfusch am Bau, Sonderband
Dieter Ansorge
2004, 131 S., 129, meist farb. Abb., Kartoniert
ISBN 978-3-8167-6607-0

Dieses Buch wendet sich besonders an alle Bauherren und solche, die sich mit dem Bau oder Erwerb eines Hauses oder einer Wohnung beschäftigen. Es weist Bauherren und Käufer auf die Tücken und den Pfusch am Bau vor dem großen Reinfall hin. Für Bauträger, Planer und Handwerker soll es ein Leitfaden sein für das erfolgreiche Gelingen einer Baumaßnahme und die Verhinderung des Ganges in die Insolvenz.